U0171026

# 机械装备底盘构造与原理

苏正炼　王　清　陈海松　编著

科学出版社

北京

# 内 容 简 介

本书系统地介绍了工程机械底盘的结构组成、工作原理和常见故障判断与排除等知识，全书共 5 章，包括绪论、传动系统、行驶系统、转向系统和制动系统。各章详细地介绍了工程机械底盘各子系统的功用、分类、组成、典型的结构形式与工作原理等知识，内容丰富、图文并茂，既有较强的理论性，又有较强的实用性。

本书可作为高等院校工程机械类专业的教材，也可作为参加工程机械维修工等相关工种职业技能鉴定人员的辅导书，还可作为从事工程机械使用、维修与管理等相关技术人员的参考书。

**图书在版编目（CIP）数据**

机械装备底盘构造与原理 / 苏正炼，王清，陈海松编著. —北京：科学出版社，2022.6
ISBN 978-7-03-072452-6

Ⅰ. ①机… Ⅱ. ①苏… ②王… ③陈… Ⅲ. ①机械设备–底盘–结构 ②机械设备–底盘–理论 Ⅳ. ①TB4

中国版本图书馆 CIP 数据核字（2022）第 096053 号

责任编辑：惠 雪 曾佳佳 李 策 / 责任校对：王萌萌
责任印制：张 伟 / 封面设计：许 瑞

科 学 出 版 社 出版
北京东黄城根北街 16 号
邮政编码：100717
http://www.sciencep.com

北京厚诚则铭印刷科技有限公司 印刷

科学出版社发行 各地新华书店经销
*
2022 年 6 月第 一 版 开本：787×1092 1/16
2023 年 4 月第二次印刷 印张：17 3/4
字数：420 000
**定价：99.00 元**
（如有印装质量问题，我社负责调换）

# 前　言

工程机械广泛应用于国防工程、交通运输、能源工业、矿山码头、农林水利、市政工程等领域的建设，在国民经济和国防建设中发挥着越来越重要的作用。掌握工程机械底盘的结构组成、工作原理和常见故障判断与排除等知识，是正确高效使用和维护工程机械的前提和基础。

本书在继承现有同类书籍基本架构的基础上，以组成工程机械底盘的传动系统、行驶系统、转向系统和制动系统为主线，较为全面地介绍了各系统的功用、分类、组成、典型的结构形式及其工作原理、常见故障判断与排除等知识。全书主要特点如下：①内容全面丰富，各系统中的各组成部分均包括多种典型的结构形式，例如，液力变矩器部分介绍了三种典型的液力变矩器，变速器部分介绍了八种典型的变速器，基本涵盖了工程机械底盘结构的最新变化；②图文并茂，全书用通俗翔实的文字和精准丰富的图片，详细阐述了复杂系统和部件的结构组成、装配关系、工作原理和运动过程，有利于读者自我学习和参阅。

本书由苏正炼主编和统稿，王清和陈海松担任副主编，其中王清负责工程机械底盘常见故障判断与排除部分的编写，陈海松负责工程机械底盘液压系统部分的编写，其余部分由苏正炼负责编写，全书由中国人民解放军陆军工程大学鲁冬林教授担任主审。在编写过程中，曾先后到有关院校、科研院所和工厂学习调研和搜集资料，参阅和引用了军内外大量文献资料，得到了贵州詹阳动力重工有限公司、郑州宇通重工有限公司、厦门厦工机械股份有限公司、广西柳工机械股份有限公司等单位的大力支持和帮助，在此一并表示衷心的感谢。

由于作者学识和水平有限，书中难免存有不妥和疏漏之处，恳请广大读者批评指正。

作　者

2021 年 11 月

# 目　　录

# 第1章 绪 论

## 1.1 工程机械概述

### 1.1.1 工程机械的概念

本书介绍的机械装备是指工程机械。根据中国工程机械工业协会2011年发布的《工程机械定义及类组划分》(GXB/TY 0001—2011)协会标准，工程机械(construction machinery)的定义为：凡土石方工程，流动起重装卸工程，人货升降输送工程，市政、环卫及各种建设工程，综合机械化施工以及同上述工程相关的生产过程机械化所应用的机械设备，称为工程机械。

军用工程机械是军队用于遂行工程保障任务的工程机械，是军队遂行作战工程保障、非战争军事行动和国防工程施工机械的统称。

工程机械属于非公路运行车辆，其具有广泛的应用范围，在城市建设、交通运输、农田水利、能源开发、近海开发、机场码头和国防建设中，均起着十分重要的作用。工程机械设计制造水平的高低和产品质量的优劣，直接体现和影响着国民经济建设和军队现代化建设的质量和水平。

### 1.1.2 工程机械的分类

根据《工程机械定义及类组划分》，工程机械划分为20类，每类下面包含若干组，每组又包含多个型号，如表1-1所示。

表 1-1 工程机械的分类

| 序号 | 类别 | 组别 |
|---|---|---|
| 1 | 挖掘机械 | 间歇式挖掘机、连续式挖掘机、其他挖掘机 |
| 2 | 铲土运输机械 | 装载机、铲运机、推土机、叉装机、平地机、非公路自卸车、作业准备机械、其他铲土运输机械 |
| 3 | 起重机械 | 流动式起重机、建筑起重机械、其他起重机械 |
| 4 | 工业车辆 | 机动工业车辆、非机动工业车辆 |
| 5 | 压实机械 | 静作用压路机、振动压路机、振荡压路机、轮胎压路机、冲击压路机、组合式压路机、振动平板夯、振动冲击夯、爆炸式夯实机、蛙式夯实机、垃圾填埋压实机、其他压实机械 |
| 6 | 路面施工与养护机械 | 沥青路面施工机械、水泥路面施工机械、路面基层施工机械、路面附属设施施工机械、路面养护机械、其他路面施工与养护机械 |
| 7 | 混凝土机械 | 搅拌机、混凝土搅拌楼、混凝土搅拌站、混凝土搅拌运输车、混凝土泵、混凝土布料杆、臂架式混凝土泵车、混凝土喷射机、混凝土喷射台车、混凝土浇注机等 |
| 8 | 掘进机械 | 全断面隧道掘进机、非开挖设备、巷道掘进机、其他掘进机械 |

续表

| 序号 | 类别 | 组别 |
|---|---|---|
| 9 | 桩工机械 | 柴油打桩锤、液压锤、振动桩锤、桩架、压桩机、成孔机、地下连续墙成槽机等 |
| 10 | 市政与环卫机械 | 环卫机械、市政机械、停车洗车设备、园林机械、娱乐设备、其他市政与环卫机械 |
| 11 | 混凝土制品机械 | 混凝土砌块成型机、混凝土砌块生产成套设备、加气混凝土砌块成套设备等 |
| 12 | 高空作业机械 | 高空作业车、高空作业平台、其他高空作业机械 |
| 13 | 装修机械 | 砂浆制备及喷涂机械、涂料喷刷机械、地面修整机械、油漆制备及喷涂机械等 |
| 14 | 钢筋及预应力机械 | 钢筋强化机械、单件钢筋成型机械、组合钢筋成型机械、钢筋连接机械、预应力机械、预应力机具、其他钢筋及预应力机械 |
| 15 | 凿岩机械 | 凿岩机、露天钻车钻机、井下钻车钻机、气动潜孔冲击器、凿岩辅助设备、其他凿岩机械 |
| 16 | 气动工具 | 回转式气动工具、冲击式气动工具、其他气动机械、其他气动工具 |
| 17 | 军用工程机械 | 道路机械、野战筑城机械、永备筑城机械、布、探、扫雷机械、架桥机械，野战给水机械、伪装机械、保障作业车辆、其他军用工程机械 |
| 18 | 电梯及扶梯 | 电梯、自动扶梯、自动人行道、其他电梯及扶梯 |
| 19 | 工程机械配套件 | 动力系统、传动系统、液压密封装置、制动系统、行走装置、转向系统、车架及工作装置、电器装置、专用属具、其他配套件 |
| 20 | 其他专用工程机械 | 电站专用工程机械、轨道交通施工与养护工程机械、水利专用工程机械、矿山用工程机械、其他工程机械 |

### 1.1.3　工程机械的基本组成

工程机械按行走方式分为自行式工程机械和拖式工程机械两大类。自行式工程机械虽然种类很多，结构形式各异，但基本上都由动力装置(发动机)、底盘和工作装置三部分组成。

#### 1. 动力装置

动力装置的作用是提供动力，通常采用柴油机，其输出的动力经底盘传动系统传给行驶系统使机械行驶，同时传递给工作装置使机械进行作业。

#### 2. 底盘

底盘的作用是接受动力装置输出的动力，使机械行驶或同时进行作业。底盘是整个机械的基础，动力装置、工作装置、操纵系统及驾驶室等总成部件均安装在它上面。

#### 3. 工作装置

工作装置的作用是完成各种工程作业任务，是机械作业的执行机构。不同类型的工程机械有不同的工作装置，例如，推土机的推土铲刀、推架等组成的推土装置，装载机的装载铲斗、动臂等组成的装载装置，挖掘机的铲斗、斗杆、动臂等组成的挖掘装置等。现代工程机械的工作装置多采用液压系统进行操纵。

# 1.2 工程机械底盘概述

## 1.2.1 工程机械底盘的分类

工程机械底盘的结构直接影响工程机械整机的性能。根据行走方式的不同，工程机械底盘可分为轮胎式底盘和履带式底盘两种。履带式底盘具有牵引力大、通过性能好、转弯半径小等优点，但是重量相对较重，机动性能较差；轮胎式底盘行驶速度快、机动性能好，但工作时易打滑、转弯半径较大。由轮胎式底盘组成的机械称为轮式机械，由履带式底盘组成的机械称为履带式机械。

## 1.2.2 工程机械底盘的组成

轮胎式底盘和履带式底盘均由传动系统、行驶系统、转向系统和制动系统四大部分组成。

### 1. 传动系统

传动系统的功用是将动力装置输出的动力传递给驱动轮或工作装置，并将动力适时改变力矩或方向，使其适应各种工况下机械行驶或作业的需要。轮式机械的传动系统主要由离合器或液力变矩器、变速器、万向传动装置、主传动装置、差速器及轮边减速器等组成。履带式机械的传动系统主要由主离合器或液力变矩器、变速器、中央传动装置、转向离合器及侧传动装置等组成。

### 2. 行驶系统

行驶系统的功用是将动力装置输出的扭矩转换为驱动机械行驶的牵引力，并支撑机械的重量和承受各种力。轮式机械的行驶系统主要由车架、车桥、车轮及悬挂装置等组成。履带式机械的行驶系统主要由车架、行走装置和悬架等组成。

### 3. 转向系统

转向系统的功用是使机械保持直线行驶以及灵活准确地改变其行驶方向。轮式机械的转向系统主要由方向盘、转向器及转向传动机构等组成。履带式机械的转向系统主要由转向离合器和转向制动器等组成。

### 4. 制动系统

制动系统的功用是使机械减速或停车，并使机械长时间可靠停车而不滑溜。轮式机械的制动系统主要由制动器和制动传动机构等组成。履带式机械没有专门的制动系统，而是依靠转向制动装置进行制动。

# 第 2 章 传 动 系 统

## 2.1 传动系统概述

### 2.1.1 传动系统的功用

传动系统是工程机械发动机与驱动轮(或驱动链轮)之间传递动力的所有传动部件的总称，用于将发动机产生的动力传递给驱动轮(或驱动链轮)或工作装置，使工程机械在不同使用条件下正常行驶或作业，并具有良好的动力性和经济性。

发动机的特点是扭矩小、转速快和扭矩、转速变化范围小，而工程机械作业的特点是速度低、牵引力大。因此，不能让发动机直接驱动车轮(或履带)，必须经传动系统使发动机的扭矩增大、转速降低后，再驱动工程机械的驱动轮(或驱动链轮)，工程机械方能起步、行驶和作业。传动系统的具体功用包括以下几方面。

(1) 减速增扭。

只有当作用在驱动轮上的牵引力足以克服外界对工程机械的阻力时，工程机械方能起步、行驶和作业。因此，需要在传动系统中设置减速装置(如主传动装置、轮边减速器等)，以降低驱动轮的转速，增大驱动轮的扭矩，这样工程机械才能正常行驶和作业。

(2) 变速变扭。

工程机械的使用条件，如负载大小、道路坡道及路面状况等，都在很大范围内变化，这就要求工程机械的牵引力和速度应有足够的变化范围。但是，发动机在整个转速范围内扭矩的变化不大，而功率和燃油消耗率的变化很大，因此保证发动机功率较大而燃油消耗率较低的转速范围(有利转速范围)较小。为了使发动机能保持在有利转速范围内工作，工程机械牵引力和速度又能在足够大的范围内变化，应当使传动系统的传动比有足够大的变化范围，这一功能由传动系统中的变速器实现。

工程机械以较高速度行驶时，可选用变速器中传动比较小的挡位(高速挡)，当重载作业，在路况较差的道路上行驶或爬越较大的坡度时，则可选用变速器中传动比较大的挡位(低速挡)。

(3) 接合或中断动力传递。

发动机只能在无负荷情况下起动，而且起动后的转速必须保持在最低稳定转速以上，否则可能熄火。因此，在工程机械起步之前，必须将发动机与驱动轮之间的动力切断，以便起动发动机。此外，在变换传动系统传动比(换挡)以及对工程机械进行制动之前，均有必要暂时中断动力传递。为此，在发动机与变速器之间应装设一个能将主动部分和从动部分分离和接合的机构，这就是离合器。

另外，工程机械在长时间停车、发动机不熄火而短暂停车以及依靠自身惯性进行长距离滑行时，传动系统应能长时间保持在中断传动状态，因此变速器应设有空挡。

(4) 实现机械倒驶。

工程机械在作业、进入停车场和车库或在窄路上掉头时，常需要倒退行驶。然而，发动机是不能反向旋转的，因此传动系统必须保证在发动机旋转方向不变的情况下，能使驱动轮反向旋转，一般结构措施是在变速器内加设倒退挡。

(5) 差速作用。

当工程机械转弯行驶时，左、右驱动轮在同一时间内滚过的距离不同，若两侧驱动轮仅用一根刚性轴驱动，则二者转速相同，因此转弯时必然产生驱动车轮相对于地面滑动的现象，这将造成转向困难、动力消耗增加、传动系统内某些零件和轮胎加速磨损。因此，驱动桥内应装有差速器，使左、右两驱动轮能以不同的转速旋转。动力由主传动装置先传到差速器，再由差速器分配给左、右两半轴，最后经轮边减速器(或直接)传到两侧的驱动轮。

(6) 连接不在同一轴线或工作中有相对运动的两轴，且传递动力。

发动机、离合器和变速器均固定在车架上，而驱动桥和驱动轮是通过悬挂装置与车架连接的，因此在工程机械行驶过程中，变速器与驱动轮之间的相互位置会产生一定的变化。在此情况下，二者之间不能用简单的整体传动轴连接，而应采用由万向节和传动轴组成的万向传动装置连接。

### 2.1.2 传动系统的类型及组成

根据传动装置结构与工作原理的不同，工程机械的传动系统可分为机械传动、液力机械传动、液压机械传动、液压传动和电力传动五种类型。

#### 1. 机械传动

机械传动是指传动系统中采用刚性零部件来传递动力的方式。轮式机械传动系统主要由主离合器、变速器、万向传动装置、主传动装置、差速器、半轴和轮边减速器等总成组成，其中主传动装置、差速器、半轴和轮边减速器装在同一壳体内，形成一个整体，称为轮式驱动桥。履带式机械传动系统主要由主离合器、变速器、中央传动装置、转向制动装置和侧传动装置等总成组成，其中中央传动装置、转向制动装置和侧传动装置装在同一壳体内，形成一个整体，称为履带式驱动桥。

机械传动的优点是结构简单、工作可靠、价格低廉、重量轻、传动效率高，可以利用传动系统运动零件的惯性进行作业。

机械传动的缺点主要包括：

(1) 在工作阻力急剧变化的工况下，发动机容易过载熄火。

(2) 作业时发动机的功率利用率低，降低了生产率。

(3) 换挡频繁，操作强度大，停车换挡影响机械的通过性能。

(4) 发动机和传动系统中各零件的使用寿命易受外力影响而降低。

(5) 变速器的挡位数较多，使变速器结构较为复杂。

上述缺点在阻力变矩剧烈以及经常改变行驶方向的工况下表现得特别明显，因此机械传动系统适用于作业阻力比较稳定的连续作业机械。

## 2. 液力机械传动

液力机械传动是指传动系统中串联或并联液力变矩器(或液力偶合器)替代主离合器,使发动机输出的动力通过液力变矩器(或液力偶合器)及机械传动部件传到驱动轮的方式。其变速器多采用动力换挡的形式,并与液力变矩器共用一个液压控制系统。轮式液力机械传动系统主要由液力变矩器、变速器、万向传动装置和驱动桥等总成组成,履带式液力机械传动系统主要由液力变矩器、变速器和驱动桥等总成组成。

液力机械传动的主要优点包括:

(1) 能自动适应外界阻力的变化,在一定范围内自动无级地变速变扭,因此减少了变速器的挡数和换挡次数,也减少了变速时的功率损耗,从而提高了装备的平均行驶速度和作业效率。

(2) 结构紧凑、重量轻,油液具有一定衰减振动、缓和冲击的能力,使整个系统工作平稳,提高了机械的使用寿命。

(3) 操作轻便、灵活,减轻了操作人员的劳动强度,有利于提高工程装备的作业效率和作业质量。

液力机械传动的主要缺点是传动效率较低,在行驶阻力变化小而连续作业时,效率低增加了燃油消耗量,同时由于液压元件加工精度要求高、制造成本高及液压油泄漏等,维修工作的难度较大。

液力机械传动的优点较为突出,目前在工程机械上已得到了广泛应用,其使用范围正在日益扩大。

## 3. 液压机械传动

液压机械传动是指传动系统中用液压系统替代主离合器,使发动机输出的动力通过液压泵、液压马达及机械传动部件传到驱动轮的方式。轮式液压机械传动系统和履带式液压机械传动系统均主要由液压泵、液压马达、变速器、万向传动装置和驱动桥等总成组成。

液压机械传动的主要优点包括:

(1) 液压泵和马达为可分式结构,因此各部件便于布置,为机械的设计带来极大方便。

(2) 马达直接驱动变速器,省去了离合器和液力变矩器等中间部件,而且马达可反转,省去了变速器的倒挡设置,从而使得结构更加简单。

(3) 操纵简便、灵敏、准确。

(4) 传递效率较液力机械传动有较大提高。

液压机械传动的主要缺点是液压系统中液压元件加工制造的工艺要求较高,价格昂贵,而且控制元件结构较复杂,维修过程需要专用工具,因此对维修人员的专业素质要求较高,使得维修成本高昂。

## 4. 液压传动

液压传动是指传动系统中没有中间传力的机械部件,而是通过液压马达直接驱动机械行驶的方式。液压传动系统主要由液压泵、液压马达、最终传动装置等组成。

液压传动系统具有以下优点：

(1) 实现无级变速，变速范围大，并能实现微动，而且在相当大的变速范围内，保持较高效率。

(2) 用一根操纵杆就能改变行驶方向和速度。

(3) 可利用液压传动系统实现制动。

(4) 在履带式装备或以差速方式转向的轮式装备中，当左、右驱动轮分别采用独立的液压传动系统时，不需要主离合器、转向离合器及制动器等机构，因此液压传动系统中没有易损零件，结构简单，保养方便。另外，该系统改变左、右驱动轮的转速，能平稳地实现按任意转向半径转向及原地转向。

(5) 便于实现自动化及远距离操纵。

液压传动系统的主要缺点是价格贵、噪声大、维修技术要求高。

目前，传动系统中应用最多的是液力机械传动系统、液压机械传动系统和液压传动系统等三种。工程机械中液压传动使用较少，但随着液压元件性能的不断提高，越来越多的工程机械开始采用液压传动。

5. 电力传动

电力传动是指传动系统中由发动机带动直流发电机，然后由发电机输出的电能驱动装在车轮中的直流电动机而使机械行驶的方式。车轮和直流电动机(包括减速装置)装成一体，称为电动轮。

电力传动的优点包括：

(1) 动力装置(发动机和发电机)和电动轮之间没有刚性联系，便于总体布置和维修。

(2) 变速操纵方便，实现无级变速，因此在整个速度变化范围内均可以充分利用发动机功率。

(3) 电动轮通用性强，可方便地实现任意多驱动轮驱动的方式，以满足不同机械对牵引力和通过性能的要求。

(4) 采用电力制动，在长坡道上行驶时可大大减轻车轮制动器的负荷，延长制动器的使用寿命。

(5) 容易实现自动化。

电力传动的主要缺点是价格高、自重大，并消耗大量有色金属。

目前，电力传动仅用于大功率的铲运机和矿用轮式装载机等工程机械中。

### 2.1.3　典型工程机械的传动系统

工程机械的传动系统可用简图表示其动力的传递途径和系统组成，下面介绍几种典型工程机械的传动系统。

1) TY160 型推土机

TY160 型推土机传动系统为液力机械传动系统，主要由液力变矩器、变速器、中央传动装置、转向制动装置和侧传动装置等组成，如图 2-1 所示。

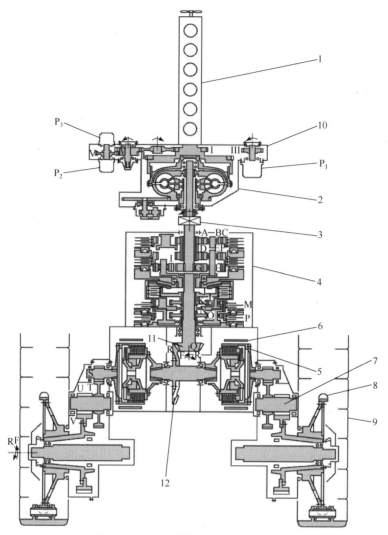

图 2-1　TY160 型推土机传动系统简图

1. 发动机；2. 液力变矩器；3. 联轴节；4. 变速器；5. 转向离合器；6. 转向制动器；7. 侧传动装置；8. 驱动轮；9. 履带；
10. 动力输出箱体；11. 中央传动装置主动锥齿轮；12. 中央传动装置从动锥齿轮；$P_1$. 工作油泵；$P_2$. 液力传动油泵；
$P_3$. 转向油泵

2) TY220 型推土机

TY220 型推土机传动系统为液力机械传动系统，主要由液力变矩器、变速器、中央传动装置、转向制动装置和侧传动装置等组成，如图 2-2 所示。

3) JYL200G 型挖掘机

JYL200G 型挖掘机传动系统为液压机械传动系统，主要由液压马达、变速器、万向传动装置、前驱动桥和后驱动桥等组成，如图 2-3 所示。

4) JYL200G 改进型挖掘机

JYL200G 改进型挖掘机传动系统为液压机械传动系统，主要由液压马达、变速器、万向传动装置、前驱动桥和后驱动桥等组成，如图 2-4 所示。

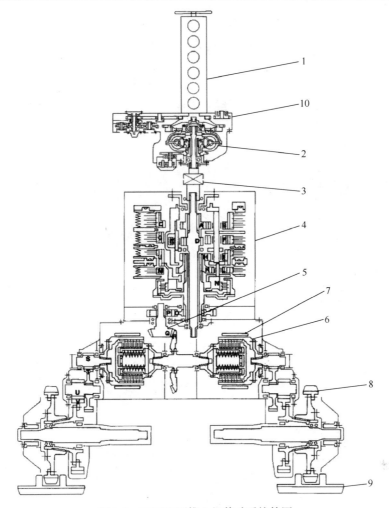

图 2-2 TY220 型推土机传动系统简图

1. 发动机；2. 液力变矩器；3. 联轴节；4. 变速箱；5. 中央传动装置；6. 转向离合器；7. 转向制动器；8. 侧传动装置；
9. 行走系统；10. 箱体

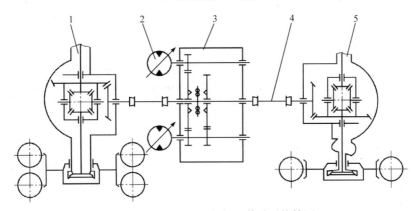

图 2-3 JYL200G 型挖掘机传动系统简图

1. 后驱动桥；2. 液压马达；3. 变速器；4. 传动轴；5. 前驱动桥

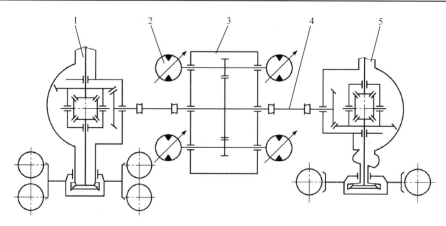

图 2-4　JYL200G 改进型挖掘机传动系统简图
1. 后驱动桥；2. 液压马达；3. 变速器；4. 传动轴；5. 前驱动桥

### 5) TLK220 型推土机/ZLK50 型装载机

TLK220 型推土机和 ZLK50 型装载机的传动系统相同，均为液力机械传动系统，主要由液力变矩器、变速器、万向传动装置、前驱动桥和后驱动桥等组成，如图 2-5 所示。

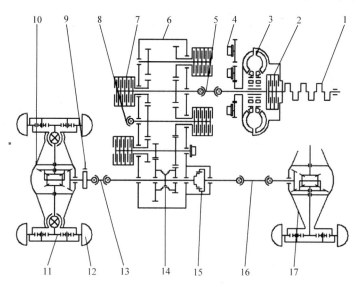

图 2-5　TLK220 型推土机/ZLK50 型装载机传动系统简图
1. 发动机；2. 锁紧离合器；3. 液力变矩器；4. 油泵；5. 传动轴；6. 变速器；7. 换挡离合器；8. 绞盘传动轴；9. 手制动器；
10. 前驱动桥；11. 轮边减速器；12. 车轮；13. 前传动轴；14. 高低挡啮合套；15. 脱桥机构；16. 后传动轴；
17. 后驱动桥

### 6) TLK220A 型推土机/ZLK50A 型装载机

TLK220A 型推土机和 ZLK50A 型装载机的传动系统相同，均为液力机械传动系统，主要由液力变矩器、变速器、万向传动装置、前驱动桥和后驱动桥等组成，如图 2-6 所示。

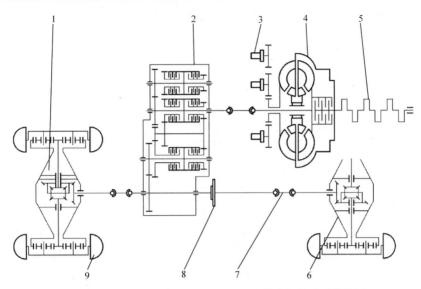

图 2-6   TLK220A 型推土机/ZLK50A 型装载机传动系统简图

1. 前驱动桥；2. 变速器；3. 油泵；4. 液力变矩器；5. 发动机；6. 后驱动桥；7. 传动轴；8. 手制动器；9. 车轮

### 7) ZL50 型装载机

广西柳工机械股份有限公司(后文简称柳工)的 ZL50 型装载机传动系统为液力机械传动系统，主要由液力变矩器、变速器、万向传动装置、前驱动桥和后驱动桥等组成，如图 2-7 所示。

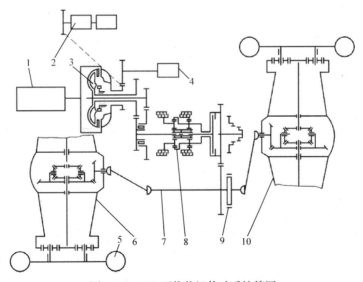

图 2-7   ZL50 型装载机传动系统简图

1. 发动机；2. 液压泵；3. 液力变矩器；4. 转向泵；5. 车轮；6. 后驱动桥；7. 传动轴；8. 变速器；9. 手制动器；
10. 前驱动桥

### 8) JY633-J 型挖掘机

JY633-J 型挖掘机传动系统为液压传动系统，主要由主泵、主控制阀、回转装置、中央回转接头和行走马达等组成，如图 2-8 所示。

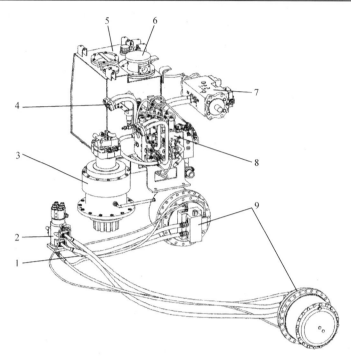

图 2-8　JY633-J 型挖掘机传动系统示意图

1. 底盘液压管路；2. 中央回转接头；3. 回转装置；4. 工作油路(至工作装置)；5. 液压油箱；6. 回油滤清器；
7. 主泵；8. 主控制阀；9. 行走马达

# 2.2　离　合　器

## 2.2.1　离合器的功用及分类

1. 功用

工程机械传动系统根据需要可在多处设置离合器，但其目的各不相同。离合器有直接接合或分离发动机动力的主离合器；有控制液力变矩器、变速器工作状态的锁紧离合器和换挡离合器；还有实现履带式机械转向的转向离合器。本节介绍的是主离合器，其他离合器将在相关章节中介绍。

发动机是工程机械的动力源，由于机械的使用条件复杂，不能将发动机与变速器、主传动装置、车轮等直接连接，通常在机械传动系统中设置一种和发动机既能接合又能分离的机构，这种机构称为离合器，其作用是便于机械的起步、行驶、停车和变速。离合器的主要功用可总结为以下几点：

(1) 柔和接合，平稳起步。将发动机传递给传动系统的动力逐渐增加，使发动机和传动系统柔和接合，保证机械平稳起步。

(2) 中断动力，换挡顺利。离合器迅速、彻底地中断发动机与传动系统之间的动力传递，以防止变速器换挡时齿轮产生啮合冲击。

(3) 过载打滑，免遭损坏。当外负荷急剧增加，超过离合器最大传递扭矩时，离合器主动部分与从动部分产生相对滑动，以防止传动系统和发动机的零部件因过载损坏，起到保护作用。

(4) 暂时分离，短暂驻车。利用离合器分离，可使机械短时间驻车。

2. 分类

离合器按传递扭矩的方法，可分为摩擦式离合器、液力式离合器、电磁式离合器和综合式离合器等。摩擦式离合器具有结构简单、工作可靠的特点，应用最为广泛。摩擦式离合器按摩擦表面的形状，又可分为摩擦盘式离合器、摩擦锥式离合器和摩擦鼓式离合器三种，工程机械普遍采用摩擦盘式离合器。摩擦盘式离合器的类型如下：

(1) 根据摩擦盘数，离合器可分为单盘式离合器、双盘式离合器和多盘式离合器。

单盘式离合器有两个摩擦面，其特点是结构简单，分离较为彻底，散热良好，调整方便，从动部分转动惯量小，但能传递的扭矩有限。双盘式或多盘式离合器有更多的摩擦面，接合较为平顺，摩擦力也较大，可传递较大的扭矩，但从动部分转动惯量大，不易彻底分离。

(2) 根据压紧机构，离合器可分为弹簧压紧式离合器和杠杆压紧式离合器。

弹簧压紧式离合器平时处于接合状态，因此又称为常接合式离合器，其特点是接合或分离只需要单向操纵，一般由脚控制，操纵较为方便，便于机械在行驶时进行变速换挡，在轮式机械中应用较多。杠杆压紧式离合器既可以稳定地处于接合状态，又可以稳定地处于分离状态，因此又称为非常接合式离合器，其特点是接合或分离需要双向操纵，一般由手操纵，在履带式机械中应用较为广泛。

(3) 根据摩擦盘的工作条件，离合器可分为干式离合器和湿式离合器。

干式离合器结构简单，制造成本较低，但使用寿命较短，故障发生率较高，需要经常进行调整。湿式离合器的摩擦盘工作在循环流动的油液中，能及时得到润滑和冷却，因此磨损小，使用寿命长，但摩擦表面的摩擦系数也因此减小，通常通过增加压紧力来加以补偿。

(4) 根据操纵机构的方式，离合器可分为机械式离合器、液压式离合器和气动式离合器。

其中，机械式离合器和液压式离合器又常和各种形式的助力器配合使用，包括弹簧助力器、液压助力器、气动助力器等。大功率的工程机械操纵频繁，多采用液压助力式操纵的离合器。

摩擦式离合器无论结构和形式如何变化，基本原理是相同的，即依靠摩擦表面产生的摩擦力来传递扭矩，其核心部件是构成摩擦副的主动摩擦盘、从动摩擦盘和提供正压力的压紧机构，它们是影响离合器传递扭矩大小的主要因素。下面分别介绍弹簧压紧双盘干式离合器和杠杆压紧多盘湿式离合器的结构组成和工作原理。

## 2.2.2 弹簧压紧双盘干式离合器

1. 结构

弹簧压紧双盘干式离合器主要由壳体、主动部分、从动部分、压紧分离部分和操纵部分等组成，如图 2-9 所示。

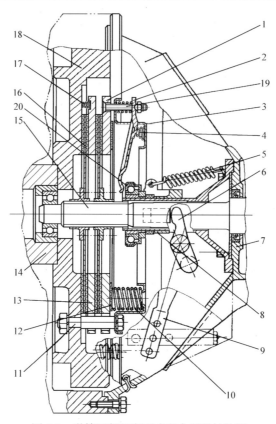

图 2-9　弹簧压紧双盘干式离合器的结构图

1. 压盘；2. 分离臂；3. 离合器盖；4. 支承弹簧；5. 回位弹簧；6. 分离叉；7. 壳体；8. 分离套；9. 拉臂；10. 压紧弹簧；11. 传动销；12. 隔热环；13. 主动盘；14. 曲轴；15. 离合器轴；16. 从动盘；17. 锥形分离弹簧；18. 飞轮；19. 固定螺栓；20. 分离轴承

1) 壳体

离合器壳体 7 与油泵传动箱箱体制成一体，一端与发动机飞轮壳体连接，另一端与变速器壳体连接。

2) 主动部分

主动部分与发动机飞轮 18 连接，用于输入动力，主要由传动销 11、主动盘 13、压盘 1 和离合器盖 3 等组成。6 个传动销压装在飞轮上，并由螺母锁紧。主动盘和压盘套装在传动销上，可做轴向移动。离合器盖用螺钉固定在传动销的端部。发动机正常工作时，主动部分各部件跟随发动机飞轮一起转动。

3) 从动部分

从动部分与变速器主动轴连接，用于输出动力，主要由离合器轴 15 和两个从动盘 16 组成。离合器轴就是变速器主动轴，其前部制有花键，用来与从动盘相连。两个从动盘安装在飞轮与主动盘、主动盘与压盘之间，由压紧弹簧 10 将其压紧在一起。每个从动盘均由盘毂、钢片和摩擦片组成，盘毂通过内花键套装在离合器轴前部花键上，可轴向移动；钢片内端用铆钉与盘毂铆接，外端两侧用铆钉铆有摩擦片。盘毂两端是不对称的，在安装时应使两从动盘短毂相对，面向中间压盘(图 2-10)，否则离合器将不能正常工作。

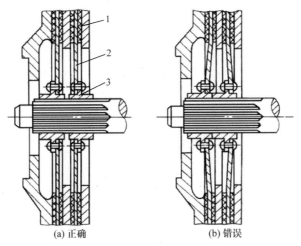

(a) 正确　　　　　　　　　(b) 错误

图 2-10　离合器从动盘的装配
1. 摩擦片；2. 钢片；3. 盘毂

4) 压紧分离部分

压紧分离部分用于使离合器接合或分离，主要由分离臂 2、压紧弹簧 10、锥形分离弹簧 17 和限位螺钉等组成。6 个分离臂的中部均制有凹槽，用以卡装在离合器盖的窗口内，并以此作为工作时的支点。分离臂外端用固定螺栓 19 和压盘连接在一起，当压动分离臂内端时，压盘随之后移。分离臂固定螺栓还可以用来调整分离臂内端工作面的高度。分离臂中部和连接螺栓上都装有支承弹簧 4，以防止离合器转动时分离臂发生振动。12 个压紧弹簧的一端支承在离合器盖的凸台上，另一端支承在压盘背面的隔热环 12 上，隔热环用 3 个螺钉固定在压盘上。飞轮与主动盘之间装有 3 个锥形分离弹簧 17，用于在离合器分离时推动主动盘后移，从而使主动盘与前从动盘能够彻底脱离接触。离合器盖上还旋装有 3 个限位螺钉，其内端穿过压盘上的专用孔，用于在离合器分离时限制主动盘的后移量，从而使主动盘与后从动盘能够彻底脱离解除。在离合器接合的情况下，限位螺钉端头与中间主动盘的距离为 1～1.25mm(图 2-11)。发动机正常工作时，压紧分离部分各部件也跟随发动机飞轮一起转动。

5) 操纵部分

操纵部分用于控制压紧分离部分的动作，从而操纵离合器的分离与接合，主要由踏板 1、横轴 10、长拉杆 2、短拉杆 3、长臂 7 和短臂 8 等组成，如图 2-12 所示。横轴用两轴承支承，在其两端分别固装短臂和长臂，通过长拉杆、短拉杆把摇臂 9 和弯臂 4 连接在一起，弯臂用螺栓与拉臂 5 固定在一起。当踏下或放松离合器踏板 1 时，通过摇臂、长拉杆、短臂、横轴、长臂、短拉杆、弯臂、拉臂等联动，将带动分离叉轴左右转动，从而使分离叉左右摆动。

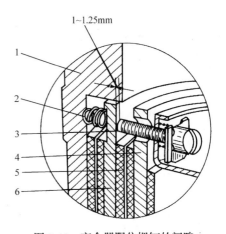

图 2-11　离合器限位螺钉的间隙
1. 飞轮；2. 分离弹簧；3. 限位螺钉；4. 压盘；
5. 从动盘；6. 主动盘

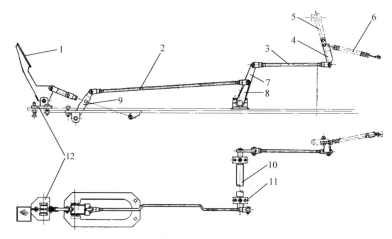

图 2-12　弹簧压紧双盘干式离合器的操纵部分

1. 踏板；2. 长拉杆；3. 短拉杆；4. 弯臂；5. 拉臂；6. 回位弹簧；7. 长臂；8. 短臂；9. 摇臂；10. 横轴；11. 轴承座；
12. 支承座

2. 工作原理

1) 离合器处于接合状态

离合器处于接合状态时，离合器踏板处于最高位置，分离套轴承与分离臂内端工作面应有 3～4mm 的间隙，两个从动盘在压紧弹簧的作用下与压盘、主动盘和飞轮紧紧压在一起。发动机正常工作时，主动部分利用与从动盘接触面之间的摩擦力，带动从动部分一起旋转，从而将发动机输入的扭矩传递给离合器轴进行输出。

2) 分离离合器

分离离合器时，踏下离合器踏板，通过操纵部分的联动作用使分离叉向左摆动，迫使分离套轴承压分离臂内端左移，分离臂便绕中间支点转动使外端右移，分离臂外端则通过分离臂固定螺栓克服压紧弹簧的压力，带动压盘向右移动，使压盘与从动盘产生间隙而分离；与此同时，锥形分离弹簧伸张，推动主动盘也向右移动，抵压在限位螺钉上，使主动盘和从动盘之间产生间隙而分离；这样，离合器主动部分和从动部分之间的摩擦作用完全消失，离合器进入分离状态，如图 2-13(a)所示。

3) 接合离合器

接合离合器时，慢慢放松离合器踏板，在操纵部分的联动作用下，长拉杆、短拉杆右移，拉臂逐渐恢复原位，分离叉和分离套在回位弹簧的作用下也逐渐恢复原位。压紧弹簧伸张，将主动部分和从动部分逐渐压在一起，从动部分开始旋转。当踏板完全放松后，主动部分和从动部分被压紧弹簧完全压紧，一起随发动机飞轮转动，把动力输出给离合器轴，如图 2-13(b)所示。

## 2.2.3　杠杆压紧多盘湿式离合器

1. 结构

杠杆压紧多盘湿式离合器主要由主动部分、从动部分、压紧分离部分和操纵部分等组成，如图 2-14 所示。

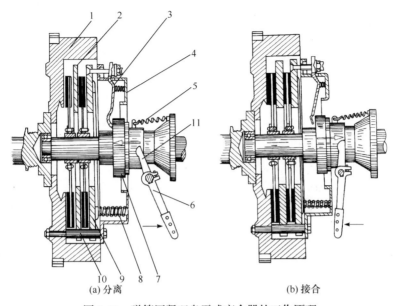

图 2-13　弹簧压紧双盘干式离合器的工作原理

1. 飞轮；2. 主动盘；3. 分离臂；4. 离合器盖；5. 回位弹簧；6. 拉臂；7. 分离套；8. 压紧弹簧；9. 压盘；
10. 传动销；11. 分离叉

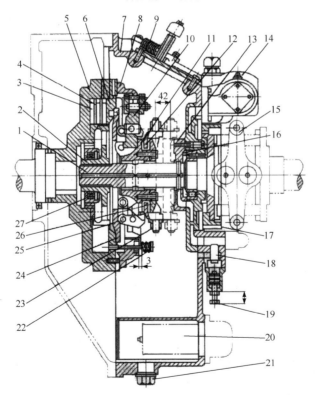

图 2-14　杠杆压紧多盘湿式离合器的结构图(单位：mm)

1. 离合器轴；2. 从动轮毂；3. 从动盘；4. 主动盘；5. 发动机飞轮；6. 压盘；7. 外壳；8. 离合器盖；9. 弹簧；10. 调整圈；
11. 压爪架；12. 分离环；13. 轴承座；14. 液压助力器；15. 十字架；16、27. 轴承；17. 制动带；18. 安全阀；19. 调整螺
栓；20. 滤油器；21. 磁性螺塞；22. 复位弹簧；23. 分离叉；24. 压盘毂；25. 压爪组件；26. 压爪架后盖板

1) 主动部分

主动部分与发动机飞轮 5 连接，用于输入动力，主要由两个主动盘和压盘等组成。带外齿的两个主动盘 4 和压盘 6 与发动机飞轮 5 的内齿圈相啮合，随飞轮一起转动，也可做轴向移动。

2) 从动部分

从动部分与变速器主动轴连接，用于输出动力，主要由三个从动盘、从动轮毂和离合器轴组成。三个从动盘 3 与两个主动盘交替地安装在飞轮与压盘之间，从动盘通过内齿与从动轮毂 2 的外齿相啮合，从动轮毂和离合器轴 1 通过花键连接，从而将动力传递到离合器轴上。离合器轴左端通过轴承 27 支承在飞轮的中心孔内，右端以轴承 16 支承在轴承座 13 上，轴承外端面装有密封装置，防止润滑油溢出和泥水侵入。离合器轴的中心有油道，液压助力器的液压油经冷却后进入离合器内部的油道润滑各运动件，且润滑油经从动轮毂沿着主动盘和从动盘表面的槽做径向流动，使主动盘和从动盘之间得到润滑和冷却。

3) 压紧分离部分

压紧分离部分用于使离合器接合或分离，主要由压爪架、压爪组件、调整圈、压盘毂和复位弹簧等组成。压爪组件 25 包括小滚轮、重块和连接片，小滚轮通过销轴与重块和连接片铰接，重块通过销轴铰接在调整圈 10 上，调整圈通过外螺纹安装在离合器盖上，连接片通过销轴铰接在压爪架 11 的耳块上。压爪架以滑动的方式安装在离合器轴上，其后端用螺钉安装有压爪架后盖板 26，两者之间形成一道环槽，环槽内装有衬套。压盘毂 24 一侧用销子与压盘连接，另一侧与压爪组件上的小滚轮相接触，起缓冲作用，使离合器接合平顺。拧动调整圈，调整圈就会相对于离合器盖做轴向移动，从而调整小滚轮与压盘毂之间的间隙。压盘沿轴向所连的三根复位弹簧 22 均匀地安装在离合器盖 8 上，当压盘上的压力去除后，能使压盘自动复位。

4) 操纵部分

操纵部分用于控制压紧分离部分的动作，从而使离合器分离或接合，主要由分离叉、分离环和液压助力器等组成。液压助力器 14 一端通过杆件与驾驶室内的操纵杆相连，另一端通过杆件与分离叉 23 相连。分离叉通过两个对称的衬块与分离环相连，分离环安装在压爪架与压爪架后盖板之间形成的环槽内。

2. 工作原理

离合器的分离与接合动作是采用重块肘节式压紧与分离机构来完成的，借助重块离心力自动促进离合器的接合或分离，如图 2-15 所示。

1) 离合器处于分离状态

离合器处于分离状态时，如图 2-15(c)所示，压爪架 4 处在最右端，重块 7 的离心力通过连接片 2 对压爪架产生一个向右的推力，从而使离合器处于稳定的分离状态。此时，小滚轮 3 也处于最右端位置，与压盘毂 1 相分离，压盘在复位弹簧的作用下处于最右端位置，与从动摩擦盘相分离，主动摩擦片和从动摩擦片上无压力，相互之间无摩擦作用，不传递动力。

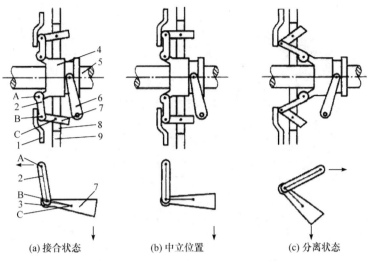

(a) 接合状态    (b) 中立位置    (c) 分离状态

图 2-15 重块肘节式压紧与分离机构工作原理

1. 压盘毂；2. 连接片；3. 小滚轮；4. 压爪架；5. 离合器轴；6. 分离叉；7. 重块；8. 调整圈；9. 离合器盖；A、B、C. 轴销

2) 接合离合器

接合离合器时，压爪架在分离叉的作用下沿离合器轴向左移动，当移动至图 2-15(b) 所示的位置时，小滚轮对压盘毂的压紧力达到最大，但此位置是不稳定的，稍有振动就容易分离，因此将压爪架继续向左移动至图 2-15(a)所示的位置，此时，重块的离心力对压爪架产生一个向左的推力，从而使离合器处于稳定的接合状态。这时，小滚轮作用在压盘毂上的压紧力推动压盘向左移动，将主动摩擦盘和从动摩擦盘紧紧压在一起，从而随发动机飞轮一起转动，将动力输出给离合器轴。

3) 分离离合器

分离离合器时，压爪架在分离叉的作用下沿离合器轴向右移动到最右端位置，如图 2-15(c)所示，离合器处于稳定的分离状态，小滚轮与压盘毂相分离，压盘在复位弹簧的作用下回位，使主动摩擦片和从动摩擦片上的压力消失，离合器进入分离状态。

3. 液压助力器

为了降低操作手的劳动强度，减小离合器的操纵力，在离合器的操纵部分设有液压助力器。

1) 结构

液压助力器是由阀杆、活塞、弹簧及阀体等组成的一个随动滑阀，如图 2-16 所示。

阀体 8 横装在离合器外壳的后上方，阀体内阀杆 6 的右端通过双臂杠杆 3 与驾驶室内的操纵杆相连，活塞 7 的左端经球座接头 9 借助球头杠杆 10 与离合器分离叉 2 相连。

2) 工作原理

接合离合器时，如图 2-16(a)所示，操作手拨动操作杆，通过双臂杠杆使阀杆克服弹簧的压力向右移动，使得油口 B 和 C 彼此连通并通出油腔 O，但与进油腔 H 的通路被阀

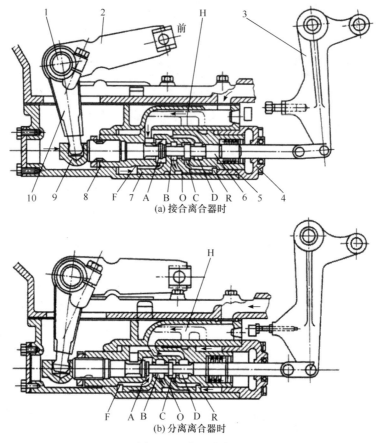

(a) 接合离合器时

(b) 分离离合器时

图 2-16　液压助力器

1. 分离叉轴；2. 分离叉；3. 双臂杠杆；4. 阀盖；5. 弹簧；6. 阀杆；7. 活塞；8. 阀体；9. 球座接头；10. 球头杠杆；
A、B、C、D. 油口；F、R. 左工作腔、右工作腔；H、O. 进油腔、出油腔

杆中央的两个凸台堵死，此时，来自进油腔 H 的高压油经油口 A 进入左工作腔 F，推动活塞右移，带动分离叉摆动，使离合器趋于接合，而右工作腔 R 内的油液经油口 C、B 从出油腔 O 流出，形成低压腔。

离合器完全接合后，操作手松开操纵杆，阀杆在弹簧作用下左移，油口 C 开启。此时，阀体左工作腔 F 和右工作腔 R 彼此连通而与进油腔 H 和出油腔 O 均不通，阀杆处于中立位置，作用于活塞上的力处于平衡状态，活塞静止不动，离合器处于稳定的接合状态。

分离离合器时，如图 2-16(b)所示，在操作手的操纵下，阀杆克服弹簧的压力向左移动，使得油口 A 和 B 彼此连通并通出油腔 O，但与进油腔 H 的通路被阀杆中央的两个凸台堵死，此时，来自进油腔 H 的压力油经油口 D、C 进入右工作腔 R，推动活塞左移，带动分离叉摆动，使离合器趋于分离。此时，左工作腔 F 内的油液经油口 A、B 从出油腔 O 流出，形成低压腔。当离合器完全分离后，操作手松开操纵杆，阀杆在弹簧作用下右移，油口 A、B、C、D 全打开，阀杆处于中立位置，活塞两端油压处于平衡状态，活塞保持不动，离合器处于稳定的分离状态。

#### 2.2.4 离合器常见故障判断与排除

**1. 离合器打滑**

离合器打滑将导致传递的扭矩及传动效率降低，机械克服阻力的能力下降，机械的使用性能恶化，同时还将加剧摩擦片与压盘、主动盘摩擦表面的磨损，降低离合器使用寿命。经常打滑的离合器产生较多热量，容易烧伤压盘和摩擦片，而摩擦片温度升高后摩擦系数将下降，引起离合器进一步打滑，严重时所产生的高热可使摩擦片烧焦毁坏、离合器零件变形、压紧弹簧退火、润滑脂稀释外溢等。

1) 故障现象

离合器打滑是离合器接合不彻底的一种表现，其常见故障现象有：

(1) 机械起步困难；

(2) 机械的行驶速度不能随着发动机转速的提高而提高；

(3) 机械行驶或作业阻力增大时，机械不走而离合器发出焦糊臭味。

2) 故障原因

摩擦力的主要决定因素有两个：①作用在压盘上的正压力；②摩擦副的摩擦系数。二者均为正相关，任何一个因素下降均会导致摩擦力降低。据此分析，故障原因可能有：

(1) 摩擦片变质，主要是摩擦产生的高温使摩擦片的有机物质变质，甚至导致摩擦片龟裂，从而使得摩擦系数下降；

(2) 摩擦片长久工作使得摩擦表面变得光滑，也会导致摩擦系数下降；

(3) 摩擦衬片表面有水或者油污时，同样导致摩擦系数下降；

(4) 压紧弹簧刚度减小、折断或工作行程增加，导致压盘正压力不够；

(5) 离合器踏板没有自由行程；

(6) 离合器盖固定螺母松动；

(7) 当离合器为液压式操纵时，可能是油路部分的压力不足。

3) 排除方法

(1) 调整离合器踏板的自由行程。不同机械的离合器踏板自由行程可能不同，但方法基本一样，务必将自由行程调整到离合器不打滑的位置。

(2) 检查摩擦片。若摩擦片表面有油或水等，则擦拭烘干；若表面磨损过于光滑，则应打磨提高摩擦系数；若损坏严重，则应更换。

(3) 检查压紧弹簧或杠杆。若发现弹簧或杠杆断裂、磨损严重，则应立即更换。

(4) 紧固离合器盖各处螺母，液压式操纵离合器时检测油路压力，压力不足应排除油路故障。

**2. 离合器分离不彻底**

1) 故障现象

离合器分离不彻底是指分离离合器时，动力传递未完全切断，主要故障现象为：

(1) 换挡较为困难或换挡时，变速器内发出明显的齿轮撞击声；

(2) 挂倒挡后在不松开离合器踏板时，机体有明显窜动；

(3) 离合器出现过热，机械行走或发动机出现莫名熄火。

2) 故障原因

离合器分离不彻底说明发动机动力仍在传递，离合器的主动盘与从动盘尚未完全分离，主要原因可能是：

(1) 离合器的自由行程过大，导致即使将离合器踏板踩到底，压紧机构移动也不大，仍将主动盘和从动盘接合在一起；

(2) 从动盘、压盘变形或摩擦片松动、厚度不一致，分离杠杆内端调整过低或不在同一平面，压盘分离时发生倾斜等，也会导致主动盘和从动盘分离了仍然会有动力传递；

(3) 摩擦衬片过厚或破损进入主动盘和从动盘之间，导致无法彻底分离；

(4) 限位螺钉调整不当、分离弹簧失效，使得主动盘在分离时行程不够，无法分开；

(5) 对于有助力装置的离合器，可能故障出现在助力系统中，例如，液压助力中混入空气，导致回位力量不足；

(6) 辅助零件磨损、损坏或松动，如从动盘花键、传动销和变速箱轴承损坏，离合器固定螺母松动等，这些也会对分离产生影响。

3) 排除方法

(1) 根据具体型号离合器，检查与调整踏板的自由行程；

(2) 检查分离杠杆的内端是否在同一个平面上，若不在，则进行调整；

(3) 检查摩擦衬片的厚度和限位螺钉的位置，应在规定范围之内，而对于非常接合式离合器，还需要检查杠杆压紧机构的十字架是否合适；

(4) 检查摩擦片是否损坏，厚度是否一致，分离弹簧是否工作正常，若没有正常工作，则进行更换；

(5) 排除液压助力系统中的空气，拧紧离合器的固定螺母，对损坏的花键、传动销或轴承进行修复或更换。

**3. 离合器发抖**

1) 故障现象

当离合器按照正常操作平缓地接合时，机械并不是缓慢柔和地增加速度，而是间断起步，发生机械抖动甚至突然猛冲，这种现象称为离合器发抖。

2) 故障原因

离合器发抖属于接合不平顺，是发动机向传动系统输入较大扭矩时，离合器传递动力不连续造成的。导致该现象的主要原因有：

(1) 主动摩擦盘和从动摩擦盘接触面不平整，具有弯曲或者变形，使得发动机动力传递不连续，造成发抖现象，这时也有可能伴有分离不彻底的可能；

(2) 压盘正压力不均匀，与分离不彻底原因相同，还有可能使分离杠杆的内端不在同一个平面，离合器压紧弹簧的弹力不一样也会造成压盘的各部分压力不一致，形成抖动；

(3) 从动盘毂铆钉松动、钢片键槽松动甚至断裂、变速器第一轴花键磨损过大而松旷，均会使主动盘和从动盘不能可靠地分离，形成间断接合。

3) 排除方法

对于离合器发抖故障,其排除方法与分离不彻底具有一定的相似性,主要有以下几点:

(1) 检查分离杠杆内端与分离轴承的间隙是否一致,若不一致,则说明不在同一个平面上,这时必须将其调整到同一平面上;

(2) 检查从动盘的端面跳动量和平面度,应当在规定范围内;

(3) 检查压紧弹簧的弹力和高度,并与对应的标准进行对比,有偏差时应及时调整。

4. 离合器异响

1) 故障现象

离合器工作时产生的不正常声音统称为离合器异响,异响有连续摩擦响声和撞击声,一般出现在离合器的分离或接合过程中,有时也会出现在分离和接合后。

2) 故障原因及排除方法

根据离合器不同的异响,故障原因分析与排除方法如下。

(1) 发动机起动后出现沙沙声。该声音来源一般是离合器的摩擦片发生了相对位移,即打滑,具体原因见前述分析,其排除方法是:先查离合器踏板的自由行程,若根本就没有自由行程,但离合器放松后还能抬起少许,并且异响消失,则说明回位弹簧弹力不足,应进行调整或更换;若踏板抬不起来,则可能是踏板自由行程调整不当,应重新调整;若踏板自由行程正常,发动机提高转速时出现沙沙声,则是因为分离不彻底,可能是离合器回位弹簧过软或折断,需要拆开检查。

(2) 当离合器踩到底时出现摩擦声,这一般是分离轴承缺少润滑油发生干摩擦所致,应添加润滑油,若还有响声,则说明分离轴承已损坏,需要进行更换。

(3) 离合器踩到底后出现了金属敲击声,随着发动机转速的提高而加重。对于双片式离合器,是由于中间主动盘的传动销与销孔配合过松,在自重的影响下每转一定角度跌落撞击出现敲击声;对于单片式离合器,则是压盘与离合器盖配合松旷,需要拆开后检查进行调整。

(4) 若踩离合器分离和接合的瞬间出现异响,则故障主要出现在分离和接合的有关零部件中。异响可能是分离杠杆或支架销孔磨损松旷、摩擦衬片铆钉松动、从动盘花键毂铆钉松动引起的。故障也有可能发生在与变速箱第一轴配合上,该配合过松也会造成撞击响声,需分别进行检查调整。

## 2.3 液力变矩器

油液在运动中所具有的能量一般表现为动能、压力能和势能三种形式。以油液为工作介质,通过油液在循环流动过程中油液动能的变化来传递动力,这种传动形式称为液力传动,用以完成液力传动的部件称为液力元件,液力元件主要有液力偶合器和液力变矩器两种。其中,在工程机械中使用较多的是液力变矩器,简称变矩器。

### 2.3.1　液力变矩器的组成、原理及分类

#### 1. 液力传动的基本原理

液力传动的基本原理可以通过一组由离心泵-涡轮机构成的简单系统来加以说明，如图 2-17 所示。发动机正常工作时，带动离心泵 1 旋转从液槽中吸入油液，并带动油液旋转。旋转的油液在离心力的作用下以一定的速度进入导管 3，经导管改变流动方向后高速冲击涡轮机 2 的叶片使涡轮转动，涡轮带动涡轮轴转动并对外做功。流经涡轮的油液速度减小并改变方向后回流至液槽，如此循环往复。在上述过程中，离心泵将发动机的机械能转换为油液动能，涡轮机接收油液动能并将其转换为机械能，并由涡轮轴输出给外负载进行做功。

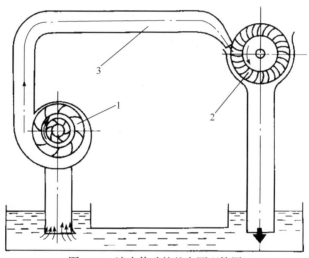

图 2-17　液力传动的基本原理简图
1. 离心泵；2. 涡轮机；3. 导管

#### 2. 基本组成

液力变矩器是由离心泵-涡轮机演化而来的，与离心泵对应的是液力变矩器的泵轮，以 B 表示；与涡轮机对应的是液力变矩器的涡轮，以 T 表示；在泵轮与涡轮之间的导流部件是导轮，以 D 表示。因此，简单液力变矩器主要由泵轮 B、涡轮 T 和导轮 D 组成，如图 2-18 所示。泵轮、涡轮和导轮统称为工作轮，各工作轮在内环和外环中间都有均匀

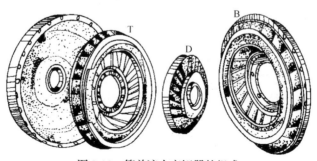

图 2-18　简单液力变矩器的组成
B. 泵轮；D. 导轮；T. 涡轮

分布的弯曲叶片，叶片间的空间为油液流动的通道，三个工作轮的轴截面图形构成循环圆，其油液通道共同组成工作腔，腔内充满工作油液。

泵轮通过罩轮与发动机飞轮相连，随发动机一起旋转，泵轮旋转带动泵轮叶片间的油液一起旋转，将发动机输入的机械能转换为油液的动能；高速旋转的油液在离心力的作用下流向泵轮外缘进入涡轮，并冲击涡轮叶片带动涡轮旋转，由于涡轮通过涡轮轴与负载相连，进而带动负载工作，将油液的动能转换为负载的机械能进行输出；从涡轮流出的油液进入导轮并冲击导轮叶片，导轮与机体连接固定不动，使得油液在导轮的反作用下改变液流方向，沿导轮叶片方向流出导轮后又进入泵轮，开始下一个循环，实现持续的动力传递。

从运动的角度来看，若油液按照泵轮—涡轮—导轮的顺序循环，则工作油液在泵轮、涡轮和导轮组成的工作腔内，一方面随着泵轮叶片的转动而绕泵轮轴线做圆周运动，另一方面在离心力的作用下沿循环圆做环流运动，因此工作油液的绝对运动是以上两种运动的合成，其轨迹为不规则的圆周螺旋运动。

3. 变矩原理

图 2-19 为液力变矩器稳定工作(发动机转速及负载不变)时各工作轮所受扭矩的简图。图中 $M_B$ 为泵轮从发动机输入的扭矩，$M_T$ 为涡轮对负载输出的扭矩，$M_D$ 为机体对导轮的反作用扭矩，$M_f(=-M_T)$ 为负载对涡轮的反作用扭矩，$M_J(=-M_D)$ 为导轮受油液冲击而对机体的作用扭矩。取工作腔中的工作油液作为研究对象，液力变矩器稳定工作时，工作腔中循环工作油液所受的外扭矩平衡，因此可以列出如下平衡方程式：

$$\sum M = M_B + (-M_T) + M_D = 0 \qquad (2\text{-}1)$$

即

$$M_T = M_B + M_D \qquad (2\text{-}2)$$

导轮固定不动，通常油液从涡轮进入导轮都将改变液流方向，即 $M_D \neq 0$，因此有

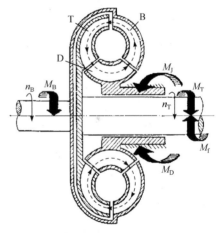

图 2-19 液力变矩器变矩原理简图
$n_B$ 为泵轮转速；$n_T$ 为涡轮转速

$$M_T \neq M_B \qquad (2\text{-}3)$$

式(2-3)表明，涡轮的输出扭矩不等于泵轮的输入扭矩，而等于泵轮和导轮作用于油液的扭矩之和，即动力通过液力变矩器进行传递时，扭矩发生了改变，而导轮就是改变输出扭矩大小的关键元件，它使得液力变矩器的输出扭矩可以大于输入力矩，实现了液力变矩器的变矩功能。当然，输出扭矩的增加是通过涡轮输出转速的降低而获得的。若导轮自由旋转，则无法改变流经导轮油液的方向，也无法对油液起反作用力，即若 $M_D = 0$，则 $M_T = M_B$，此时涡轮的输出扭矩等于泵轮的输入扭矩，液力变矩器变成了液力偶合器，因此可以把液力偶合器看成是液力变矩器的一个特例。

4. 特性参数和外特性曲线

1) 特性参数

(1) 变矩比 $k$：用来表示液力变矩器的变矩能力，为涡轮对负载输出的扭矩 $M_T$ 与泵轮从发动机输入的扭矩 $M_B$ 之比，即

$$k = M_T / M_B \tag{2-4}$$

$k$ 不是一个常数，它随着泵轮与涡轮转速的不同而变化。当涡轮转速 $n_T = 0$ 时，变矩比为 $k_0$，称为起动变矩比。$k_0$ 越大，说明机械的起步及加速性能越好。

(2) 传动比 $i$：也称为速比 $i$，为涡轮转速 $n_T$ 与泵轮转速 $n_B$ 之比，即

$$i = n_T / n_B \tag{2-5}$$

(3) 传动效率 $\eta$：涡轮的输出功率 $P_T$ 与泵轮的输入功率 $P_B$ 之比，即

$$\eta = \frac{P_T}{P_B} = \frac{M_T n_T}{M_B n_B} = ki \tag{2-6}$$

由此可见，液力变矩器的传动效率 $\eta$ 为变矩比 $k$ 与传动比 $i$ 的乘积。

2) 外特性曲线

当液力变矩器泵轮转速一定、工作油液一定时，泵轮从发动机输入的扭矩 $M_B$、涡轮对负载输出的扭矩 $M_T$、传动效率 $\eta$ 与涡轮转速 $n_T$ 之间的关系曲线，称为液力变矩器的外特性曲线，如图 2-20 所示，该曲线一般是通过实验测得的，反映了液力变矩器的主要特性。

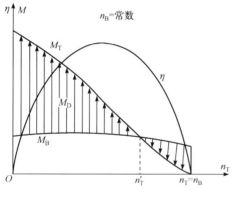

图 2-20　液力变矩器的外特性曲线

由图 2-20 可以得出以下结论。

(1) 随着涡轮转速 $n_T$ 的提高，涡轮对负载输出的扭矩 $M_T$ 逐渐减小，这就是液力变矩器自动适应外界阻力变化的无级变速功能；当 $n_T = 0$ 时，$M_T$ 最大，其数值是泵轮从发动机输入的扭矩 $M_B$ 的数倍，这正好符合机械起动时的需要；当 $n_T = n_B$ 时，$M_T = 0$ 为最小，此时不再传递动力。

(2) 当 $n_T < n_T'$ 时，机体对导轮的反作用扭矩 $M_D$ 为正值，此时 $M_T = M_B + M_D$，即 $M_T > M_B$；随着 $n_T$ 的增大，$M_D$ 逐渐减小，当 $n_T = n_T'$ 时，$M_D = 0$，此时自涡轮流出的油液顺着导轮叶片的切线方向冲去，导轮的反作用扭矩为 0；当 $n_T > n_T'$ 时，$M_D$ 为负值，此时 $M_T = M_B - M_D$，即 $M_T < M_B$，这表明自涡轮流出的油液方向改变到冲击导轮叶片的背面了，从而使得导轮的反作用扭矩变为一个负值。

(3) 对于泵轮，在涡轮转速 $n_T$ 的变化过程中，泵轮从发动机输入的扭矩 $M_B$ 变化不大。

(4) 液力变矩器的传动效率 $\eta$ 在涡轮转速 $n_T$ 的变化范围内，最大值只出现一次，此时液力变矩器的能量损失最小，为最佳工况；当 $n_T = 0$ 和 $n_T = n_B$ 时，传动效率均为 0，此时没有功率输出。

以上曲线表明，涡轮对负载输出的扭矩 $M_T$ 主要与其涡轮转速 $n_T$ 有关，而 $n_T$ 又是随着负载的改变而自动变化的。因此，当机械行驶或作业阻力增大、速度降低时，$M_T$ 可随之自动增大，以维持液力变矩器在某一较低的转速下稳定地工作；而当机械行驶或作业阻力减小，速度增大时，$M_T$ 可随之自动减小，使液力变矩器在某一较高的转速下稳定地工作。液力变矩器具有的这一性能，即液力变矩器的自动适应性，对阻力变化比较频繁的机械非常有利。

5. 分类

1) 按工作轮排列顺序

按工作轮在油液循环圆中的排列顺序不同，液力变矩器可分为正转型(BTD 型)液力变矩器和反转型(BDT 型)液力变矩器。

正转型液力变矩器(图 2-21(a))中，油液在工作腔循环圆内的流向为泵轮—涡轮—导轮，此时液力变矩器的泵轮和涡轮的旋转方向一致，目前工程机械上多采用这种形式。

反转型液力变矩器(图 2-21(b))中，油液在工作腔循环圆内的流向为泵轮—导轮—涡轮，此时液力变矩器的泵轮和涡轮的旋转方向相反。反转型液力变矩器液流方向变化剧烈，因此损失大，比正转型液力变矩器效率低，目前应用较少，仅见于船舶的换向装置中。

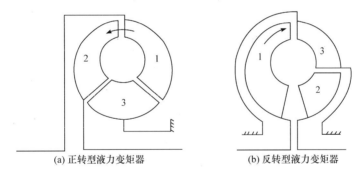

(a) 正转型液力变矩器　　　　　(b) 反转型液力变矩器

图 2-21　按不同工作轮顺序分类液力变矩器简图

1. 泵轮；2. 涡轮；3. 导轮

2) 按级数

按级数，液力变矩器可分为单级液力变矩器、双级液力变矩器和多级液力变矩器。

液力变矩器的级数是指刚性连接在一起的涡轮数目，且涡轮与涡轮之间有固定不动的导轮。一个涡轮称为单级液力变矩器，两个涡轮称为双级液力变矩器，以此类推，如图 2-22 所示。有些液力变矩器虽然涡轮个数是两个或两个以上，但涡轮之间没有固定不动的导轮或者涡轮之间并非刚性连接，因此仍称为单级液力变矩器。

单级液力变矩器结构简单，其最高传动效率较高，但起动变矩比 $k_0$ 较低，高效率工作范围相对较窄。多级液力变矩器有较高的起动变矩比 $k_0$ 和较宽的高效率工作范围，但其最高传动效率略低，结构复杂且价格较高。

3) 按相数

按相数，液力变矩器可分为单相液力变矩器、两相液力变矩器和多相液力变矩器，如图 2-23 所示。

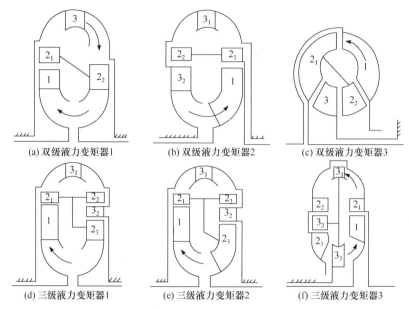

(a) 双级液力变矩器1　　　　(b) 双级液力变矩器2　　　　(c) 双级液力变矩器3

(d) 三级液力变矩器1　　　　(e) 三级液力变矩器2　　　　(f) 三级液力变矩器3

图 2-22　按级数分类液力变矩器简图

1. 泵轮；$2_1$. 第一涡轮；$2_2$. 第二涡轮；$2_3$. 第三涡轮；3. 导轮；$3_1$. 第一导轮；$3_2$. 第二导轮；$3_3$. 第三导轮

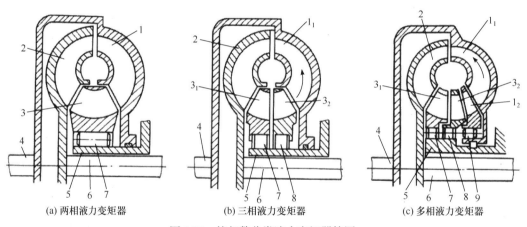

(a) 两相液力变矩器　　　　　(b) 三相液力变矩器　　　　　(c) 多相液力变矩器

图 2-23　按相数分类液力变矩器简图

1. 泵轮；$1_1$. 第一泵轮；$1_2$. 第二泵轮；2. 涡轮；3. 导轮；$3_1$. 第一导轮；$3_2$. 第二导轮；4. 主动轴；5. 导轮座；6. 涡轮轴；

7、8、9. 单向离合器

　　液力变矩器的相数是各工作轮配合工作所具有的不同工作状况的数目。单相液力变矩器的结构简单，高效率工作范围相对较窄。两相液力变矩器和多相液力变矩器在导轮和固定不动的导轮座之间装有单向离合器，通过进入导轮的不同油液流动方向自动控制单向离合器的分离与接合，从而实现不同的工作状况，这样的结构消除了高传动比时的低传动效率区域，扩大了高传动效率范围，在工程机械中应用广泛。

　　4) 按涡轮的布置形式

　　按涡轮在循环圆中的布置形式，液力变矩器可分为向心涡轮式液力变矩器、轴流涡轮式液力变矩器和离心涡轮式液力变矩器，如图 2-24 所示。

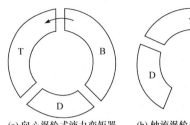 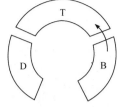 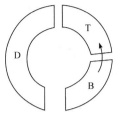

(a) 向心涡轮式液力变矩器　　　(b) 轴流涡轮式液力变矩器　　　(c) 离心涡轮式液力变矩器

图 2-24　不同涡轮形式液力变矩器简图

向心涡轮式液力变矩器涡轮中的油液从周边流向中心，其最高传动效率比其他形式高，且传递功率大，在空载时的损失小，但其起动变矩比 $k_0$ 较小，目前工程机械中绝大多数都采用向心涡轮式液力变矩器；离心涡轮式液力变矩器与向心涡轮式液力变矩器正好相反，其涡轮中的油液从中心流向周边；轴流涡轮式液力变矩器涡轮中的油液轴向流动。涡轮的布置形式对液力变矩器的性能有很大影响。

### 2.3.2　单级单相三元件液力变矩器

单级单相三元件液力变矩器只有一个泵轮、一个涡轮和一个导轮，因此也称为简单液力变矩器，其具有结构简单、操作简便的优点，在履带式机械上应用广泛。TY160 型、TY220 型、PD320Y-1 型等三种型号的履带式推土机都采用单级单相三元件液力变矩器。

1. TY160 型推土机液力变矩器

1) 结构

TY160 型推土机液力变矩器主要由壳体、主动部分、从动部分和导流部分等组成，如图 2-25 所示。

(1) 壳体。

液力变矩器壳体 9 用于支撑、保护变矩器，顶部装有吊环，供吊装变矩器使用。

(2) 主动部分。

主动部分用于将发动机输入的机械能转换为液体的动能，主要由罩壳 4、泵轮 8 和驱动齿轮 19 等组成。泵轮用螺钉与罩壳连接；罩壳内侧用螺栓固定在导向座 1 上，依靠导向座的轴颈与发动机飞轮孔接合定位，罩壳外侧用螺钉固定着与发动机飞轮内齿圈相啮合的驱动齿轮。

(3) 从动部分。

从动部分用于将液体的动能转换为机械能进行输出，主要由涡轮 3、涡轮轴 21 和联轴节 12 等组成。涡轮采用向心式，用铆钉与涡轮接盘 20 连接，涡轮接盘通过内花键与涡轮轴一端相连接，涡轮轴另一端通过花键与输出接盘连接。

(4) 导流部分。

导流部分用于改变液流的方向，由导轮 5 和导轮座 10 等组成。导轮通过螺钉与导轮接盘 7 连接，导轮接盘利用花键与导轮座相连，而导轮座通过螺钉固定在液力变矩器壳体 9 上。液力变矩器壳体是利用螺钉与机体连接在一起固定不动的，因此导轮座和导轮都是固定不动的。

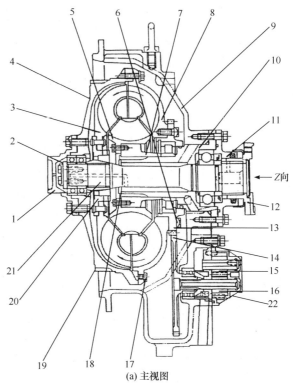

(a) 主视图

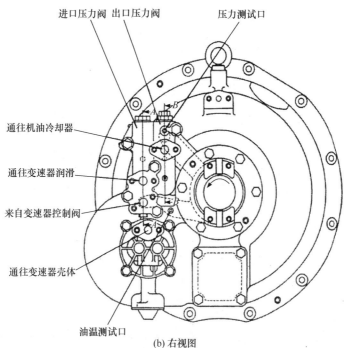

进口压力阀　出口压力阀　　　压力测试口

通往机油冷却器

通往变速器润滑

来自变速器控制阀

通往变速器壳体

油温测试口

(b) 右视图

图 2-25　TY160 型推土机液力变矩器结构图

1. 导向座；2. 轴端挡座；3. 涡轮；4. 罩壳；5. 导轮；6. 止动垫；7. 导轮接盘；8. 泵轮；9. 液力变矩器壳体；10. 导轮座；11. 油封座；12. 联轴节；13. 泵轮齿轮；14. 传动齿轮；15. 主动齿轮；16. 从动齿轮；17. 螺塞；18. 挡圈；19. 驱动齿轮；20. 涡轮接盘；21. 涡轮轴；22. 回油泵总成

2) 工作原理

TY160 型推土机液力变矩器工作原理简图如图 2-26 所示，当发动机正常工作时，发动机飞轮转动，通过齿轮啮合带动驱动齿轮转动，进而带动罩壳和泵轮一起转动，充满泵轮叶片间的工作油液在离心力的作用下以高速向泵轮的外缘流动，使得工作油液的动能增大，实现了将发动机传来的机械能转变成工作油液的动能。由泵轮流出的高速油液经过一小段无叶区的流道后进入涡轮，并冲击涡轮叶片，使得涡轮获得输出力矩，从而推动涡轮与涡轮轴转动，并经输出接盘传递给变速器进行输出，实现了将工作油液的动能转变成涡轮轴的机械能。工作油液通过涡轮后，速度降低，能量减小，经一小段无叶区的流道后进入导轮，导轮固定在壳体不能旋转，迫使工作油液沿导轮叶片方向流动，对油液产生反作用力，从而使涡轮输出的力矩发生改变，然后油液又重新返回泵轮，开始下一个循环。液力变矩器的泵轮 B、涡轮 T 和导轮 D 三工作轮均采用高强度的铝合金精密铸造而成，均带有叶片，在工作轮之间构成彼此衔接的环形封闭空腔，形成工作液流的环形通道，工作油液沿着 B→T→D→B 的顺序循环流动，并随着外载荷的变化自动改变传递的扭矩。

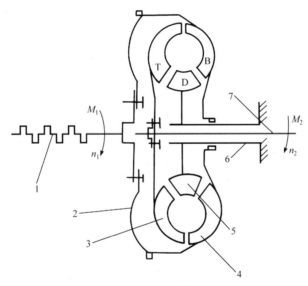

图 2-26　TY160 型推土机液力变矩器工作原理简图
1. 发动机；2. 罩壳；3. 涡轮；4. 泵轮；5. 导轮；6. 导轮座；7. 涡轮轴

3) 液压辅助系统

(1) 功用与组成。

液力变矩器液压辅助系统与变速器液压控制系统共用一个油路，主要用来完成对变矩器工作油液的冷却、漏损补偿和对零部件的润滑，主要由液力传动油泵 3、调压阀 5、进口压力阀 10、出口压力阀 12、机油冷却器 13 和回油泵 19 等组成，如图 2-27 所示。

(2) 油路途径。

当发动机工作时，带动液力传动油泵 3 工作，将工作油液从变速器油底壳吸入，经过带有细滤器安全阀 20 的细滤器 4 后，分为两路：一路工作油液打开调压阀 5 进入液力

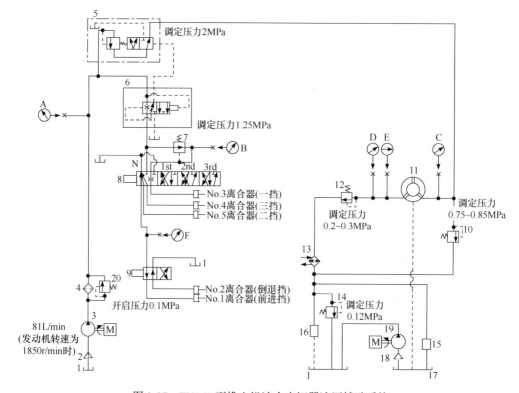

图 2-27　TY160 型推土机液力变矩器液压辅助系统

1. 变速器油底壳；2. 粗滤器；3. 液力传动油泵；4. 细滤器；5. 调压阀；6. 速回阀；7. 减压阀；8. 变速阀；9. 进退阀；10. 进口压力阀；11. 液力变矩器；12. 出口压力阀；13. 机油冷却器；14. 润滑安全阀；15. 动力输出箱润滑；16. 变速器润滑；17. 液力变矩器油底壳；18. 粗滤器；19. 回油泵；20. 细滤器安全阀；A. 变速器调压阀测压口；B. 变速器一挡离合器测压口；C. 液力变矩器进口压力阀测压口；D. 液力变矩器出口压力阀测压口；E. 液力变矩器油温表接头；F. 变速器进退阀测压口

变矩器 11，从液力变矩器出来的工作油液经出口压力阀 12 流到机油冷却器 13，经冷却后的油液进入变速器润滑机件，最后流入变速器油底壳；另一路工作油液进入变速操纵阀组，操纵换挡离合器实现挂挡。

(3) 主要部件。

① 调压阀。调压阀的正常工作压力为 2MPa，其作用是保持进入变矩器的工作油液的压力，并与速回阀保证机械换挡时，进入换挡离合器的油液压力合理地上升，不会因换挡操纵速度的变化而突然变化，使得换挡离合器能够自动平稳地接合，从而确保机械平稳地起步和变速。

② 进口压力阀。进口压力阀设置在变矩器的进油口处，正常工作压力为 0.75～0.85MPa，其作用是一方面通过改变此阀工作压力的大小，从而调节进入变矩器工作油液的流量；另一方面用来控制工作油液的压力，避免非正常情况所产生的高压施加于变矩器，起着过压保护的作用。

③ 出口压力阀。出口压力阀设置在变矩器的出油口处，正常工作压力为 0.2～0.3MPa，其作用是调节变矩器内的工作压力在规定范围之内，以保证变矩器在最佳性能下工作。

④ 回油泵。回油泵的作用是将收集在液力变矩器壳体内的液压油(润滑液力变矩器的机油或从液力变矩器其他地方泄漏的机油)抽回到变速器壳体内,由传动齿轮14、主动齿轮15、从动齿轮16、泵壳和盖体等组成(图2-25)。当发动机正常工作时,通过发动机飞轮带动驱动齿轮19、罩壳4、泵轮8和泵轮齿轮13转动,泵轮齿轮与传动齿轮相啮合,从而带动传动齿轮转动,传动齿轮带动与其同轴的主动齿轮转动,主动齿轮带动与其相啮合的从动齿轮转动,从而带动从动齿轮轴(回油泵驱动轴)转动,最终带动回油泵开始工作,其动力传递路线为:发动机飞轮→驱动齿轮→罩壳→泵轮→泵轮齿轮→传动齿轮→主动齿轮→从动齿轮。

2. TY220 型推土机液力变矩器

1) 结构

TY220 型推土机液力变矩器的结构与 TY160 型推土机液力变矩器的结构基本相同,如图 2-28 所示。

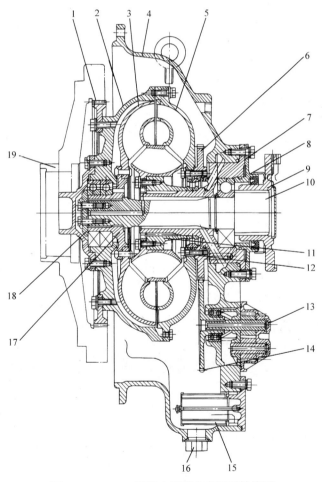

图 2-28　TY220 型推土机液力变矩器结构图

1. 驱动齿轮;2. 罩轮;3. 涡轮;4. 液力变矩器壳体;5. 泵轮;6. 过桥齿轮;7. 导轮座;8. 油封座;9. 输出接盘;10. 涡轮轴;11. 导轮接盘;12. 导轮;13. 回油泵总成;14. 传动齿轮;15. 滤清器;16. 放油堵;17. 涡轮接盘;18. 挡板;19. 导向座

泵轮 5 用螺钉与罩轮 2 连接；罩轮用螺栓固定在导向座 19 上，依靠导向座的轴颈与发动机飞轮孔接合定位，罩轮外侧用螺钉固定有与发动机飞轮内齿圈相啮合的驱动齿轮 1；当发动机飞轮转动时，通过齿轮啮合使驱动齿轮转动，进而带动罩轮和泵轮旋转。涡轮 3 为向心式，用铆钉与涡轮接盘 17 连接，涡轮接盘利用内花键与涡轮轴 10 固定连接，涡轮轴通过外花键与输出接盘 9 固定连接，从而将动力由涡轮传递给输出接盘，并由输出接盘传递给变速器。导轮 12 通过螺钉与导轮接盘 11 连接，导轮接盘则利用花键与导轮座 7 固定相连，导轮座通过螺钉固定在液力变矩器壳体 4 上。液力变矩器壳体是利用螺钉与机体连接的，因此导轮是固定不动的。

2) 工作原理

TY220 型推土机液力变矩器的工作原理与 TY160 型推土机液力变矩器的工作原理相同，如图 2-26 所示。在泵轮、涡轮、导轮之间构成彼此衔接的环形封闭空腔，形成工作液流的环形通道，工作油液沿着 B→T→D→B 的顺序循环流动，并随着外载荷的变化自动改变传递的扭矩。由此可见，泵轮将发动机输入的机械能转换为工作油液的动能，涡轮将工作油液的动能转换为输出部分的机械能，导轮用来改变工作油液的方向，工作油液则是传递能量的介质。

3) 液压辅助系统

(1) 功用与组成。

液力变矩器液压辅助系统与变速器液压控制系统共用一个油路，主要用来完成对变矩器工作油液的冷却、漏损补偿和对零部件的润滑，主要由液力传动油泵 8、调压阀 6、进口压力阀 10、出口压力阀 13、冷却器 15 和回油泵 12 等组成，如图 2-29 所示。

(2) 油路途径。

当发动机工作时，带动液力传动油泵 8 工作，将工作油液经粗滤器从变速器油底壳吸入，经过带有细滤器安全阀的细滤器后，分为两路：一路打开调压阀 6 进入液力变矩器 11，从液力变矩器出来的工作油液经出口压力阀进入冷却器 15，经冷却后的油液进入变速器润滑机件，最后流入变速器油底壳和液力变矩器油底壳 16，回油泵 12 将液力变矩器油底壳中收集的油液抽回到后桥箱 9；另一路工作油液进入变速操纵阀组，操纵换挡离合器实现挂挡。

(3) 主要部件。

① 调压阀。调压阀的正常工作压力为 2.5MPa，其作用是保持进入变矩器工作油液的压力，并与速回阀保证机械换挡时，进入换挡离合器的油液压力合理地上升，不会因换挡操纵速度的变化而突然变化，使得换挡离合器能够自动平稳地接合，从而确保机械平稳地起步和变速。

② 进口压力阀。进口压力阀设置在变矩器的进油口处，正常工作压力为 0.87MPa，其作用是一方面通过改变此阀工作压力的大小，从而调节进入变矩器工作油液的流量；另一方面用来控制工作油液的压力，避免非正常情况所产生的高压施加于变矩器，起着过压保护的作用。

③ 出口压力阀。出口压力阀设置在变矩器的出油口处，正常工作压力为 0.45MPa，其作用是调节变矩器内的工作压力在规定范围之内，以保证变矩器在最佳性能下工作。

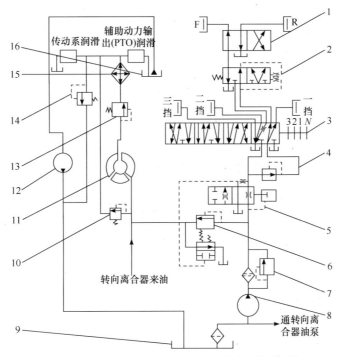

图 2-29 TY220 型推土机液力变矩器液压辅助系统

1. 进退阀；2. 起动安全阀；3. 变速阀；4. 减压阀；5. 速回阀；6. 调压阀；7. 细滤器安全阀；8. 液力传动油泵；9. 后桥
箱；10. 进口压力阀；11. 液力变矩器；12. 回油泵；13. 出口压力阀；14. 润滑安全阀；15. 冷却器；16. 液力变矩器油底壳

### 3. PD320Y-1 型推土机液力变矩器

PD320Y-1 型推土机液力变矩器的外形和内部结构与 TY220 型推土机液力变矩器基本相同，如图 2-30 所示，其工作原理和液压辅助系统参见 TY220 型推土机液力变矩器的工作原理和液压辅助系统。

## 2.3.3 单级二相双涡轮液力变矩器

单级二相双涡轮液力变矩器有两个涡轮，但二者是相邻的，且中间没有固定不动的导轮，因此仍称为单级；各工作轮的配合工作可实现两种工况，因此称为二相。这种液力变矩器可提高机械在重载低速工况下的效率，减少变速器的挡位数量，从而简化变速器的结构，其特性比较适合装载机的作业工况需求，目前国产 ZL 系列装载机大多采用这种形式的液力变矩器。下面以柳工 ZL50 型装载机液力变矩器为例进行介绍。

### 1. 结构

ZL50 型装载机液力变矩器主要由壳体、主动部分、从动部分、导流部分和单向离合器等组成，如图 2-31 所示。

#### 1) 壳体
壳体 23 左端与发动机飞轮壳相连，右端与变速器箱体固定在一起。

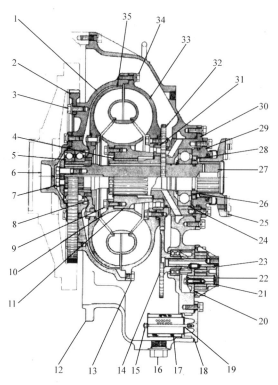

图 2-30　PD320Y-1 型推土机液力变矩器结构图

1. 罩轮；2. 驱动齿轮；3. 螺栓；4. 挡圈；5. 导向轴承；6. 导向座；7、9. 螺栓；8. 涡轮接盘；10. 导轮；11. 导轮座；12. 壳体；13. 放油螺塞；14. 传动齿轮；15. 螺母；16. 油螺塞；17. 滤清器；18. 滤清器盖；19. 螺杆；20. 回油泵盖；21. 从动齿轮；22. 回油泵壳；23. 主动齿轮；24. 导轮座轴承；25. 联轴节；26. 密封座；27. 涡轮轴；28. 油封；29. 端盖；30. 导轮座轴套；31. 轴承；32. 泵轮齿轮；33. 泵轮；34. 螺栓；35. 涡轮

2) 主动部分

主动部分用于将发动机输入的机械能转换为液体的动能，主要由弹性盘 5、罩轮 3、泵轮 10 和驱动齿轮 12 等组成。弹性盘的外缘用螺钉与发动机飞轮 1 相连，内缘用螺钉与罩轮相连。罩轮左端用轴承 2 支承在飞轮中心孔内，右端与泵轮用螺栓固定。驱动齿轮与泵轮用螺钉连接，通过两排轴承 11 支承在导轮座 13 上，用以驱动各个液压泵工作，拖起动时，也通过轴承 11 带动发动机旋转。主动部分各部件与发动机飞轮连接成一个整体，随发动机一起转动。

3) 从动部分

从动部分用于将液体的动能转换为机械能进行输出，主要由第一涡轮 6、第一涡轮轴 15、第二涡轮 8、第二涡轮套管轴 14 和输出轴 21 等组成。第一涡轮为轴流式，用弹性销与涡轮罩铆接固定并以花键套装在第一涡轮轴上，轴的左、右两端分别以轴承 4 和轴承 19 支承在罩轮内和变速器中。第一涡轮轴的右端制有齿轮，并与单向离合器的外圈齿轮 20 相啮合，通过单向离合器有选择地将第一涡轮轴上的动力输入到变速器。第二涡轮为向心式，也以花键套装在第二涡轮套管轴上。第二涡轮套管轴左、右两端分别以轴承 7 和轴承 17 支承在第一涡轮轮毂和导轮座内，其右端也制有齿轮，与变矩器输出轴齿轮 22 相啮合(变矩器输出轴为变速器主动轴)，将第二涡轮上的动力输入到变速器。

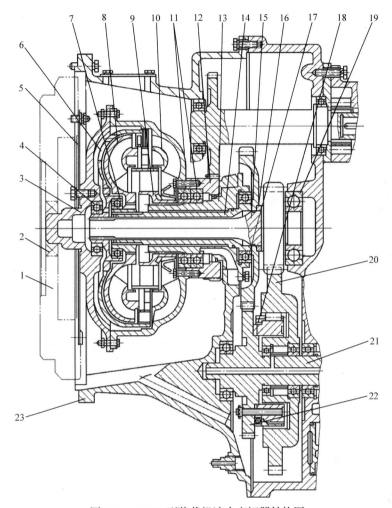

图 2-31 ZL50 型装载机液力变矩器结构图

1. 发动机飞轮；2. 轴承；3. 罩轮；4. 轴承；5. 弹性盘；6. 第一涡轮；7. 轴承；8. 第二涡轮；9. 导轮；10. 泵轮；11. 轴承；12. 驱动齿轮；13. 导轮座；14. 第二涡轮套管轴；15. 第一涡轮轴；16. 密封环；17. 轴承；18. 单向离合器总成；19. 轴承；20. 外圈齿轮；21. 输出轴；22. 输出轴齿轮；23. 壳体

4) 导流部分

导流部分用于改变液流的方向，由导轮 9 和导轮座 13 等组成。导轮座与壳体固定，并作为泵轮的右端支撑。导轮通过花键与导轮座相连而固定不动，其右侧依靠导轮座上的花键固定有导流盘，导轮、导流盘和两排滚珠轴承三者用卡环定位在导轮座上。

5) 单向离合器

ZL50 型装载机液力变矩器的单向离合器也称为超越离合器，其结构和工作原理与 GJT112 型推土机液力变矩器中支承导轮的单向离合器基本相同，为弹簧滚柱形式，用来使其所连接的两个元件之间只能相对地向一个方向转动，而不能向相反方向转动，即按照受力关系的不同，其自动实现锁定不动或分离自由旋转两种状态。

图 2-32 为单向离合器的工作原理示意图。外圈 1 上制有外圈齿轮，与第一涡轮轴右端齿轮常啮合，内圈 2 用螺钉与输出轴齿轮连在一起，其上铣有斜面齿槽，因此称为内

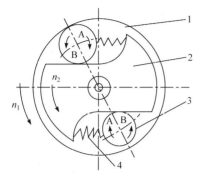

图 2-32　单向离合器的工作原理示意图
1. 外圈；2. 内圈；3. 滚柱；4. 弹簧

圈凸轮，齿槽中装有滚柱 3，在弹簧 4 的作用下与内圈斜面齿槽、外圈 1 的滚道面相接触。当离合器内圈和外圈一起沿箭头方向转动时，单向离合器中的滚柱与外圈的接触点处作用一摩擦力，该摩擦力使滚柱具有沿箭头 A 方向转动的趋势，同时在滚柱与内圈斜面的接触点处亦有另一摩擦力，该摩擦力使滚柱具有沿箭头 B 方向转动的趋势。当内圈转速 $n_2$ 大于外圈转速 $n_1$ 时，滚柱与内圈的接触摩擦力对滚柱的作用占主导地位，将使滚柱沿箭头 A 的方向转动，这样滚柱就朝着压缩弹簧的方向滚动而离开楔紧面，单向离合器分离，内圈和外圈之间不能传递扭矩，使第一涡轮轴传递到外圈的动力不能输出到变速器；当外圈转速 $n_1$ 大于内圈转速 $n_2$ 时，滚柱与外圈的接触摩擦力对滚柱的作用占主导地位，将使滚柱沿箭头 B 的方向转动，这样滚柱就朝着弹簧伸长的方向滚动，并楔入外圈与内圈的斜面之间，单向离合器接合，内圈和外圈之间能够传递扭矩，使第一涡轮轴传递到外圈的动力输出到变速器。单向离合器的这种接合和分离是随着外载荷的变化而自动进行的，不需要人为控制。

2. 工作原理

ZL50 型装载机液力变矩器的工作原理简图如图 2-33 所示。由四个工作轮组成的液力变矩器工作腔内充满液压油，泵轮通过弹性盘、罩轮随发动机飞轮一起转动，接受发动机飞轮输入的机械能并将其转换为油液的动能。高速运动的油液按图 2-33 所示的方向冲击第一涡轮 $T_1$ 和第二涡轮 $T_2$，带动涡轮和涡轮轴旋转，从而将油液的动能转换为机械

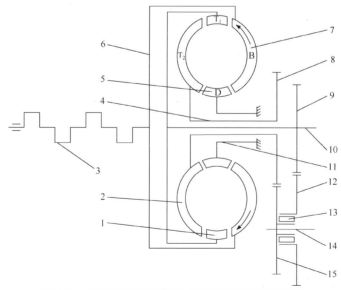

图 2-33　ZL50 型装载机液力变矩器的工作原理简图

1. 第一涡轮；2. 第二涡轮；3. 发动机；4. 第二涡轮套管轴；5. 导轮；6. 罩轮；7. 泵轮；8. 第二涡轮套管轴齿轮；9. 第一涡轮轴齿轮；10. 第一涡轮轴；11. 导轮座；12. 外圈齿轮；13. 单向离合器；14. 输出轴；15. 输出轴齿轮

能。第一涡轮的动力通过第一涡轮轴齿轮 9 和外圈齿轮 12 的啮合传递给单向离合器，第二涡轮的动力通过第二涡轮套管轴齿轮 8 和输出轴齿轮 15 的啮合直接传递给液力变矩器输出轴(变速器主动轴)。从涡轮出来的油液继续冲击导轮，导轮与壳体相连固定不动，在叶片的导向作用下，工作油液沿导轮叶片方向流动，将对油液产生反作用力，从而使涡轮输出的力矩发生改变，然后油液又重新返回泵轮，开始下一个循环。

ZL50 型装载机液力变矩器在两种不同工况下呈现出不同的特点。

(1) 当装载机处于高速轻载工况时：第一涡轮 $T_1$ 经由齿轮对 9、12 减速后，使得单向离合器内圈的转速(输出轴齿轮 15 的转速)高于外圈的转速(外圈齿轮 12 的转速)，单向离合器脱开，外圈齿轮空转。此时，第一涡轮以与泵轮相同的转速在液流中空转，不传递扭矩，从发动机输入给泵轮的动力，通过第二涡轮 $T_2$，第二涡轮套管轴 4，齿轮对 8、15 后，将动力传递给输出轴 14。

(2) 当装载机处于低速重载工况时：外载荷迫使第二涡轮的转速降低，使得齿轮对 8、15 的转速也降低，当输出轴齿轮 15 的转速下降到低于外圈齿轮 12 的转速时，单向离合器楔紧，外圈齿轮 12 和输出轴 14 成为一体旋转。此时，第一涡轮和第二涡轮按一定的速比转动而共同工作，从发动机输入给泵轮的动力分为两路，一路经第二涡轮 $T_2$，第二涡轮套管轴 4，齿轮对 8、15 传递给输出轴，另一路经第一涡轮 $T_1$，第一涡轮轴 10，齿轮对 9、12 和单向离合器 13 传递给输出轴。

3. 液压辅助系统

1) 功用与组成

ZL50 型装载机液力变矩器液压辅助系统与变速器液压控制系统共用一个油路，主要用来完成对变矩器工作油液的冷却、漏损补偿和对零部件的润滑与冷却，主要由变速油泵 10、主压力阀 2、进口压力阀 14、出口压力阀 12 和散热器 13 等组成，如图 2-34 所示。

2) 油路途径

当发动机工作时，带动变速油泵 10 工作，将工作油液从变速器油底壳 11 吸出，经滤清器 9 后进入变速操纵阀，然后分为两路：一路打开主压力阀 2 后，从变矩器壳体的壁孔油道进入变矩器工作腔，并不断补充使腔内充满油液，由工作轮环形间隙流出的高温油液经散热器 13 后，润滑和冷却变速器的各个轴承、齿轮和制动器的摩擦盘，最后流回变速器油底壳；另一路经主压力阀 2、制动脱挡阀 8 进入变速分配阀 7，根据阀杆的不同位置进入不同挡位的液压缸，从而操纵换挡离合器实现挂挡。

3) 主要部件

(1) 主压力阀。主压力阀的正常工作压力为 1.1~1.5MPa，其作用是将油路的压力保持在合理的范围，当油压过高时起安全保护作用。

(2) 进口压力阀。进口压力阀设置在液力变矩器的进油口处，正常工作压力为 0.56MPa，其作用是通过调节该阀压力的大小从而调节进入液力变矩器的流量。

(3) 出口压力阀。出口压力阀设置在液力变矩器的出油口处，正常工作压力为 0.28~0.45MPa，其作用是保证循环圆中有合理的油压，以防止液力变矩器内进入空气，使得液力变矩器在最佳性能下工作。

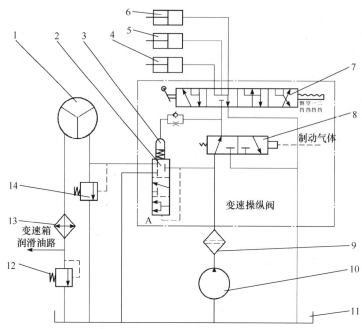

图 2-34　ZL50 型装载机液力变矩器液压辅助系统

1. 液力变矩器；2. 主压力阀；3. 弹簧蓄能器；4. 倒挡液压缸；5. 一挡液压缸；6. 二挡液压缸；7. 变速分配阀；8. 制动脱挡阀；9. 滤清器；10. 变速油泵；11. 变速箱油底壳；12. 出口压力阀；13. 散热器；14. 进口压力阀

### 2.3.4　单级三相双导轮综合式液力变矩器

单级三相双导轮综合式液力变矩器只有一个涡轮，因此称为单级；各工作轮具有三种不同的组合方式(三种配合工作的工况)，因此称为三相；三种工况中既有变矩工况，又有偶合工况，因此称为综合式。这种液力变矩器与单级单相液力变矩器相比，扩大了高效率区的范围，在工程机械上得到了广泛应用。TLK220/TLK220A 型推土机与 ZLK50/ZLK50A 型装载机等四种型号机械的液力变矩器结构相同，均采用了这种形式的液力变矩器。下面以 TLK220 型推土机液力变矩器为例进行介绍。

1. 结构

TLK220 型推土机液力变矩器主要由壳体、主动部分、从动部分和导流部分等组成，如图 2-35 所示。

1) 壳体

液力变矩器壳体 23 通过螺钉固定在发动机飞轮壳体的后端，用于支撑、保护变矩器。壳体上开有窗口，以达到通风散热、便于安装等目的。顶部装有吊环，供吊装变矩器使用。

2) 主动部分

主动部分通过弹性盘与发动机飞轮连接，用于输入发动机的动力，并将输入的机械能转换为液体的动能，主要由定位接盘 24、弹性盘 14、罩轮 11 和泵轮 5 等组成。罩轮内端分别用螺钉固定着弹性盘和定位接盘，弹性盘外端通过螺钉与发动机飞轮连接，定

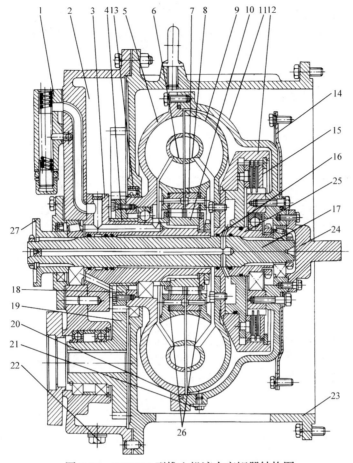

图 2-35 TLK220 型推土机液力变矩器结构图

1. 三联阀；2. 齿轮箱部分；3. 配油盘；4、16. O 形橡胶圈；5. 泵轮；6. 第二导轮；7. 单向离合器外圈；8. 第一导轮；9. 涡轮；10. 单向离合器内圈；11. 罩轮；12. 锁紧离合器从动毂；13. 油封；14. 弹性盘；15. 锁紧离合器总成；17. 涡轮轴；18. 主动齿轮；19. 从动齿轮；20. 橡胶圈；21、22. 放油塞；23. 壳体；24. 定位接盘；25. 传动套；26. 挡板；27. 输出接盘

位接盘支承在发动机飞轮的中心孔内，使得弹性盘与发动机飞轮能够更好地保持同轴。泵轮外端通过螺钉与罩轮外端连接，两者用 O 形橡胶圈进行密封，泵轮内端通过滚珠轴承支承在配油盘 3 上。泵轮的叶轮和支承部分是分体的，叶轮用铝合金精密铸造而成，支承部分用钢材制成，两者铆接在一起，以增加其整体强度。

当发动机正常工作时，发动机飞轮转动，带动弹性盘、罩轮、泵轮等主动部分一起转动。泵轮旋转后，沿圆周方向均匀分布的叶片带动工作油液旋转，在离心力的作用下，将叶片间的油液由里向外高速甩出，冲击涡轮叶片，从而带动涡轮旋转，实现利用液体的动能来传递动力。

3) 从动部分

从动部分与变速器连接，用于将液体的动能转换为机械能并输出动力，主要由传动套 25、涡轮 9、涡轮轴 17 和输出接盘 27 等组成。涡轮为向心式，通过螺钉固定在传动套上，传动套通过花键与涡轮轴连接。传动套上有孔与涡轮轴中心油道相通，以便高压油液进入锁紧离合器总成 15 的活塞室。涡轮轴中间直径较小，与配油盘之间留有间隙，以使变矩器内油液由此经三联阀流到散热器中进行散热。涡轮轴后端通过花键和锁紧螺母固定着动力输出接盘，并以轴承支承，轴承间隙靠端盖与齿轮箱壳体之间的垫片来调整。端盖里有骨架式油封，防止油液外漏。

当涡轮在来自泵轮的工作油液冲击下旋转时，通过涡轮轴和输出接盘将动力传递给变速器，实现液体的动能向机械能的转换。

4) 导流部分

导流部分用于引导工作油液流动的方向，由第一导轮 8、第二导轮 6、配油盘 3 和单向离合器等组成。在第一导轮和第二导轮上分别铆有单向离合器外圈 7，单向离合器内圈 10 是两个导轮共用的。单向离合器内圈依靠内花键套装在配油盘上，配油盘是通过螺栓固定在机体上不动的，因此单向离合器内圈是不能转动的。

单向离合器是完成液力变矩器工作轮不同组合相互转换的关键部件，其作用是限制导轮的转动，使得导轮可以在与发动机曲轴旋转相同的方向上自由转动，但不能反向转动。单向离合器为弹簧滚柱结构，由滚柱、滑销、弹簧、外圈、内圈、空心轴(配油盘)等组成，如图 2-36 所示。

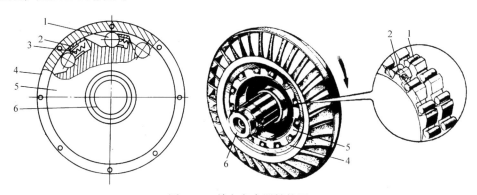

图 2-36　单向离合器结构图
1. 滚柱；2. 滑销；3. 弹簧；4. 外圈；5. 内圈；6. 空心轴

其中，滚柱为楔紧元件，在弹簧和滑销的作用下夹在内圈和外圈之间。内圈用花键套装在配油盘上固定不动，内圈与滚柱接触的表面有一定的斜度。当外圈(与导轮相连接)具有逆时针转动的趋势时，滚柱在弹簧力和摩擦力的作用下，卡在内圈和外圈组成的楔形滚道上，利用摩擦力来保证滚柱处在楔紧、锁定的状态；当外圈顺时针转动时，滚柱则处于松动状态，即允许外圈逆时针单向转动。导轮和单向离合器应保证安装正确，使导轮的旋转方向与发动机曲轴的旋转方向相同，向另一方向旋转导轮时，则不应转动。为使第一导轮和第二导轮的位置不装错，应使单向离合器的内圈及第一导轮、第二导轮的箭头(出厂时已作此记号)指向发动机一方，若无箭头标记，则应把叶片多的第一导轮装在靠涡轮一侧。

2. 工作原理

TLK220 型推土机液力变矩器工作原理简图如图 2-37 所示，变矩器的泵轮、涡轮、导轮安装在一个密闭空腔内，空腔内充满油液。当发动机转动时，通过弹性盘和罩轮带动泵轮旋转。油液从泵轮流出，经涡轮、第一导轮、第二导轮再返回泵轮。油液经过的这个环形路线称为循环圆。

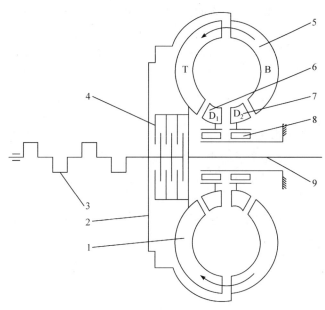

图 2-37  TLK220 型推土机液力变矩器工作原理简图

1. 涡轮；2. 罩轮；3. 发动机；4. 锁紧离合器；5. 泵轮；6. 第一导轮；7. 第二导轮；8. 单向离合器；9. 涡轮轴

泵轮内的油液一方面随泵轮做圆周运动，另一方面在离心力的作用下沿叶片的切线方向甩出，冲击涡轮叶片，使涡轮旋转。冲击涡轮后的油液冲向第一导轮、第二导轮，冲击的绝对速度 $V$(方向和大小)取决于相对速度 $W$(主要受泵轮即发动机转速的影响)和牵连速度 $U$(主要受涡轮的转速，即负荷大小的影响)，绝对速度发生变化，直接导致涡轮液流对导轮叶片的冲击角度发生变化(图 2-38)，从涡轮低速时冲击导轮叶片正面(凹面)逐渐变化为冲击导轮叶片反面(凸面)。

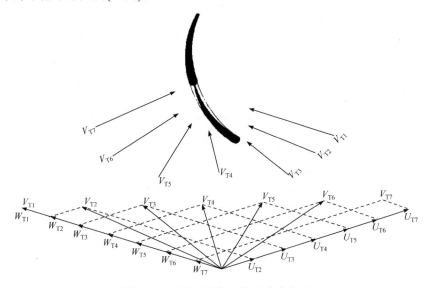

图 2-38  液流对导轮叶片的冲击角度

　　导轮叶片正面或反面受液流冲击时所形成的冲击力矩的方向是不同的：正面时，冲击力矩的方向与发动机曲轴的旋转方向(泵轮、涡轮的旋转方向)相反；反面时，冲击力矩的方向与泵轮、涡轮的旋转方向相同。导轮是通过单向离合器与机体连接的，因此只能限制其一个方向的转动。当导轮受到冲击力矩的方向与泵轮、涡轮的旋转方向相反时，单向离合器楔紧，导轮固定不动，此时导轮则通过反作用力作用给油液一个与泵轮、涡轮的旋转方向相同的反力矩，并通过油液冲击涡轮将反力矩传递给涡轮，使得涡轮输出的力矩大于泵轮输入的力矩，实现变矩功能，导轮发挥正常作用；当冲击力矩的方向与泵轮、涡轮的旋转方向相同时，单向离合器放松，导轮自由旋转，不具有变矩功能，导轮失去正常作用。单级三相变矩器正是利用改变液流冲击导轮叶片的方向，从而改变单向离合器的工作状态，实现变矩器工作状态的转换，以适应工程机械不同工况对动力的需要。

　　TLK220型推土机液力变矩器在三种不同工况下呈现出不同的特点。

　　(1) 当涡轮处于低速区(低速工况)：从涡轮流出的油液冲击第一导轮、第二导轮叶片的正面(图2-38)，液流作用在两导轮上的冲击力矩使两个单相离合器都楔紧，两个导轮均固定不动。此时，液力变矩器以泵轮、涡轮、第一导轮和第二导轮组成的工作轮进行工作，涡轮的输出扭矩等于泵轮力矩和第一导轮、第二导轮扭矩之和，涡轮的速度越低，输出的力矩越大，有利于工程机械起步及大负荷工况。

　　(2) 当涡轮处于中速区(中速工况)：从涡轮流出的油液冲击第一导轮叶片的反面、第二导轮叶片的正面(图2-38)，液流作用在第一导轮上的冲击力矩使单相离合器放松、作用在第二导轮上的冲击力矩使单相离合器楔紧，第一导轮自由旋转而第二导轮固定不动。此时，液力变矩器以泵轮、涡轮和第二导轮组成的工作轮进行工作，涡轮的输出扭矩等于泵轮扭矩和第二导轮扭矩之和，涡轮输出的力矩在较低速工况下有所下降。

　　(3) 当涡轮处于高速区(高速工况)：从涡轮流出的油液冲击第一导轮、第二导轮叶片的反面(图2-38)，液流作用在两导轮上的冲击力矩使两个单相离合器都放松，两个导轮均自由旋转。此时，液力变矩器以泵轮、涡轮组成的工作轮进行工作，变矩器变为偶合器，涡轮的输出扭矩等于泵轮扭矩，这是变矩器的一个特殊情况，有利于工程机械在负荷较小的情况下工作。

　　综上所述，单级三相双导轮综合式液力变矩器工作轮具有三种组合方式：①低速工况，泵轮、涡轮旋转，第一导轮、第二导轮均被楔紧；②中速工况，泵轮、涡轮旋转，第一导轮放松、第二导轮楔紧；③高速工况，泵轮、涡轮旋转，第一导轮、第二导轮均被放松。变矩器工作状态的转换是随着涡轮转速的变化自动进行的，其输出扭矩自动适应外负荷的变化需要。

### 3. 锁紧离合器

#### 1) 功用

　　单级三相双导轮综合式液力变矩器专门设计了锁紧离合器，其作用是可将液力变矩器的液力传动变为机械传动，从而提高传动效率和行驶速度。在特殊情况下，发动机难以起动时，将锁紧离合器接合后，可以拖起动发动机。

2) 结构

锁紧离合器主要由主动毂 6、从动毂 3、主动摩擦片 5、从动摩擦片 11、外压盘 4、内压盘 12、碟形弹簧 8 和活塞 9 等组成，如图 2-39 所示。主动毂带有外齿，通过螺钉固定在罩轮上，从动毂带有内齿，焊接在传动套上。在两毂内、外齿间交替装有主动摩擦片、从动摩擦片和内压盘、外压盘，由活塞和挡圈限位。活塞滑套在传动套上，可以前、后移动，上面的导向销用来给压盘导向，以保证压盘随活塞平移。

3) 工作原理

当高压油液进入活塞室时，推动活塞右移，压平碟形弹簧并将内压盘、主动摩擦片、从动摩擦片和外压盘紧压在一起，锁紧离合器接合，使泵轮和涡轮连接成为一体，发动机动力经由发动机飞轮、弹性盘、罩轮、主动毂、主动摩擦片、从动摩擦片、从动毂、传动套直接传递给涡轮轴。解除油压时，在碟形弹簧作用下，活塞左移，主动摩擦片和从动摩擦片分离，离合器分离，从而切断动力传递。

4. 齿轮箱

齿轮箱由壳体、一个主动齿轮和三个从动齿轮等

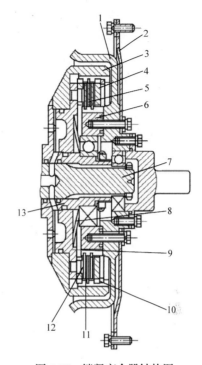

图 2-39　锁紧离合器结构图

1. 罩轮；2. 弹性盘；3. 从动毂；4. 外压盘；
5. 主动摩擦片；6. 主动毂；7. 涡轮轴；
8. 碟形弹簧；9. 活塞；10. 挡圈；
11. 从动摩擦片；12. 内压盘；13. 传动套

组成。齿轮箱壳体是封闭式的，它固定在变矩器壳体上，下部有放油塞，后壁上有油孔，油孔与三联阀相应的油孔相通。

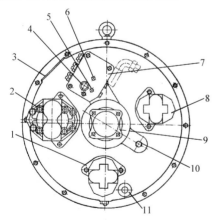

图 2-40　TLK220 型推土机液力变矩器正视图

1. 变矩器及变速器工作主油泵；2. 工作装置油泵；
3. 检视口；4. 接冷却油管；5. 接油温表；
6. 接溢流管；7. 三联阀；8. 转向主油泵；
9. 输出接盘；10. 接锁紧离合器油管；11. 接回油管

主动齿轮通过螺钉固定在泵轮轮毂上，与之相啮合的三个从动齿轮分别通过滚珠轴承支承在壳体的后壁上，每对轴承均由卡环、间隔套轴向定位。轴上有键槽，通过平键分别驱动变矩器及变速器工作主油泵、工作装置油泵和转向主油泵，如图 2-40 所示。

5. 液压辅助系统

TLK220 型推土机液力变矩器液压辅助系统由主油路系统和辅助油路系统两部分组成，如图 2-41 所示。

1) 主油路系统

(1) 功用与组成。

液力变矩器主油路系统与变速器液压控

制系统共用一个油路，主要用来完成变矩器的补充供油和冷却，操纵变矩器锁紧离合器，操纵变速器的换挡离合器以及对轴承和离合器进行冷却和润滑。其主要由主油泵、三联阀、变速操纵阀、拖锁阀、散热器和管路等组成。

(2) 油路途径。

当发动机工作时，带动主油泵工作，油液从变速器油底壳吸入，压力油经单向阀后，出油分为三路：一路压力油进入变速操纵阀，以操纵该型变速器四个换挡离合器实现挂挡；另一路压力油进入三联阀，打开主压力阀进入变矩器，从变矩器出来的油液经出口压力阀流到散热器(采用热平衡系统进行冷却)，经冷却的油液进入变速器的换挡离合器及轴承处以冷却和润滑机件，再流入变速器油底壳；还有一路压力油流去拖锁阀，以控制变矩器锁紧离合器。

(3) 主要部件。

① 主油泵。主油泵为 CBF-E40CX 型逆时针转齿轮泵，安装在变矩器齿轮箱上。

② 三联阀。三联阀安装在变矩器齿轮箱上，由主压力阀 2、进口压力阀 1 和出口压力阀 4 等组成，如图 2-42 所示。

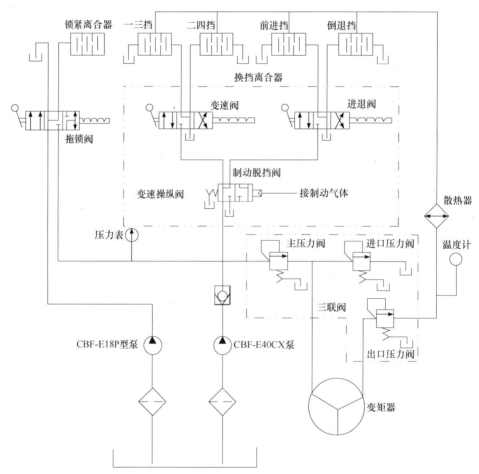

图 2-41　TLK220 型推土机液力变矩器液压辅助系统

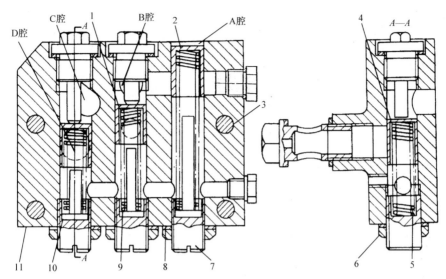

图 2-42 TLK220 型推土机液力变矩器三联阀

1. 进口压力阀；2. 主压力阀；3. 固定螺钉；4. 出口压力阀；5. 弹簧；6. 锁紧螺母；7. 调整螺塞；8. 铜垫；
9、10. 导杆；11. 阀体

a. 三联阀的结构。

主压力阀、进口压力阀和出口压力阀都装在阀体 11 内，因此称为三联阀。阀体上有通主油路的 A 腔、通变矩器的 B 腔、通变矩器回油路的 C 腔和通散热器的 D 腔。每个阀都由阀芯、弹簧和导杆等组成。弹簧装在阀芯和导杆之间，导杆抵在调整螺塞上，转动调整螺塞可以调整弹簧的预紧力。进口压力阀和出口压力阀的阀芯上面还装有限位螺塞。三个阀所控制的压力各不相同。

主压力阀是保证换挡离合器工作油路压力在 1.4～1.6MPa，以便操纵变速器的换挡离合器和变矩器的锁紧离合器。

进口压力阀设置在变矩器的进油口处，工作压力为 0.6～0.65MPa，其作用是通过改变此阀工作压力的大小，从而调节进入变矩器的流量。

出口压力阀设置在变矩器的出油口处，工作压力为 0.15～0.25MPa，作用是保证循环圆中有一定的油压，以防变矩器内进入空气。空气的进入会使变矩器产生噪声，降低传动效率和扭矩，甚至造成叶片损坏。从变矩器出来的高温油经此阀流到散热器冷却后，再去冷却和润滑各换挡离合器，最后流入油底壳。

阀体内有径向孔通过油管与变速器连通，以使阀芯与阀体之间渗入的油液流回变速器，防止阀芯背面形成高压腔。

b. 三联阀的工作原理。

由油泵出来的高压油液经油管流到三联阀，当油压升高到 1.4～1.6MPa 时，高压油液从 A 腔打开主压力阀进入进口压力阀的 B 腔，然后经变矩器配油盘油道进入变矩器循环圆，变矩器的高温油液经配油盘与涡轮轴构成的油道进入出口压力阀的 C 腔，打开出口压力阀后，由 D 腔出来通过油管流到散热器进行冷却，再流回变速器油底壳。

c. 三联阀的调整。

三联阀中各阀压力在出厂前已调好，一般不要随意调整，必须调整时，其方法为(三个阀的调整方法相同):拧开调整螺塞 7 上的锁紧螺母 6,顺时针转动调整螺塞为增压,逆时针转动调整螺塞为减压,调好后拧紧锁紧螺母。主压力阀和出口压力阀的压力可以从仪表盘上的变速压力表和出口压力表上观察,进口压力阀的压力则需要在系统内接上压力表或在实验台上进行检测。

2) 辅助油路系统

(1) 功用与组成。

液力变矩器辅助油路系统是当发动机的电起动发生故障、拖起动发动机时使用的,用来实现锁紧离合器的锁死和挡位的变换。其主要由变速辅助油泵、拖锁阀、单向阀、锁紧离合器、变速操纵阀和管路等组成。

(2) 油路途径。

当发动机电起动装置发生故障需要拖起动时,将拖起动杆放在拖起动位置,同时推土机被拖动向前(必须向前拖行),辅助油泵开始工作,从变速器油底壳吸油并将压力油送至拖锁阀,出油分为两路:一路将变矩器锁紧离合器锁死;另一路压力油进入变速操纵阀以便挂挡。为了防止辅助油泵的压力油流进主油泵,在主油泵出口处装有单向阀。

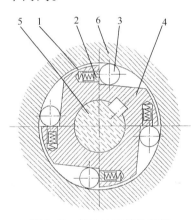

图 2-43 辅助油泵棘轮安装
(从油泵轴端看)
1. 弹簧;2. 顶套;3. 滚轮;4. 棘轮;
5. 油泵轴;6. 短轴

(3) 主要部件。

① 辅助油泵。辅助油泵为 CBF-E18P 型顺时针齿轮泵,用单向离合器安装在变速器短轴上。只有当推土机前进时,油泵才开始供油,因此单向离合器中的棘轮方向一定要安装正确。当泵出油时,从油泵轴端看,棘轮顺时针旋转,从油泵前输出侧看,棘轮的旋转方向是逆时针,将棘轮装入箱体相应的孔内,从油泵轴端看棘轮,辅助油泵棘轮安装如图 2-43 所示。

② 拖锁阀。拖锁阀固定在变速器侧面上,用来锁紧变矩器锁紧离合器和实现拖起动。

a. 拖锁阀的结构。

拖锁阀主要由阀体、阀杆、O 形密封圈、操纵手柄、钢球和弹簧等组成,如图 2-44 所示。阀体内孔中有四道油环槽,从左往右依次为槽 I 、槽 II 、槽 III 、槽IV。槽 I 与阀体背面与 B 孔相通并通油箱;槽 II 与 D 孔相通并通辅助油泵;槽 III 和阀体背面与 A 孔相通并通锁紧离合器;槽IV 与 C 孔相通并通三联阀(主油泵经单向阀与 C 孔相通),即槽 I 通油箱(变速器),槽 II 通辅助油泵,槽 III 通锁紧离合器,槽IV 通三联阀(主油泵)。

b. 拖锁阀的工作原理。

拖锁阀有三个工作位置,由操纵手柄控制阀杆实现。手柄向前(图 2-44 左侧方向),阀杆向后(图 2-44 右侧方向),为拖起动位置;手柄向后,阀杆向前,为变矩器锁紧位置;图 2-44 中手柄为中间位置,此时推土机为液力传动。阀体的三个位置靠定位钢球和弹簧等进行定位。

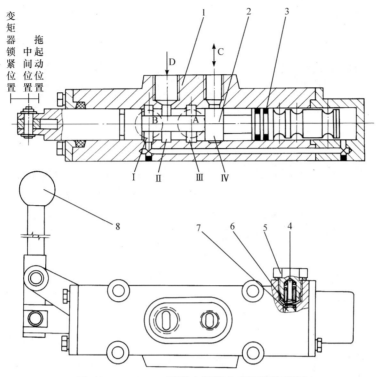

图 2-44  TLK220 型推土机液力变矩器拖锁阀

1. 阀体；2. 阀杆；3. O 形密封圈；4. 销；5. 螺塞；6. 弹簧；7. 钢球；8. 操纵手柄

中间位置：TLK220 型推土机在正常工况下，拖锁阀应位于中间位置，锁紧离合器处于放松状态。此时，操纵手柄不动，与主油泵高压油道相通的槽Ⅳ被关死。辅助油泵进入槽Ⅱ的压力油由槽Ⅰ经 B 孔流回油箱。

变矩器锁紧位置：TLK220 型推土机进入高速行驶状态，锁拖阀应位于变矩器锁紧位置，锁紧离合器处于锁紧状态。此时，操纵手柄向后拉，阀杆向前移，阀杆打开槽Ⅳ与槽Ⅲ相通的油道，从主油泵进入槽Ⅳ的压力油由槽Ⅲ经 A 孔流向锁紧离合器推动活塞，将离合器锁紧，实现机械传动。同时，来自辅助油泵的压力油由槽Ⅰ经 B 孔流回油箱。

拖起动位置：TLK220 型推土机起动系统出现故障需要进行拖起动时，拖锁阀应位于拖起动位置，锁紧离合器处于锁紧状态。此时，操纵手柄向前推，阀杆向后移，阀杆将槽Ⅰ关闭，从辅助油泵经 D 孔出来的压力油分别由槽Ⅲ经 A 孔流向锁紧离合器和由槽Ⅳ经 C 孔流入三联阀，然后进入变速操纵阀实现换挡。在主油路中装有单向阀，因此辅助油泵的来油不会经槽Ⅳ倒流入主油泵。

### 2.3.5  液力变矩器常见故障判断与排除

液力变矩器是利用液体的动能将发动机的功率传递给变速器的，在使用过程中，随着时间的增长或操作维护不当，会出现各种故障，如传动效率降低、油温过高、异常响声等。

1. 传动效率降低

1) 故障现象

液力变矩器传动效率降低将导致功率损失增大，主要表现为在机械行驶或作业过程中，当外负载增大时不能将发动机的力矩有效地传递给变速器，致使机械行驶缓慢或作业无力。

2) 故障原因

(1) 出现失速。

当机械的阻力大到一定值时，液力变矩器涡轮轴转速为零，机械的行驶速度为零，发动机不冒烟、不降速、不熄火，以固定功率输送给液力变矩器能量，从而出现"失速"现象。在失速状况下，液力变矩器的传动效率等于零，发动机供给液力变矩器的能量全部转变为热能使液力变矩器的工作油温升高。

(2) 长期工作在低效率区。

液力变矩器需要根据负载的不同而更换变速挡位，只有在一定输出转速范围内，效率才比较高。若液力变矩器长期在低效率区工作，则易造成油温过高，使橡胶密封件过早老化，失去密封作用，发生内漏，最终出现效率降低的现象。

(3) 旋转件平衡度不符合要求。

液力变矩器的罩轮、泵轮和涡轮都是高速旋转的零件，出厂前均进行过平衡实验，其平衡度不得超过规定值。泵轮与涡轮在工作时，端面的摆动量对传动效率也有影响，若制造时罩轮与泵轮连接端面的摆差不符合要求，泵轮轴承座端面、涡轮接盘端面、变矩器壳体与轴承座连接端面的摆差过大等，则均会导致效率降低。

(4) 漏油。

当液力变矩器由出厂制造或工作过久导致密封不严的情况发生时，内部工作轮高速旋转，参与动力传递的油液将会发生泄漏，油液所携带的动能发生了丢失，将导致液力变矩器动力下降，传动效率降低。

(5) 进出口压力失常。

在液力变矩器液压辅助系统中，三联阀进油口和出油口的压力应当处在合适范围内，若发生控制油路压力零部件的损坏，如弹簧断裂、螺钉松动等，则会造成阀门压力失常，进而影响进入液力变矩器的液体工作动能。

(6) 工作轮损坏。

工作轮损坏会造成液体动能传递效率降低、液力变矩器效率降低。

3) 排除方法

(1) 若发现液力变矩器动力下降，在操作与使用机械时，尽量避免长期处于高速或低速工况，保证机械在高效率区间内进行作业，提高油液利用率，减少损耗；

(2) 检测进油口和出油口压力，无论是油液泄漏还是进油口和出油口压力失常，都应检查液压辅助系统中油管、液压阀的损坏情况，一旦发现损坏，应立即更换，并将进油口和出油口压力阀的工作压力调至正常值；

(3) 检查油底壳有无铝末，若油底壳发现有铝末，说明液力变矩器内部存在磨损，导致功率下降，这时需要拆开液力变矩器进行检查维修，避免产生其他零部件的损坏。

2. 油温过高

1) 故障现象

液力变矩器的正常工作油温一般在 100℃ 以下(TY220 型推土机液力变矩器出口油温为 115～120℃)，若油温超过正常工作油温，则为油温过高。工作油温过高，会严重影响液力变矩器的传动效率。

2) 故障原因

(1) 冷却器工作不良。

液力变矩器的工作油液依靠发动机的冷却水进行冷却，发动机的水温过高或风扇传动皮带松弛均会影响冷却效果。另外，水质不纯会使冷却器中产生大量的水垢，从而影响冷却效果。同样，油冷却器堵塞也会造成油温过高。

(2) 补偿油压失常。

一方面，液力变矩器的进口压力阀调整不当或工作油太脏，使阀杆卡死在溢流位置，供给液力变矩器的油压过低，将会使泵轮叶片前段出现大量的气泡凝聚，从而会使液力变矩器的效率降低、油温升高；另一方面，液力变矩器出口压力阀调整不当或工作油太脏，堵塞阀的通道，回油压力过高，流入冷却器的油量不够，致使工作油循环不畅而得不到及时的冷却，也会造成油温过高。

(3) 工作油数量不足。

液力变矩器的功率损失为发动机额定功率的 20%～25%，损失的功率将转变为热能使工作油温升高，因此必须要有足够的油量吸收这些热量进行冷却，若工作油数量不足，将会造成油温过高。工作油数量不足的主要原因可能是液力变矩器内部损坏造成严重漏油，或溢流阀卡死在开位，从而泄油过多，或是主压力阀压力调整不当，不能打开流向液力变矩器的油路。

(4) 工作油品质降低。

液力变矩器的工作油一般应选用 N32 号液力传动油，随着机械工作时间的增长，工作油会逐渐氧化、变质，其黏度、流动性、润滑效果都会变差，因此机械每工作 1000h，应更换一次液力变矩器工作油。当所需的传动油短缺时，也可以采用柴机油进行替代，但不可与液压油混用，而且选择的柴机油黏度应与所需传动油的黏度相近，若黏度过大，则不仅会使由泵轮射向涡轮的油液速度降低，影响传动效率，从而引起油温升高，而且还会增大液力变矩器工作轮的旋转阻力，造成功率损失。这部分功率损失转化为热能后，也会使液力变矩器油温过高。

3) 排除方法

(1) 检查油箱油位，保证工作油量的液位在规定位置；检查油牌号是否正确，油液是否长期未更换而变质，若发生以上问题，则应及时纠正。

(2) 检查冷却器有无堵塞。拆开冷却器，观察内部是否水垢较多，若水垢较多，则应清除或更换冷却器，若故障仍存在，则应检查冷却器所在的冷却系统管路是否出现松紧、破损、堵塞的情况。

(3) 检查进油口和出油口的压力。检查方法如前所述，这里不再重复。

3. 异常响声

1) 故障现象

液力变矩器的异常响声主要表现为振动撞击声和尖叫响声。

2) 故障原因

(1) 振动撞击声主要是由轴承松动、损坏或固定螺栓松动等引起的，应及时更换或紧固零件。

(2) 尖叫响声是由液力变矩器叶片发生气蚀或零件损坏造成的。发生气蚀的原因是油路中有空气，空气进入液力变矩器内使叶片发生气蚀，发出剧烈响声，严重时出现尖叫响声，液力变矩器出现尖叫响声一般都伴随有油温升高，而且空气遇热膨胀，使油泵油量减少造成油温过高，破坏润滑油膜，从而加速零件损坏。

3) 排除方法

(1) 当听到液力变矩器出现振动撞击声时，应立即停机检修，更换或紧固松动的轴承和固定螺栓；

(2) 当听到液力变矩器出现尖叫响声时，应立即停机进行检查修理，及时排除油路中的空气。

# 2.4　变　速　器

目前，工程机械广泛采用柴油发动机，其扭矩和转速变化范围较小，不能满足工程机械在作业和行驶中对牵引力和行驶速度变化的要求，因此在传动系中设置了变速器。变速器就是通过改变其转动比，从而改变传递扭矩比的装置。

## 2.4.1　变速器的功用、分类及原理

1. 功用

变速器与发动机配合工作，使机械具有良好的动力性能和经济性能，其主要功用包括：

(1) 变速变扭。机械通过挂不同的挡位改变传动比，扩大驱动轮扭矩和转速的变化范围，以适应经常变化的工况需要。

(2) 实现倒车。在发动机旋转方向不变的前提下，通过挂倒挡改变动力的传递方向，使机械实现倒车。

(3) 切断动力。在发动机运转的情况下，通过挂空挡使机械能长时间停车，便于机械的停车和维护。

变速器和液力变矩器都具有变速变扭的功能，两者的主要区别为：①变速器的变速变扭一般是不连续的、有级的，每一个挡位对应固定的传动比，而液力变矩器可在一定的范围内进行连续的、无级的变速变扭；②变速器的速度和扭矩的变化是由操作手主动控制的，而液力变矩器的速度和扭矩的变化是随着负荷的变化而自动进行的。

2. 分类

变速器的结构形式有很多，可按不同的方式进行分类。

(1) 按传动比变化方式，变速器可分为有级式变速器、无级式变速器和综合式变速器。

有级式变速器采用齿轮传动，具有若干个定值传动比。无级式变速器的传动比在一定范围内可无限多级变化，可分为电力式无级变速器和液力式无级变速器两种。电力式无级变速器的变速传动部件为直流串激电动机，液力式无级变速器的变速传动部件为液力变矩器。综合式变速器是由液力变矩器和有级式变速器组成的液力机械式变速器，其传动比可在几个间断范围内进行无级变化，目前在工程机械上应用广泛。

(2) 按换挡操纵方式，变速器可分为机械换挡(人力换挡)变速器和动力换挡变速器。

机械换挡变速器通过人力拨动滑动齿轮或啮合套来进行换挡，其结构简单、工作可靠、传动效率高，但操纵性能差、人力操纵劳动强度大、换挡时动力切断时间较长，这些因素影响了机械的作业效率，并使机械在恶劣路面上行驶时通过性能差。

① 拨动滑动齿轮换挡。如图 2-45(a)所示，双联齿轮 a、b 用花键与轴滑动连接，拨动该双联齿轮，使齿轮副 a - a′ 或 b - b′ 相啮合，从而改变传动比，实现换挡。

② 拨动啮合套换挡。如图 2-45(b)所示，齿轮 c′、d′ 与轴固定连接，齿轮 c、d 与轴空转连接，啮合套毂 e 与轴固定连接，啮合套齿圈 f 通过键齿与啮合套毂 e 相啮合。通过拨动啮合套齿圈 f，使其同时与齿轮 c(或 d)端部的外齿圈相啮合，将齿轮 c(或 d)通过啮合套与轴相固连，动力经齿轮对 c - c′(或 d - d′)传递，从而实现换挡。

图 2-45 中齿轮与轴各种连接形式的示意图如图 2-46 所示。图 2-46(a)为固定连接，表示齿轮与轴固定，一般用花键连接在轴上，并轴向定位，既不能相对轴转动，也不能轴向移动；图 2-46(b)为空转连接，表示齿轮通过轴承支承在轴上，可相对轴转动，但不能轴向移动；图 2-46(c)为滑动连接，表示齿轮通过花键与轴连接，可轴向移动，但不能相对轴转动。

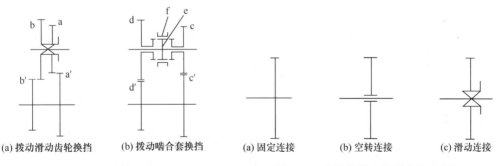

(a) 拨动滑动齿轮换挡　(b) 拨动啮合套换挡　　(a) 固定连接　　(b) 空转连接　　(c) 滑动连接

图 2-45　机械换挡示意图　　　　　图 2-46　齿轮与轴连接形式的示意图

动力换挡变速器通常设置在液力机械传动系统中，通过液压操纵的高压油液来分离和接合换挡离合器，从而实现换挡，如图 2-47 所示，其换挡操纵简便省力，换挡速度快，可在负荷下不停车换挡，有利于工作效率的提高，但其结构复杂、体积大、重量重、传动效率较低。目前，动力换挡变速器在工程机械上的应用越来越广。

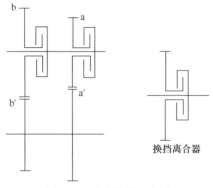

图 2-47　动力换挡示意图

(3) 按传动轮系形式，变速器可分为定轴式变速器和行星式变速器。

定轴式变速器中所有齿轮都有固定的回转轴线，其结构比行星式变速器简单，可用机械换挡，也可用动力换挡；行星式变速器中有些齿轮的轴线在空间旋转，与定轴式变速器相比，其结构紧凑、传动比变化幅度大、操纵轻便，并有利于实现操纵自动化，但其制造工艺复杂、维护难度较大。

(4) 按传动齿轮形式，变速器可分为直齿轮变速器和斜齿轮变速器。

直齿轮变速器的传动齿轮为直齿圆柱齿轮，其结构简单、制造成本低，可直接拨动齿轮换挡，但在传动中尤其是高速运转时，容易引起冲击和噪声。斜齿轮变速器的传动齿轮为斜齿圆柱齿轮，其承载能力比直齿圆柱齿轮大，而且传动平稳、冲击和噪声较小，但在传递动力时会产生轴向力，因此要求齿轮在轴上要有可靠的轴向定位和轴承能够承受的轴向力。

### 3. 基本组成

变速器主要由变速传动机构和变速操纵机构两大部分组成。

变速传动机构主要由传动齿轮和传动轴组成，其功用是通过数对大小不同齿轮的啮合，形成若干个传动路线，对应若干个挡位，从而改变扭矩和转速的大小和方向，并将动力输出。

变速操纵机构主要由换挡装置和控制装置组成，其功用是操纵齿轮、啮合套(或同步器)或换挡离合器的接合与分离，使机械获得不同的速度、扭矩和行驶方向。

### 4. 工作原理

工程机械上的变速器虽然结构复杂、形式不一，但其变速传动机构的主体都是齿轮轮系。齿轮轮系决定着变速器的传动规律，有定轴齿轮系和周转齿轮系两种基本形式。

1) 定轴齿轮系

在定轴齿轮系中，各个齿轮的运动轴线固定不变，齿轮传动时，主动齿轮的转速 $n_1$ 与从动齿轮的转速 $n_2$ 之比称为啮合齿轮的传动比 $i$，表达式为

$$i = n_1 / n_2 = z_2 / z_1 \tag{2-7}$$

式中，$z_1$ 为主动齿轮的齿数；$z_2$ 为从动齿轮的齿数。

由式(2-7)可知，当小齿轮带动大齿轮时，传动比 $i > 1$，转速降低，扭矩增大；当大齿轮带动小齿轮时，传动比 $i < 1$，转速增加，扭矩减小；当主动齿轮和从动齿轮的大小相等时，传动比 $i = 1$，转速、扭矩保持不变。

对于由多对啮合齿轮构成的定轴齿轮系，其总传动比 $i$ 为该轮系中第一级传动的主动齿轮转速与最末一级传动齿轮的从动齿轮转速之比，也等于各对啮合齿轮传动比的连乘积，即

$$i = n_1 / n_n = i_1 i_2 \cdots i_n \qquad (2-8)$$

对于外齿啮合的齿轮传动，主动齿轮与从动齿轮的旋转方向相反，如图 2-48(a)所示；对于内齿啮合的齿轮传动，主动齿轮与从动齿轮的旋转方向相同，如图 2-48(b)所示；若前进挡为两齿轮外齿啮合，则倒退挡应增加中间传动齿轮，使从动轴的转动方向与前进挡相反，如图 2-48(c)所示。

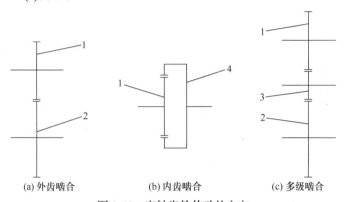

(a) 外齿啮合　　　　(b) 内齿啮合　　　　(c) 多级啮合

图 2-48　定轴齿轮传动的方向

1. 主动齿轮；2. 从动齿轮；3. 传动齿轮；4. 从动齿圈

2) 周转齿轮系

在周转齿轮系中，有的齿轮轴线在空间旋转，其基本组成是基本行星排，包括太阳轮 1、行星架 2、行星轮 3 和齿圈 4，如图 2-49 所示。行星轮同时与太阳轮和齿圈相啮合，起中间轮的作用，其运动轴线不是固定的，一方面绕自身的轴线自转，同时还随行星架绕太阳轮公转。行星轮的轴线在空间旋转，与外界连接较为困难，因此在基本行星排中只有太阳轮、齿圈和行星架与外界连接，称为行星排的三个基本元件。行星齿轮系动力的传递是通过三个基本元件实现的，因此它的传动比也只是基本元件之间的传动比。

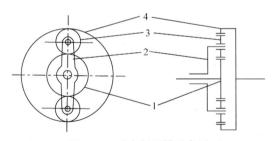

图 2-49　基本行星排示意图

1. 太阳轮；2. 行星架；3. 行星轮；4. 齿圈

根据相对运动原理，可将行星齿轮传动转换为定轴齿轮传动来计算。设太阳轮、齿圈和行星架的转速分别为 $n_1$、$n_2$ 和 $n_3$，太阳轮和齿圈的齿数分别为 $z_1$、$z_2$。假设给整个行星齿轮排加上一个与行星架转速相等但方向相反的转速 $-n_3$，则各元件间相对运动的关系不变。此时，太阳轮的转速为 $n_1 - n_3$，齿圈的转速为 $n_2 - n_3$，行星架的转速为 $n_3 - n_3 = 0$，即此时行星架停止转动，整个行星排就转换为定轴齿轮了。根据定轴齿轮传动比的计算

方法，此时太阳轮与齿圈的传动比为

$$(n_1 - n_3)/(n_2 - n_3) = -z_2/z_1 = -K \tag{2-9}$$

式中，$K$ 为齿圈齿数与太阳轮齿数的比值，称为行星排特性参数；$-$ 表示当行星架停止转动时，太阳轮和齿圈的旋转方向相反(此时行星轮为中间传动的惰轮)。整理式(2-9)可以得到行星排的运动方程为

$$n_1 + Kn_2 - (1+K)n_3 = 0 \tag{2-10}$$

由式(2-10)可知，要获得确定的传动比，必须将基本行星排中的三个元件一个作为输入、一个作为输出、一个固定不动。将三个元件进行组合，可以得到两个减速、两个增速、两个倒挡，共六种传动方案，由式(2-10)计算出所对应的传动比如表 2-1 所示。

**表 2-1　基本行星排的传动方案**

| 传动类型 | 行星架输出为减速 | | 行星架输入为增速 | | 行星架固定为倒挡 | |
|---|---|---|---|---|---|---|
| 传动描述 | 齿圈固定，太阳轮输入，行星架输出，为大减 | 太阳轮固定，齿圈输入，行星架输出，为小减 | 齿圈固定，行星架输入，太阳轮输出，为大增 | 太阳轮固定，行星架输入，齿圈输出，为小增 | 行星架固定，太阳轮输入，齿圈输出，为减速 | 行星架固定，齿圈输入，太阳轮输出，为增速 |
| 传动简图 | | | | | | |
| 传动比 | $1+K$ | $\dfrac{1+K}{K}$ | $\dfrac{1}{1+K}$ | $\dfrac{K}{1+K}$ | $-K$ | $-\dfrac{1}{K}$ |

若行星排中任何两个元件连成一体转动，则第三个元件转速必然与前两个元件转速相等，即行星排中所有元件之间都没有相对运动，从而形成直线传动，此时传动比 $i=1$；若行星排中没有任何元件固定，三个元件都自由转动，则行星排完全失去传动的作用。

目前，无论是军用还是民用工程机械，绝大多数都采用动力换挡变速器，因此在 2.4.2 和 2.4.3 节中重点介绍几种不同形式的动力换挡变速器。

### 2.4.2　定轴齿轮式动力换挡变速器

定轴齿轮式动力换挡变速器采用定轴齿轮传动，具有结构简单、可靠性高、维护方便、挡位较多、价格低等特点，在工程机械上应用较为普遍。下面分别介绍 JYL200G 型挖掘机变速器、JYL200G 改进型挖掘机变速器、TLK220 型推土机变速器和 TLK220A 型推土机变速器的结构组成和工作原理。

#### 1. JYL200G 型挖掘机变速器

JYL200G 型挖掘机变速器采用常啮合直齿轮传动，由液压系统操纵滑动啮合套实现

换挡，设有两个前进挡和一个倒退挡，主要由变速传动机构和液压控制系统组成。

1) 变速传动机构

(1) 结构。

变速传动机构用来形成不同挡位的动力传动路线，主要由箱体、传动机构和操纵机构等组成，如图 2-50 所示。

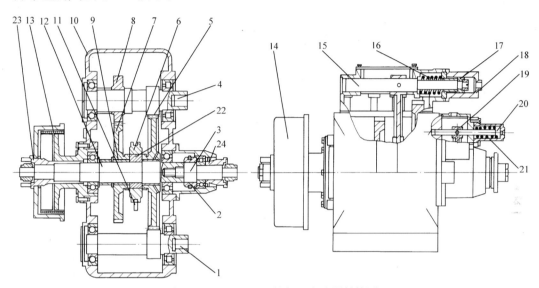

图 2-50  JYL200G 型挖掘机变速器结构图

1. 左输入轴；2. 前桥接通齿套；3. 前桥输出轴；4. 右输入轴；5. 低挡输出齿轮；6. 滑动啮合套；7. 高挡输出齿轮；8. 高挡输入齿轮；9. 滚针；10. 箱体；11. 换挡拨叉；12. 主输出轴；13. 制动片；14. 停车制动器；15. 换挡拨叉轴；16. 弹簧；17. 换挡活塞；18. 换挡拨叉端盖；19. 前桥接通拨叉；20. 前桥接通拨叉轴；21. 前桥接通拨叉端盖；22. 固定齿套；23. 后桥输出法兰；24. 前桥输出法兰

① 箱体。

变速器箱体 10 通过螺钉固定在车架底部，用于保护和安装变速器内部零件与总成，起到支承、密封和储油的作用。箱体的上盖开有检视窗口，箱体的中部安装有马达支座。

② 传动机构。

传动机构主要由传动轴、传动齿轮和啮合套等组成，共有两根输入轴和两根输出轴。

左输入轴：左输入轴 1 通过左、右两端的球轴承和滚柱轴承支承在变速器箱体上，右端与左行走马达相连，用于动力输入；左低挡输入齿轮与左输入轴制成一体，随轴一起转动。

右输入轴：右输入轴 4 通过左、右两端的球轴承和滚柱轴承支承在变速器箱体上，右端与右行走马达相连，用于动力输入；右低挡输入齿轮与右输入轴制成一体，轴中部通过花键固装有高挡输入齿轮 8，随轴一起转动。

主输出轴：主输出轴 12 通过左、右两侧的球轴承支承在箱体上，轴左端通过花键固装着后桥输出法兰 23，法兰与后桥传动轴连接，用于输出动力；轴左侧安装有停车制动器 14，轴中部通过齿套和滚针 9 空套着低挡输出齿轮 5 和高挡输出齿轮 7，分别与低速输入齿轮和高速输入齿轮常啮合，两齿轮中间通过轴上花键固装着固定齿套 22，固定齿套外花键上滑装着滑动啮合套 6；滑动啮合套外部制成环槽状，换挡拨叉 11 卡入其中可将其左右滑动，使得滑动啮合套同时与固定齿套和低速输入齿轮或高速输入齿轮相啮合；轴右端开有轴向中心孔并制有外花键。

前桥输出轴：前桥输出轴 3 通过中部的球轴承支承在箱体上，轴左端插入主输出轴右端中心孔内，轴左侧用花键滑装着前桥接通齿套 2，前桥接通拨叉 19 卡入其中可将其左右滑动，使得前桥接通齿套同时与主输出轴右端花键和前桥输出轴左侧花键相啮合；轴右端通过花键固装有前桥输出法兰 24，法兰与前桥传动轴连接，用于输出动力。

③ 操纵机构。

操纵机构主要由换挡拨叉机构和前桥接通机构等组成。

换挡拨叉机构用于操纵滑动啮合套变换高低挡位，主要由换挡拨叉 11、换挡拨叉轴 15、换挡活塞 17、弹簧 16 和换挡拨叉端盖 18 等组成。换挡拨叉通过弹性销与换挡拨叉轴固定连接，拨叉轴滑装在箱体上；轴上安装有弹簧，弹簧两端抵在弹簧座上，弹簧座套装在轴上，依靠箱体定位；换挡活塞装在轴右端，与换挡拨叉端盖形成活塞室，换挡拨叉端盖上开有径向油孔和轴向油孔，与先导油路相通。当变速器挂上低速挡或倒退挡时，高压油液经换挡拨叉端盖径向油孔进入活塞室小腔，推动换挡拨叉轴向右移动，换挡拨叉轴通过换挡拨叉带动滑动啮合套向右移动，将滑动啮合套与低挡输出齿轮相啮合，动力由低挡输出齿轮传递给滑动啮合套，从而实现动力输出。当变速器挂上高速挡时，高压油液经端盖轴向油孔进入活塞室大腔，推动换挡拨叉轴向左移动，拨叉轴通过换挡拨叉带动滑动啮合套向左移动，将滑动啮合套与高挡输出齿轮相啮合，动力由高挡输出齿轮传递给滑动啮合套，从而实现动力输出。当变速器解除挡位时，进入活塞室的高压油液被解除，换挡拨叉轴在弹簧作用下恢复原位，通过换挡拨叉带动滑动啮合套复位，滑动啮合套与输出齿轮不再啮合，相互之间不再传递动力。

前桥接通机构用于将前桥输出轴和主输出轴连成一体，由主输出轴带动前桥输出轴同步旋转，其结构组成与换挡拨叉机构类似。当变速器挂低速挡或倒退挡时，先导油路高压油液通过端盖轴向油孔进入活塞室，推动拨叉轴移动，拨叉轴通过拨叉带动前桥接通齿套移动，将前桥接通齿套与主输出轴右端花键相啮合，动力由主输出轴通过前桥接通齿套传递给前桥输出轴，从而实现动力输出。

(2) 工作原理。

JYL200G 型挖掘机变速器设有两个前进挡和一个倒退挡，通过液压操纵啮合套来进行换挡，为了保证啮合套与齿轮或花键的滑动配合顺利实现，换挡必须在机械停止时进行，其传动简图如图 2-51 所示。

① 低速挡。挂低速挡时，滑动啮合套与低挡输出齿轮相啮合，同时前桥接通齿套与主输出轴花键相啮合，动力由左、右输入轴独立输入，在低挡输出齿轮处合成，由主输出轴和前桥输出轴同时输出，实现前桥和后桥同时驱动。此时，其动力传动途径为：左输入轴+右输入轴→左低挡输入齿轮+右低挡输入齿轮→低挡输出齿轮(滑动啮合套啮合)→滑动啮合套→固定齿套→主输出轴，在此动力分两路输出，一路经主输出轴直接输出，另一路是主输出轴(前桥接通齿轮啮合)→前桥接通齿套→前桥输出轴。

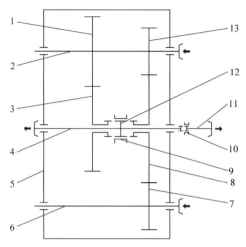

图 2-51 JYL200G 型挖掘机变速器传动简图

1. 高挡输入齿轮；2. 右输入轴；3. 高挡输出齿轮；4. 主输出轴；5. 箱体；6. 左输入轴；7. 左低挡输入齿轮；8. 低挡输出
齿轮；9. 滑动啮合套；10. 前桥接通齿套；11. 前桥输出轴；12. 固定齿套；13. 右低挡输入齿轮

② 高速挡。挂高速挡时，滑动啮合套与高挡输出齿轮相啮合，动力由左输入轴、右输入轴独立输入，在右输入轴处合成，由主输出轴输出，实现后桥驱动。此时，其动力传动途径为：左输入轴(一部分动力由此输入)→左低挡输入齿轮→低挡输出齿轮→右低挡输入齿轮→右输入轴(另一部分动力由此输入，两者在此合成)→高挡输入齿轮→高挡输出齿轮(滑动啮合套啮合)→滑动啮合套→固定齿套→主输出轴。

③ 倒退挡。挂倒退挡时，通过改变进入行走马达油液的方向，使得两个输入轴反向旋转，实现机械倒退行驶。此时，滑动啮合套与低挡输出齿轮相啮合，同时前桥接通齿套与主输出轴花键相啮合，动力由左输入轴和右输入轴同时、独立输入，在低挡输出齿轮处合成，由主输出轴和前桥输出轴同时输出，实现前桥和后桥同时驱动，其动力传动途径与低速挡的动力传动途径完全相同。

2) 液压控制系统

JYL200G 型挖掘机变速器液压控制系统包括先导油路和主油路，如图 2-52 所示。

(1) 先导油路。

先导油路的工作压力为 4MPa，主要用来操纵各个先导控制阀，以接通不同挡位的主油路，其在变速不同阶段的具体油路途径如下。

① 无动作时(空挡)。

当发动机正常工作时，带动先导泵 12 开始工作产生先导压力油。此时，先导油路中各个先导控制阀均处于中间位置，先导压力油不能进入其控制油口，而经先导溢流阀 8 流回油箱 14，使得先导油路中保持 4MPa 的油液压力，因此先导油路属于常压式。

② 行走前。

机械行走前，将停车制动开关手柄上扳接通停车制动阀 4，先导压力油通过停车制动阀，经中央回转接头 17，到达停车制动油缸 16，压缩停车制动油缸强力弹簧，解除停车制动。

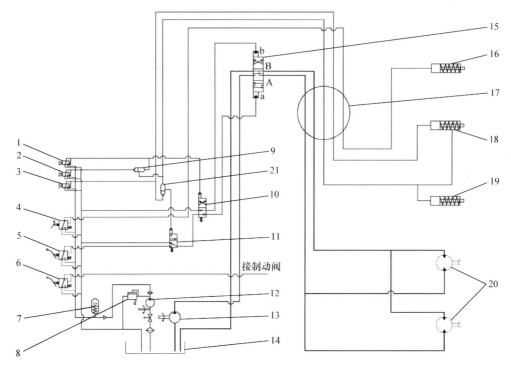

图 2-52　JYL200G 型挖掘机变速器液压控制系统

1. 倒挡阀；2. 低挡阀；3. 高挡阀；4. 停车制动阀；5. 行走速度阀；6. 脚制动阀；7. 蓄能器；8. 先导溢流阀；9. 第一梭阀；10. 行走换向阀；11. 行走先导接通阀；12. 先导泵；13. 主泵；14. 油箱；15. 主阀组；16. 停车制动油缸；17. 中央回转接头；18. 高低挡换挡油缸；19. 前桥接通油缸；20. 行走马达；21. 第二梭阀

③ 挂挡时。

挂低速挡：操纵变速杆挂低速挡接通低挡阀 2，先导压力油通过低挡阀后，经第一梭阀 9 后分为两路，一路经第二梭阀 21，进入行走先导接通阀 11，使行走先导油路接通；另一路经中央回转接头 17，到达高低挡换挡油缸 18 和前桥接通油缸 19，从而操纵换挡拨叉机构处于低挡位置和前桥接通机构接通主输出轴与前桥输出轴。

挂高速挡：操纵变速杆挂高速挡接通高挡阀 3，先导压力油通过高挡阀后分为两路，一路经第二梭阀，进入行走先导接通阀，使行走先导油路接通；另一路经中央回转接头，到达高低挡换挡油缸，挂上高速挡，从而操纵换挡拨叉机构处于高挡位置。

挂倒退挡：操纵变速杆挂倒退挡接通倒挡阀 1，先导压力油通过倒挡阀后分为两路，一路通向行走换向阀 10 使其换向，使得进入主阀组 15 的先导油路换向，控制主阀组换向，从而使得通过主阀组进入行走马达 20 的主油路换向，实现行走马达反向旋转，带动两根输入轴反向旋转，实现机械倒退行驶；另一路经第一梭阀后再分为两路，第一路经第二梭阀，进入行走先导接通阀，使行走先导油路接通，第二路经中央回转接头，到达高低挡换挡油缸和前桥接通油缸，从而操纵换挡拨叉机构处于低挡位置和前桥接通机构接通主输出轴与前桥输出轴。

④ 行走时。

机械行走时，踏下行走踏板接通行走速度阀 5，先导压力油通过行走速度阀后，经行走先导接通阀、行走换向阀，到达主阀组 15 内的换向阀杆左、右端，先导压力油在此分为两路，一路推动主阀组内的换向阀，使其阀杆向左、右移动；另一路经梭阀后分成两路，第一路通向先导溢流阀，使主系统安全阀增压，最大行走工作压力由 30MPa 提高到 32MPa，第二路通向控制右侧阀组的合流切断阀控制口，当行走速度阀踩下少许时，到达控制口的先导压力油压力偏低，推动右侧阀组的中位回油二位两通阀右移的距离短，不能完全切断右侧阀组的中位回油通道，因此右侧阀组油口压力油可根据行走所需流量对应主泵斜盘角度进行控制；当行走速度阀完全踩下时，到达二位两通阀控制口的先导压力油推动中位回油二位两通阀右移到位，完全切断右侧阀组油口压力油的中位回油通道。

(2) 主油路。

主油路的工作压力为 30MPa，主要用来向处于不同挡位的行走马达提供工作所需的动力。当发动机正常工作时，主泵和先导泵均开始工作，首先操纵先导控制阀通过先导油路接通主油路，然后主泵产生的高压油液通过主阀组 15 后，经中央回转接头，进入两个行走马达 20 的进油口，带动其开始工作。两个行走马达始终处于并联状态，同时参与工作，通过左输入轴和右输入轴将动力传递给变速器。

2. JYL200G 改进型挖掘机变速器

JYL200G 改进型挖掘机变速器主要针对 JYL200G 型挖掘机变速器需要停车换挡、容易引起误操作导致变速器故障和部件损坏等缺陷而改进的不停车换挡变速器，在不改变原车作业和行驶性能的基础上，实现了不停车换挡，换挡操作方便，离合动作迅速，工作稳定可靠，结构紧凑，扭矩传递性好，提高了挖掘机的行驶性能和机动性能。该型变速器采用常啮合直齿轮传动，由液压系统操纵挡位控制阀实现换挡，设有三个前进挡和一个倒退挡，主要由变速传动机构和液压控制系统组成。

1) 变速传动机构

(1) 结构。

变速传动机构用来形成不同挡位的动力传动路线，主要由变速箱、四个行走马达和两个挡位控制阀等组成，如图 2-53 所示。

变速箱由箱体、两根输入轴、两个输入齿轮、两根输出轴、一个输出齿轮、前桥接通拨叉和前桥接通齿套等组成。箱体 2 上固定有马达支座，用于安装四个行走马达，作为动力输入。左输入轴 3 和右输入轴 10 与四个行走马达相连，其上通过花键分别固装着左输入齿轮 4 和右输入齿轮 9。主输出轴 5 中部通过花键固装着输出齿轮 7，同时与左输入齿轮和右输入齿轮常啮合；轴左端通过输出接盘与后桥传动轴相连，用于将动力从后桥输出；轴右端通过前桥接通拨叉 12 操纵前桥接通齿套 13 与前桥输出轴 14 连接，用于将动力从前桥输出。

四个行走马达采用的是美国派克 V14-160-IVC-AC130 型马达，两个挡位控制阀分别控制四个行走马达形成不同的串联和并联方式，从而实现不同的挡位，使挖掘机得到所需的转速和扭矩。

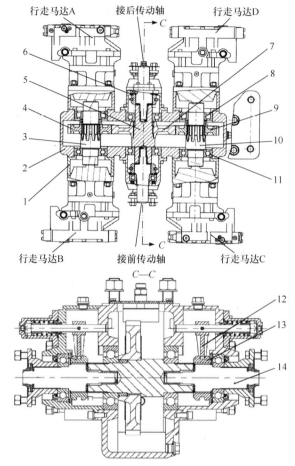

图 2-53　JYL200G 改进型挖掘机变速器结构图

1. 马达支座；2. 箱体；3. 左输入轴；4. 左输入齿轮；5. 主输出轴；6. 油封座；7. 输出齿轮；8. 轴承；9. 右输入齿轮；
10. 右输入轴；11. 轴承；12. 前桥接通拨叉；13. 前桥接通齿套；14. 前桥输出轴

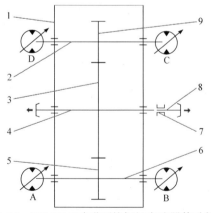

图 2-54　JYL200G 改进型挖掘机变速器传动简图

1. 箱体；2. 右输入轴；3. 输出齿轮；4. 主输出轴；
5. 左输入齿轮；6. 左输入轴；7. 前桥接通齿套；
8. 前桥输出轴；9. 右输入齿轮

(2) 工作原理。

JYL200G 改进型挖掘机变速器设有三个前进挡和一个倒退挡，通过液压操纵两个挡位控制阀来改变四个行走马达的工作状态，即通过改变行走马达流量来改变整机速度，实现不停车换挡，其传动简图如图 2-54 所示。

① 前进一挡。挂前进一挡时，一挡先导压力油进入两个挡位控制阀，这时四个行走马达均参与工作，每个行走马达的流量是总流量的 1/4，同时前桥接通齿套与主输出轴花键相啮合，前桥输出轴接通，整机具有最大的牵引力和最低的行驶速度。此时，动

力由 A、B、C、D 四个行走马达经左输入轴、右输入轴独立输入，在输出齿轮处合成，由主输出轴和前桥输出轴同时输出，实现前桥和后桥同时驱动，其动力传动途径为：行走马达 A、B、C、D→左输入轴、右输入轴→左输入齿轮、右输入齿轮→输出齿轮→主输出轴(部分动力由此输出，此时前桥接通齿轮啮合)→前桥接通齿套→前桥输出轴(另一部分动力由此输出)。

② 前进二挡。挂前进二挡时，二挡先导压力油进入一个挡位控制阀，另一个挡位控制阀处于中位，这时三个行走马达 A、B、D 参与工作，每个行走马达的流量是总流量的 1/3，同时前桥输出轴断开，整机具有较大的牵引力和较高的行驶速度。此时，动力由 A、B、D 三个行走马达经左输入轴、右输入轴独立输入，在输出齿轮处合成，由主输出轴输出，实现后桥驱动，其动力传动途径为：行走马达 A、B、D→左输入轴、右输入轴→左输入齿轮、右输入齿轮→输出齿轮→主输出轴。

③ 前进三挡。挂前进三挡时，无先导压力油进入两个挡位控制阀，两个挡位控制阀处于中位，这时两个行走马达 A、D 参与工作，每个行走马达的流量是总流量的 1/2，同时前桥输出轴断开，整机具有最小的牵引力和最高的行驶速度。此时，动力由 A、D 两个行走马达经左输入轴、右输入轴独立输入，在输出齿轮处合成，由主输出轴输出，实现后桥驱动，其动力传动途径为：行走马达 A、D→左输入轴、右输入轴→左输入齿轮、右输入齿轮→输出齿轮→主输出轴。

④ 倒退挡。挂倒退挡时，行走马达主油路换向，使得两个输入轴反向旋转，实现机械倒退行驶。此时，倒退挡先导压力油进入两个挡位控制阀，四个行走马达均参与工作，每个行走马达的流量是总流量的 1/4，同时前桥接通齿套与主输出轴花键相啮合，前桥输出轴接通，整机具有最大的牵引力和最低的行驶速度。此时，动力由 A、B、C、D 四个行走马达经左输入轴、右输入轴独立输入，在输出齿轮处合成，由主输出轴和前桥输出轴同时输出，实现前桥和后桥同时驱动，其动力传动途径与前进一挡的动力传动途径完全相同。

2) 液压控制系统

JYL200G 改进型挖掘机变速器液压控制系统包括先导油路和主油路，如图 2-55 所示。

(1) 先导油路。

先导油路的工作压力为 4MPa，主要用来操纵各个先导控制阀，以接通不同挡位的主油路，其在变速不同阶段的具体油路途径如下。

① 无动作时(空挡)。

当发动机正常工作时，带动先导泵 17 开始工作产生先导压力油。此时，先导油路中各个先导控制阀均处于中间位置，先导压力油不能进入其控制油口，而经先导溢流阀 13 流回油箱 19，使得先导油路中保持 4MPa 的油液压力，因而先导油路属于常压式。这时，主油路不通，四个行走马达均不工作，机械处于空挡。

② 行走前。

机械行走前，将停车制动开关手柄上扳接通停车制动阀 9，先导压力油通过停车制动阀，经中央回转接头 21，到达停车制动油缸 20，压缩停车制动油缸强力弹簧，解除停车制动。

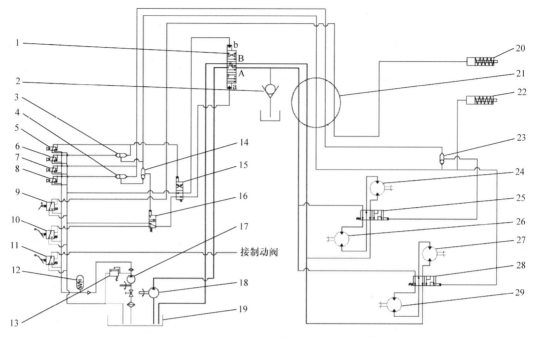

图 2-55　JYL200G 改进型挖掘机变速器液压控制系统

1. 主阀组；2. 补油阀；3. 第一梭阀；4. 第三梭阀；5. 倒挡阀；6. 一挡阀；7. 二挡阀；8. 三挡阀；9. 停车制动阀；10. 行走速度阀；11. 脚制动阀；12. 蓄能器；13. 先导溢流阀；14. 第二梭阀；15. 行走换向阀；16. 行走先导接通阀；17. 先导泵；18. 主泵；19. 油箱；20. 停车制动油缸；21. 中央回转接头；22. 前桥接通油缸；23. 变速器梭阀；25. 第二组挡位控制阀；28. 第一组挡位控制阀；24、26、27、29. 行走马达

③ 挂挡时。

挂前进一挡：操纵变速杆挂前进一挡接通一挡阀 6，先导压力油通过一挡阀后，经第一梭阀 3 后分为两路，一路经第二梭阀 14，进入行走先导接通阀 16，使行走先导油路接通；另一路经中央回转接头 21 后再分为三路，第一路进入前桥接通油缸 22，从而操纵前桥接通机构接通主输出轴与前桥输出轴，使得主输出轴带动前桥输出轴同步旋转，实现前桥和后桥同时驱动，第二路直接进入控制两个行走马达 27、29 的第一组挡位控制阀 28，推动该挡位控制阀进行换向，实现该组两个行走马达并联，第三路经变速器梭阀 23，进入控制两个行走马达 24、26 的第二组挡位控制阀 25，推动该挡位控制阀换向，实现第二组两个行走马达也并联。因此，挂前进一挡时，变速器上的四个行走马达实现并联，四个行走马达皆处于工作状态，驱动力最大，而参与工作的每个行走马达的流量是总流量的 1/4，转速最低，机械具有最大的牵引力，可在较大坡度的路面上行驶。

挂前进二挡：操纵变速杆挂前进二挡接通二挡阀 7，先导压力油通过二挡阀后分为两路，一路经第三梭阀 4 后再经第二梭阀 14，进入行走先导接通阀 16，使行走先导油路接通；另一路经中央回转接头，到达变速器梭阀 23，然后进入控制两个行走马达 24、26 的第二组挡位控制阀 25，推动该挡位控制阀换向，实现第二组两个行走马达并联；此时，第一组挡位控制阀 28 没有先导压力油进入，该挡位控制阀处于中位，第一组两个行走马达 27、29 处于串联状态。因此，挂前进二挡时，变速器上的两个行走马达串联后再与另外两个行走马达并联，这时共有三个行走马达处于工作状态，参与工作的每个行走马达的流量是总流量的 1/3，此时前桥不接通，只有后桥驱动，机械具有较大的牵引力，能满足在不同路面下较高速度行驶。

挂前进三挡：操纵变速杆挂前进三挡接通三挡阀 8，先导压力油通过三挡阀后只有一条油路，即经第三梭阀 4 后再经第二梭阀 14，进入行走先导接通阀，使行走先导油路接通；此时，两组挡位控制阀 25、28 都没有先导压力油进入，均处于中位，第一组两个行走马达 27、29 和第二组两个行走马达 24、26 分别处于串联状态。因此，挂前进三挡时，变速器上的两组行走马达先各组内部串联，再两组之间并联，这时共有两个行走马达处于工作状态，参与工作的每个行走马达的流量是总流量的 1/2，此时前桥不接通，只有后桥驱动，机械具有最高行驶速度。

挂倒退挡：操纵变速杆挂倒退挡接通倒挡阀 5，先导压力油通过倒挡阀后分为两路，一路通向行走换向阀 15 使其换向，使得进入主阀组 1 的先导油路换向，控制主阀组换向，从而使得通过主阀组进入四个行走马达的主油路换向，实现行走马达反向旋转，带动两根输入轴反向旋转，实现机械倒退行驶；另一路经第一梭阀后再分为两路，一路经第二梭阀，进入行走先导接通阀，使行走先导油路接通，另一路经中央回转接头后再分为三路，第一路进入前桥接通油缸，从而操纵前桥接通机构接通主输出轴与前桥输出轴，使得主输出轴带动前桥输出轴同步旋转，实现前桥和后桥同时驱动，第二路直接进入控制两个行走马达 27、29 的第一组挡位控制阀 28，推动该挡位控制阀进行换向，实现该组两个行走马达并联，第三路经变速器梭阀，进入控制两个行走马达 24、26 的第二组挡位控制阀 25，推动该挡位控制阀换向，实现第二组两个行走马达也并联。因此，挂倒退挡时，变速器上的四个行走马达实现并联，均处于工作状态，驱动力最大，而参与工作的每个行走马达的流量是总流量的 1/4，转速最低，机械具有最大的牵引力。

④ 行走时。

机械行走时，踏下行走踏板接通行走速度阀 10，先导压力油通过行走速度阀后，经行走先导接通阀、行走换向阀，到达主阀组 1 内的换向阀杆左、右端，先导压力油在此分为两路：一路推动主阀组内的换向阀，使其阀杆左、右移；另一路经梭阀后分为两路，第一路通向先导溢流阀，使主系统安全阀增压，最大行走工作压力由 30MPa 提高到 32MPa，第二路通向控制右侧阀组的合流切断阀控制口，当行走速度阀踩下少许时，到达控制口的先导压力油压力偏低，推动右侧阀组的中位回油二位两通阀右移的距离小，不能完全切断右侧阀组的中位回油通道，因此右侧阀组油口压力油可根据行走所需流量对应主泵斜盘角度进行控制，当行走速度阀完全踩下时，到达二位两通阀控制口的先导压力油推动中位回油二位换向阀杆右移到位，完全切断右侧阀组油口压力油的中位回油通道。

(2) 主油路。

主油路的工作压力为 30MPa，主要用来向处于不同挡位的行走马达提供工作所需的动力。当发动机正常工作时，主泵和先导泵都开始工作，首先操纵先导控制阀通过先导油路接通主油路，然后主泵产生的高压油液通过主阀组 1 后，经中央回转接头，进入行走马达的进油口，根据挡位不同，四个行走马达实现不同的串联、并联方式，即不同数量行走马达参与工作，实现变速变扭，并通过两根输入轴将动力传递给变速器。

### 3. TLK220 型推土机变速器

TLK220 型推土机与 ZLK50 型装载机的变速器结构相同，均采用常啮合直齿圆柱齿轮传动，由换挡离合器与高挡啮合套、低挡啮合套同时作用实现换挡，设有四个前进挡和四个倒退挡，主要由变速传动机构和液压控制系统组成。

1) 变速传动机构

(1) 结构。

变速传动机构用来形成不同挡位的动力传动路线，主要由箱体、传动机构和换挡离合器等组成，如图 2-56 所示。

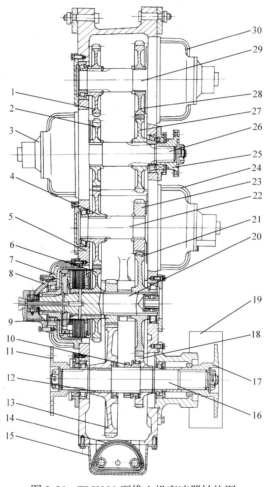

图 2-56　TLK220 型推土机变速器结构图

1. 倒挡齿轮；2. 正挡联齿轮；3. 正挡离合器；4. 一三挡齿轮；5. 变速器箱体；6. 二四挡联齿轮；7. 离合器壳体；8. 二四挡离合器；9. 低挡主动齿轮；10. 高低挡啮合套；11. 前桥接盘；12. 滑动轴承；13. 低挡从动齿轮；14. 滤网；15. 油底壳；16. 输出轴；17. 后桥接盘；18. 高挡从动齿轮；19. 手制动器；20. 二四挡轴；21. 高挡主动齿轮；22. 一三挡轴；23. 一三挡联齿轮；24. 一三挡离合器；25. 输入法兰；26. 正挡轴；27. 正挡齿轮；28. 倒挡联齿轮；29. 倒挡轴；30. 倒挡离合器

① 箱体。

变速器箱体 5 通过两个钩形板固定在车架上；箱体的上盖背面固定着变速操纵阀及

其杠杆，其上开有通气孔和加油孔；箱体的下部为油底壳 15，作为液力变矩器和变速器的贮油室，其内装有滤网 14，下部开有放油孔。

② 传动机构。

传动机构主要由传动轴、传动齿轮和啮合套等组成，共有五根传动轴和一根短轴。

正挡轴：正挡轴 26 上通过花键固装着正挡齿轮 27 和通过轴套空套着正挡联齿轮 2，轴左端安装有正挡离合器 3，用于控制正挡联齿轮与轴的连接，轴右端安装有输入法兰 25，用于与液力变矩器连接进行动力输入。

倒挡轴：倒挡轴 29 上通过花键固装着倒挡齿轮 1，与正挡联齿轮常啮合，通过轴套空套着倒挡联齿轮 28，轴右端安装有倒挡离合器 30，用于控制倒挡联齿轮与轴的连接。

一三挡轴：一三挡轴 22 上通过花键固装着一三挡齿轮 4，同时与倒挡齿轮和正挡联齿轮常啮合，通过轴套空套着一三挡联齿轮 23，轴右端安装有一三挡离合器 24，用于操纵控制一三挡联齿轮与轴的连接。

二四挡轴：二四挡轴 20 上通过花键固装着低挡主动齿轮 9 和高挡主动齿轮 21，通过轴套空套着二四挡联齿轮 6，高挡主动齿轮与一三挡联齿轮常啮合，二四挡联齿轮与一三挡联齿轮常啮合，轴左端安装有二四挡离合器 8，用于操纵控制二四挡联齿轮与轴的连接。

输出轴：输出轴 16 上通过轴套空套着低挡从动齿轮 13 和高挡从动齿轮 18，分别与低挡主动齿轮和高挡主动齿轮常啮合，轴中部通过花键滑装有高低挡啮合套 10，可由拨叉拨动，使其与低挡或高挡从动齿轮轮毂上的内齿相啮合，从而将动力经高低挡啮合套传递到输出轴上。轴左、右两端通过花键螺母固定着前桥接盘 11 和后桥接盘 17，分别与前桥输出轴、后桥输出轴连接。

短轴：短轴上固定着短轴齿轮，受低挡从动齿轮驱动，在轴的中空位置装有单向离合器，以驱动变速辅助油泵，如图 2-57 所示。只有当机械前进时，变速辅助油泵才能供油，因此单向离合器的方向一定要安装正确。

以上各传动轴均以轴承支承在箱体上，通过轴承端盖与箱体之间的垫片来调整轴承的轴向间隙。

③ 换挡离合器。

变速器中有四个结构完全相同的换挡离合器，两个用于变换挡位，另外两个用于变换方向，其作用是在选择相应挡位时，将联齿轮

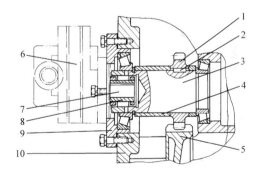

图 2-57　TLK220 型推土机变速器短轴结构图
1. 短轴齿轮；2. 键；3. 短轴；4. 长隔套；5. 低挡从动齿轮；6. 变速辅助油泵；7. 油泵轴；8. 单向离合器总成；9. 接盘；10. 箱体

与传动轴连接在一起。换挡离合器形式为多片湿式离合器，由液压系统进行操纵，主要由内毂、外毂、内压盘、外压盘、内摩擦盘、外摩擦盘、活塞和碟形弹簧等组成，如图 2-58 所示。

内毂与联齿轮 27 制成一体，通过铜套 26 空套在传动轴 29 上，并以外齿槽套有内摩擦盘 5。外毂 3 左端以滚锥轴承 9 支承在离合器壳体 24 上，并通过内花键与传动轴 29 固定连接，右端以内齿槽套有内压盘 6、外摩擦盘 4 和外压盘 2。内摩擦盘和外摩擦盘交

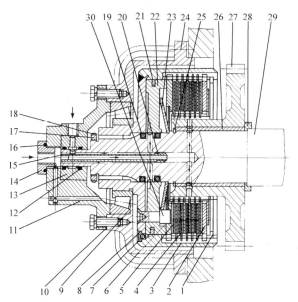

图 2-58　TLK220 型推土机变速器换挡离合器结构图

1. 挡圈；2. 外压盘；3. 外毂；4. 外摩擦盘；5. 内摩擦盘；6. 内压盘；7. 钢球；8. 泄油阀座；9. 滚锥轴承；10. 垫片；11. 端盖；12. O 形密封圈；13. 衬套；14. 油堵；15. 油管；16. O 形密封圈；17. 螺母；18. 锁片；19. O 形密封圈；20. 密封填料；21. 活塞环；22. 活塞；23. 碟形弹簧；24. 离合器壳体；25. 挡圈；26. 铜套；27. 联齿轮(内毂)；28. 卡环；29. 传动轴；30. 定位销

替安装，两侧装有内压盘和外压盘，外压盘靠近联齿轮，内压盘紧靠活塞 22。活塞滑装在外毂与传动轴之间，可在外毂内轴向移动，并与外毂内端面之间形成活塞室。定位销 30 安装在活塞与内压盘之间，以使活塞随内压盘一起转动，并在活塞做轴向移动时起导向作用。碟形弹簧 23 装在活塞内侧，其内圆抵在传动轴的凸肩上，外圆抵在活塞上，并以其张力推动活塞紧靠于外毂上。壳体一端用螺钉固定在变速器壳体上，另一端固定着端盖 11，其间装有调整垫片，用以调整轴承的间隙。端盖前部开有径向和轴向油孔，并通过衬套 13 套装在轴的端部，衬套上也开有径向孔。

　　传动轴上安装换挡离合器的一侧，开有多条径向中心孔和轴向中心孔。轴向中心孔内装有油管，油管的外缘与轴向中心孔之间的间隙组成高压油道，通过轴端部的径向中心孔和油管接头与变速操纵阀的来油相通，高压油液经此油道并通过轴中部的径向中心孔进入换挡离合器的活塞室。中心油管油道为低压油道，通过油管接头与散热器的出油相通，经冷却后的低压油液便经此油道通过轴内侧的径向中心孔进入换挡离合器，从而对离合器进行冷却和润滑。

　　当变速器挂上某挡位时，高压油液便进入相应换挡离合器的活塞室，活塞在高压油液的作用下克服碟形弹簧的张力而向内移动，使内摩擦盘和外摩擦盘紧压在内压盘和外压盘之间，离合器接合，从而把内毂和外毂(传动轴和联齿轮)连成一体。此时，对于正挡离合器和一三挡离合器，动力由传动轴经离合器摩擦盘依靠摩擦作用传递给联齿轮；对于倒挡离合器和二四挡离合器，动力则由联齿轮经离合器摩擦盘依靠摩擦作用传递给传动轴。当变速器位于空挡时，进入活塞室的高压油液被解除，活塞在碟形弹簧的作用下恢复原位，内摩擦盘和外摩擦盘之间的压力消失，内摩擦盘和外摩擦盘相互分离，即离合器分离，从而使传动轴和联齿轮之间不再传递动力。

为了消除离合器分离时油液离心力的影响，使离合器分离迅速、彻底，在外毂上安装有快速泄油阀，由锥形泄油阀座和钢球组成，如图 2-59 所示。当变速器挂上某挡位时，压力油液进入活塞室，将钢球紧压在锥形泄油阀座上(位于图 2-59 中实线圆位置)，从而关闭泄油孔，使活塞室形成高压油腔。当变速器位于空挡时，活塞室的油液压力降低，钢球在离心力的作用下离开锥形泄油阀座(位于图 2-59 中虚线圆位置)，从而露开泄油孔，活塞室内的油液

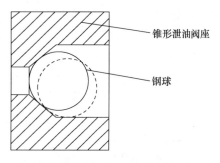

锥形泄油阀座

钢球

图 2-59 快速泄油阀结构图

在离心力的作用下从泄油孔迅速排出，使离合器分离迅速、彻底。

(2) 工作原理。

TLK220 型推土机变速器设有四个前进挡和四个倒退挡，每个挡位都由正挡或倒挡离合器和一个变速离合器同时工作，并在高低挡啮合套的配合下工作，三者缺一不可，其传动简图如图 2-60 所示。

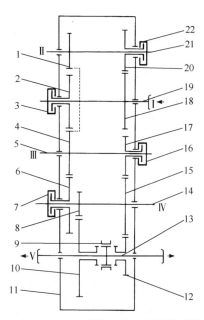

图 2-60 TLK220 型推土机变速器传动简图

1. 倒挡齿轮；2. 正挡联齿轮；3. 正挡离合器；4. 一三挡齿轮；5. 一三挡轴；6. 二四挡联齿轮；7. 二四挡离合器；8. 低挡主动齿轮；9. 高低挡啮合套；10. 低挡从动齿轮；11. 箱体；12. 高挡从动齿轮；13. 输出轴；14. 二四挡轴；15. 高挡主动齿轮；16. 一三挡离合器；17. 一三挡联齿轮；18. 正挡齿轮；19. 正挡轴；20. 倒挡联齿轮；21. 倒挡轴；22. 倒挡离合器

① 前进一挡。挂前进一挡时，正挡离合器和一三挡离合器接合，高低挡啮合套与低挡从动齿轮相啮合。此时，其动力传动途径为：正挡轴(正挡离合器接合)→正挡离合器→正挡联齿轮→一三挡齿轮→一三挡轴(一三挡离合器接合)→一三挡离合器→一三挡联齿轮→高挡主动齿轮→二四挡轴→低挡主动齿轮→低挡从动齿轮(高低挡啮合套啮合)→高

低挡啮合套→输出轴。

② 前进二挡。挂前进二挡时，正挡离合器和二四挡离合器接合，高低挡啮合套与低挡从动齿轮相啮合。此时，其动力传动途径为：正挡轴(正挡离合器接合)→正挡离合器→正挡联齿轮→一三挡齿轮→二四挡联齿轮(二四挡离合器接合)→二四挡离合器→二四挡轴→低挡主动齿轮→低挡从动齿轮(高低挡啮合套啮合)→高低挡啮合套→输出轴。

③ 前进三挡。挂前进三挡时，正挡离合器和一三挡离合器接合，高低挡啮合套与高挡从动齿轮相啮合。此时，其动力传动途径为：正挡轴(正挡离合器接合)→正挡离合器→正挡联齿轮→一三挡齿轮→一三挡轴(一三挡离合器接合)→一三挡离合器→一三挡联齿轮→高挡主动齿轮→高挡从动齿轮(高低挡啮合套啮合)→高低挡啮合套→输出轴。

④ 前进四挡。挂前进四挡时，正挡离合器和二四挡离合器接合，高低挡啮合套与高挡从动齿轮相啮合。此时，其动力传动途径为：正挡轴(正挡离合器接合)→正挡离合器→正挡联齿轮→一三挡齿轮→二四挡联齿轮(二四挡离合器接合)→二四挡离合器→二四挡轴→高挡主动齿轮→高挡从动齿轮(高低挡啮合套啮合)→高低挡啮合套→输出轴。

⑤ 倒退一挡。挂倒退一挡时，倒挡离合器和一三挡离合器接合，高低挡啮合套与低挡从动齿轮相啮合。此时，其动力传动途径为：正挡轴→正挡齿轮→倒挡联齿轮(倒挡离合器接合)→倒挡离合器→倒挡轴→倒挡齿轮→一三挡齿轮→一三挡轴(一三挡离合器接合)→一三挡离合器→一三挡联齿轮→高挡主动齿轮→二四挡轴→低挡主动齿轮→低挡从动齿轮(高低挡啮合套啮合)→高低挡啮合套→输出轴。

⑥ 倒退二挡。挂倒退二挡时，倒挡离合器和二四挡离合器接合，高低挡啮合套与低挡从动齿轮相啮合。此时，其动力传动途径为：正挡轴→正挡齿轮→倒挡联齿轮(倒挡离合器接合)→倒挡离合器→倒挡轴→倒挡齿轮→一三挡齿轮→二四挡联齿轮(二四挡离合器接合)→二四挡离合器→二四挡轴→低挡主动齿轮→低挡从动齿轮(高低挡啮合套啮合)→高低挡啮合套→输出轴。

⑦ 倒退三挡。挂倒退三挡时，倒挡离合器和一三挡离合器接合，高低挡啮合套与高挡从动齿轮相啮合。此时，其动力传动途径为：正挡轴→正挡齿轮→倒挡联齿轮(倒挡离合器接合)→倒挡离合器→倒挡轴→倒挡齿轮→一三挡齿轮→一三挡轴(一三挡离合器接合)→一三挡离合器→一三挡联齿轮→高挡主动齿轮→高挡从动齿轮(高低挡啮合套啮合)→高低挡啮合套→输出轴。

⑧ 倒退四挡。挂倒退四挡时，倒挡离合器和二四挡离合器接合，高低挡啮合套与高挡从动齿轮相啮合。此时，其动力传动途径为：正挡轴→正挡齿轮→倒挡联齿轮(倒挡离合器接合)→倒挡离合器→倒挡轴→倒挡齿轮→一三挡齿轮→二四挡联齿轮(二四挡离合器接合)→二四挡离合器→二四挡轴→高挡主动齿轮→高挡从动齿轮(高低挡啮合套啮合)→高低挡啮合套→输出轴。

2) 液压控制系统

(1) 组成。

变速器液压控制系统与变矩器液压辅助系统共用相同的油路，包括主油路和辅助油路。主油路用来完成变矩器的油液补充和冷却，以及控制换挡离合器的接合与分离，以实现挡位的变换；辅助油路在拖起动发动机时工作，用来实现锁紧离合器的锁死和挡位的变换。整个油路主要由主油泵、辅助油泵、拖锁阀、变速操纵阀和四个换挡离合器等组成，如图 2-61 所示。

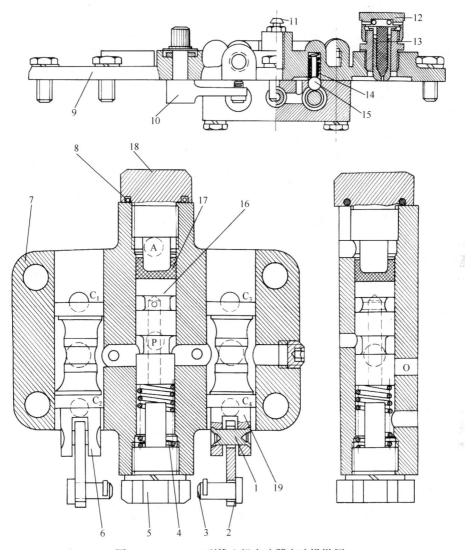

图 2-61  TLK220 型推土机变速器变速操纵阀

1. 销轴；2. 销轴叉；3. 销；4. 弹簧；5. 导向螺塞；6. 变速阀杆；7. 阀体；8. O 形密封圈；9. 变速器箱盖；10. 连杆；11. 放气螺塞；12. 透气塞盖；13. 填料；14. 弹簧；15. 定位钢球；16. 制动脱挡阀杆；17. 橡胶皮碗；18. 螺塞；19. 进退阀杆

(2) 油路途径。

主油路：当发动机正常工作时，带动主油泵工作，油液从变速器油底壳吸入，经单向阀后出油分为三路，一路进入变速操纵阀，经制动脱挡阀后进入换向阀和变速阀，从而操纵四个换挡离合器实现挂挡；另一路进入三联阀，打开主压力阀后进入液力变矩器；还有一路进入拖锁阀，以控制变矩器锁紧离合器。

辅助油路：当发动机被拖起动时，带动辅助油泵工作，油液从变速器油底壳吸入后进入拖锁阀，此时拖锁阀位于拖起动位置，出油分为两路，一路进入变速操纵阀，以操纵四个换挡离合器实现挂挡；另一路进入变矩器锁紧离合器将离合器锁死。

(3) 变速操纵阀。

变速器液压控制系统的核心部件是变速操纵阀。变速操纵阀是变速器变换挡位的主要控制元件，用螺钉安装在变速器箱体的上盖上，受驾驶室内的变速操纵杆控制，主要由进退阀、变速阀和制动脱挡阀等组成，如图 2-61 所示。进退阀和变速阀用于使机械可靠地变换挡位，制动脱挡阀用于当机械制动时，使变速器自动脱挡，从而使制动可靠。

① 结构。

进退阀、变速阀和制动脱挡阀装在一个阀体 7 内，阀体内有三个空腔，分别装有三个阀杆。进退阀杆 19 和变速阀杆 6 的结构完全相同，分别装在左、右两个空腔内；阀杆中部有钢球定位环槽，阀杆下端通过销轴 1 和连杆 10 等与操纵杆连接，通过操纵进退杆和变速杆，依靠定位钢球 15 和弹簧 14 可将进退阀杆和变速阀杆可靠地限位于空腔中的三个不同位置。制动脱挡阀杆 16 装在阀体的中间空腔内，一端装有橡胶皮碗 17，橡胶皮碗由螺塞 18 限位，另一端装有弹簧 4，弹簧一端顶在阀杆上，另一端顶在导向螺塞 5 上。

② 工作原理。

变速操纵阀的阀体上具有六个油孔和一个气孔，其中 P 为油路高压油进油口，$C_1$ 为一三挡离合器高压油口，$C_2$ 为二四挡离合器高压油口，$C_3$ 为倒挡离合器高压油口，$C_4$ 为正挡离合器高压油口，O 为通变速器油底壳油口，A 为制动气进气口。

制动脱挡阀杆受制动气体控制，当机械不制动时，制动脱挡阀杆堵住 O 孔。此时，当操纵进退杆和变速杆挂空挡时，进退阀杆和变速阀杆处于中间位置，则阀杆堵住从 P 孔通向换挡离合器四个油孔的油路，四个油孔通过阀杆两端与变速器油底壳相通，从而使从 P 孔进入变速操纵阀的高压油液无路可通，油路中大部分压力油经三联阀进入液力变矩器。从制动脱挡阀杆和中腔之间渗入阀杆上部凹槽的油可经阀杆径向孔和中心油道、平衡孔排入变速器油底壳。

当操纵进退杆挂倒退挡时，进退阀杆向上运动处于倒退挡位置，使 $C_3$ 孔通过 P 孔与进油路相通，而 $C_4$ 孔通过阀杆端部与变速器油底壳相通，此时从 P 孔来的高压油液经油道进入 $C_3$ 孔，再经箱盖油道和油管进入倒退挡离合器活塞室，从而使倒退挡离合器接合。当操纵变速杆挂一三挡时，变速阀杆向上运动处于一三挡位置，使 $C_1$ 孔通过 P 孔与进油路相通，而 $C_2$ 孔通过阀杆端部与变速器油底壳相通，此时从 P 孔来的高压油液经油道进入 $C_1$ 孔，再经箱盖油道和油管进入一三挡离合器的活塞室，从而使一三挡离合器接合。此时，机械将以倒退一挡或倒退三挡(高低挡啮合套位置)行驶。

当操纵进退阀和变速阀置于中间位置时，两个阀杆将切断进油路，两个换挡离合器的活塞室经阀杆两端与变速器油底壳相通，活塞室内的高压油液压力消失，快速泄油阀打开，从而使换挡离合器迅速分离。

变速器每个挡位都是由正挡或倒挡离合器、一个变速离合器和高低挡啮合套的工作状态决定的，变速操纵阀其余各挡的工作原理与操纵进退杆挂倒退挡原理相同，不再重述。

当机械制动时，踏下脚制动踏板，从气制动总阀(脚制动阀)来的制动气体从 A 孔进入橡胶皮碗的顶部，推动制动脱挡阀杆下行压缩弹簧，使阀杆堵死 P 孔，从而切断来油，并同时打开 O 孔，使换挡离合器的活塞室经 O 孔与变速器油底壳相通，活塞室内的高压油液压力消失，快速泄油阀打开，从而使换挡离合器分离。当松开制动踏板后，制动脱挡阀杆在弹簧的作用下上行复位，打开 P 孔，封闭 O 孔，原来挡位恢复。

### 4. TLK220A 型推土机变速器

TLK220A 型推土机与 ZLK50A 型装载机的变速器结构相同，采用常啮合直齿圆柱齿轮传动，由液压操纵换挡离合器进行换挡，可实现不停车进行高低挡切换，设有四个前进挡和四个倒退挡，主要由变速传动机构和液压控制系统组成。

1) 变速传动机构

(1) 结构。

变速传动机构用来形成不同挡位的动力传动路线，主要由箱体、传动机构和换挡离合器等组成。

① 箱体。

变速器箱体 5 通过两个吊钩 2 固定在车架上，箱体的上盖固装着变速操纵阀 10，箱体的下部为油底壳 4，箱体中部通过轴承安装有五根传动轴和一根短轴 3，如图 2-62 所示。

② 传动机构。

传动机构主要由传动轴和传动齿轮等组成，共有五根传动轴和一根短轴，即正挡轴、倒挡轴、中间轴、高低挡轴、输出轴和短轴，如图 2-63 所示。

正挡轴：正挡轴 21 左端通过花键固装着正挡齿轮 3，右端安装有输入法兰，用于与液力变矩器连接进行动力输入；轴上左、右两侧通过轴承空套着正二四挡联齿轮 4 和正一三挡联齿轮 22，轴上中间两侧安装有正二四挡离合器 24 和正一三挡离合器 23，用于分别控制正二四挡联齿轮和正一三挡联齿轮与轴的连接。

倒挡轴：倒挡轴 25 左端通过花键固装着倒挡齿轮 1，与正挡齿轮常啮合；轴上左右两侧通过轴承空套着倒二四挡联齿轮 2 和倒一三挡联齿轮 26，轴上中间两侧安装有倒二四挡离合器 28 和倒一三挡离合器 27，用于分别控制倒二四挡联齿轮和倒一三挡联齿轮与轴的连接。

中间轴：中间轴 19 左端通过花键固装着中间齿轮 5，左侧通过花键固装着二四挡输出齿轮 6，同时与正二四挡联齿轮和倒二四挡联齿轮常啮合，右侧通过花键固装着一三挡输出齿轮 20，同时与正一三挡联齿轮和倒一三挡联齿轮常啮合。

高低挡轴：高低挡轴 17 左端通过花键固装着输出主动齿轮 7，轴上左、右两侧通过轴承空套着低挡联齿轮 9 和高挡联齿轮 18，分别与中间齿轮和一三挡输出齿轮常啮合；轴上中间两侧安装有低挡离合器 8 和高挡离合器 16，用于分别控制低挡联齿轮和高挡联齿轮与轴的连接。

输出轴：输出轴 15 上通过花键固装着输出从动齿轮 10，输出从动齿轮与输出主动齿轮常啮合；输出轴左、右两端通过花键螺母固定着前桥输出接盘、后桥输出接盘，分别与前桥输出轴、后桥输出轴连接，用于输出动力。

短轴：短轴上固定着短轴齿轮，受输出从动齿轮驱动，在轴的中空位置装有单向离合器以驱动变速辅助油泵，其具体结构参见图 2-57。

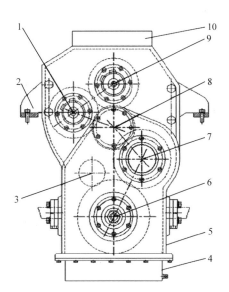

图 2-62　TLK220A 型推土机变速器箱体示意图

1. 倒挡轴；2. 吊钩；3. 短轴；4. 油底壳；5. 箱体；6. 输出轴；7. 高低挡轴；8. 中间轴；9. 正挡轴；10. 变速操纵阀

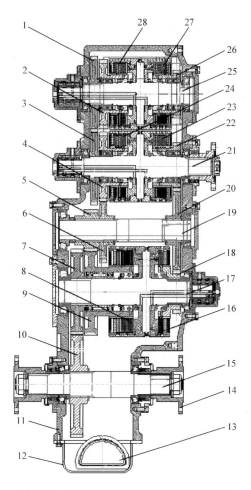

图 2-63　TLK220A 型推土机变速器结构图

1. 倒挡齿轮；2. 倒二四挡联齿轮；3. 正挡齿轮；4. 正二四挡联齿轮；5. 中间齿轮；6. 二四挡输出齿轮；7. 输出主动齿轮；8. 低挡离合器；9. 低挡联齿轮；10. 输出从动齿轮；11. 箱体；12. 油底壳；13. 滤网；14. 接盘；15. 输出轴；16. 高挡离合器；17. 高低挡；18. 高挡联齿轮；19. 中间轴；20. 一三挡输出齿轮；21. 正挡轴；22. 正一三挡联齿轮；23. 正一三挡离合器；24. 正二四挡离合器；25. 倒挡轴；26. 倒一三挡联齿轮；27. 倒一三挡离合器；28. 倒二四挡离合器

③ 换挡离合器。

变速器中有六个结构完全相同的换挡离合器，为多片湿式常分离式离合器，由液压系统进行操纵，其作用是在选择相应挡位时，将联齿轮与传动轴连接在一起，主要由内毂、外毂、内摩擦片、外摩擦片、压盘、活塞、弹簧、泄油单向阀和密封件等组成，如图 2-64 所示。

正挡轴、倒挡轴和高低挡轴上左、右两侧各安装有两个换挡离合器，每个离合器的内毂与联齿轮制成一体，通过轴承空套在传动轴上，并以外齿槽套有内摩擦片。外毂与传动轴固定连接，其上以内齿槽套有压盘和外摩擦片。内摩擦片和外摩擦片交替安装，外侧装有压盘，内侧紧靠活塞。活塞滑装在外毂与传动轴之间，可在外毂内轴向移动，

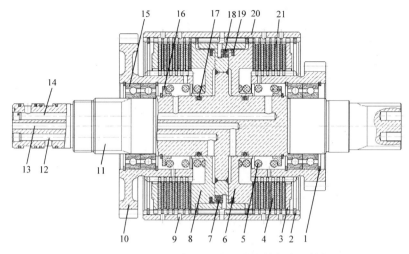

图 2-64 TLK220A 型推土机变速器换挡离合器结构图

1、2. 挡圈；3. 压盘；4. 内摩擦片；5. 弹簧；6. 右活塞；7. 左泄油单向阀；8. 左活塞；9. 泄油孔；10. 联齿轮；11. 传
动轴；12. 左压力油道；13. 右压力油道；14. 润滑冷却油道；15. 轴承；16. 弹簧座；17. O 形密封圈；18. 右泄油单向阀；
19. 密封圈；20. 外毂；21. 外摩擦片

并与外毂内端面之间形成活塞室。弹簧装在活塞内侧，一端抵在活塞上，另一端抵在弹
簧座上，并以其张力推动活塞紧靠于外毂上。

传动轴一端开有多条径向孔和轴向孔，组成两条高压油道和一条低压油道。两条高
压油道与变速操纵阀的来油相通，高压油液经此两条油道分别进入左、右两个换挡离合
器的活塞室。低压油道与散热器的出油相通，经冷却后的低压油液经此油道进入换挡离
合器，从而对离合器和轴承进行冷却和润滑。

当变速器挂上某挡位时，高压油液便进入相应换挡离合器的活塞室，活塞在高压油
液的作用下克服弹簧的张力而移动，使内摩擦片和外摩擦片紧压在活塞与压盘之间，离
合器接合，从而把内毂和外毂(传动轴和联齿轮)连成一体。此时，对于正一三挡离合器、
正二四挡离合器、倒一三挡离合器、倒二四挡离合器，动力由传动轴经离合器摩擦片依
靠摩擦作用传递给联齿轮；对于倒挡离合器和高挡离合器，动力则由联齿轮经离合器摩
擦片依靠摩擦作用传递给传动轴。当变速器位于空挡时，进入活塞室的高压油液被解除，
活塞在弹簧作用下恢复原位，内摩擦片和外摩擦片之间的压力消失，内摩擦片和外摩擦
片相互分离，即离合器分离，从而使传动轴和联齿轮之间不再传递动力。为了使换挡离
合器分离迅速、彻底，在外毂上装有泄油单向阀，其结构组成和工作原理参见 TLK220
型推土机变速器换挡离合器中的快速泄油阀。

(2) 工作原理。

TLK220A 型推土机变速器设有四个前进挡和四个倒退挡，每个挡位都由两个换挡离
合器同时工作而得到，其传动简图如图 2-65 所示。

① 前进一挡。挂前进一挡时，正一三挡离合器和低挡离合器接合，此时，其动力传
动途径为：正挡轴(正一三挡离合器接合)→正一三挡离合器→正一三挡联齿轮→一三挡输
出齿轮→中间轴→中间齿轮→低挡联齿轮(低挡离合器接合)→高低挡轴→输出主动齿轮→
输出从动齿轮→输出轴。

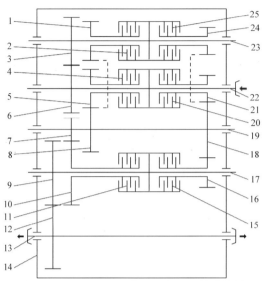

图 2-65　TLK220A 型推土机变速器传动简图

1. 倒二四挡联齿轮；2. 倒二四挡离合器；3. 倒挡齿轮；4. 正二四挡离合器；5. 正二四挡联齿轮；6. 正挡齿轮；7. 中间齿轮；8. 二四挡输出齿轮；9. 输出主动齿轮；10. 低挡联齿轮；11. 低挡离合器；12. 输出从动齿轮；13. 输入轴；14. 箱体；15. 高挡离合器；16. 高挡联齿轮；17. 高低挡轴；18. 一三挡输出齿轮；19. 中间轴；20. 正一三挡离合器；21. 正一三挡联齿轮；22. 正挡轴；23. 倒挡轴；24. 倒一三挡联齿轮；25. 倒一三挡离合器

② 前进二挡。挂前进二挡时，正二四挡离合器和低挡离合器接合，此时，其动力传动途径为：正挡轴(正二四挡离合器接合)→正二四挡离合器→正二四挡联齿轮→二四挡输出齿轮→中间轴→中间齿轮→低挡联齿轮(低挡离合器接合)→高低挡轴→输出主动齿轮→输出从动齿轮→输出轴。

③ 前进三挡。挂前进三挡时，正一三挡离合器和高挡离合器接合，此时，其动力传动途径为：正挡轴(正一三挡离合器接合)→正一三挡离合器→正一三挡联齿轮→一三挡输出齿轮→高挡联齿轮(高挡离合器接合)→高低挡轴→输出主动齿轮→输出从动齿轮→输出轴。

④ 前进四挡。挂前进四挡时，正二四挡离合器和高挡离合器接合，此时，其动力传动途径为：正挡轴(正二四挡离合器接合)→正二四挡离合器→正二四挡联齿轮→二四挡输出齿轮→中间轴→一三挡输出齿轮→高挡联齿轮(高挡离合器接合)→高低挡轴→输出主动齿轮→输出从动齿轮→输出轴。

⑤ 倒退一挡。挂倒退一挡时，倒一三挡离合器和低挡离合器接合，此时，其动力传动途径为：正挡轴→正挡齿轮→倒挡齿轮→倒挡轴(倒一三挡离合器接合)→倒一三挡离合器→倒一三挡联齿轮→一三挡输出齿轮→中间轴→中间齿轮→低挡联齿轮(低挡离合器接合)→高低挡轴→输出主动齿轮→输出从动齿轮→输出轴。

⑥ 倒退二挡。挂倒退二挡时，倒二四挡离合器和低挡离合器接合，此时，其动力传动途径为：正挡轴→正挡齿轮→倒挡齿轮→倒挡轴(倒二四挡离合器接合)→倒二四挡离合器→倒二四挡联齿轮→二四挡输出齿轮→中间轴→中间齿轮→低挡联齿轮(低挡离合器接合)→高低挡轴→输出主动齿轮→输出从动齿轮→输出轴。

⑦ 倒退三挡。挂倒退三挡时，倒一三挡离合器和高挡离合器接合，此时，其动力传动途径为：正挡轴→正挡齿轮→倒挡齿轮→倒挡轴(倒一三挡离合器接合)→倒一三挡离合

器→倒一三挡联齿轮→一三挡输出齿轮→高挡联齿轮(高挡离合器接合)→高低挡轴→输出主动齿轮→输出从动齿轮→输出轴。

⑧ 倒退四挡。挂倒退四挡时,倒二四挡离合器和高挡离合器接合,此时,其动力传动途径为:正挡轴→正挡齿轮→倒挡齿轮→倒挡轴(倒二四挡离合器接合)→倒二四挡离合器→倒二四挡联齿轮→二四挡输出齿轮→中间轴→一三挡输出齿轮→高挡联齿轮(高挡离合器接合)→高低挡轴→输出主动齿轮→输出从动齿轮→输出轴。

2) 液压控制系统

(1) 组成。

变速器液压控制系统与变矩器液压辅助系统共用相同的油路,包括主油路和辅助油路。主油路用来完成变矩器的油液补充和冷却,以及控制换挡离合器的接合与分离,以实现挡位的变换;辅助油路在拖起动发动机时工作,用来实现锁紧离合器的锁死和挡位的变换。整个油路主要由主油泵、辅助油泵、拖锁阀、变速操纵阀和六个换挡离合器等组成,如图 2-66 所示。

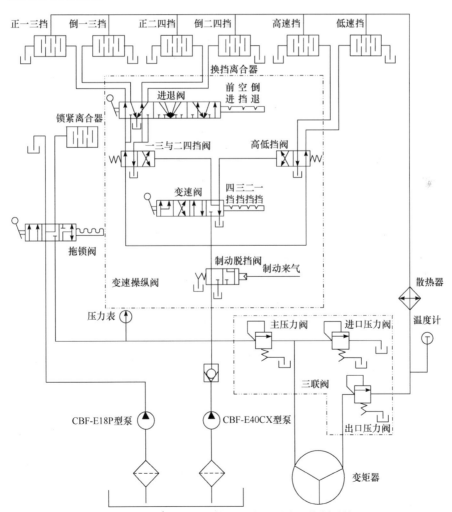

图 2-66 TLK220A 型推土机变速器液压控制系统

（2）油路途径。

主油路：当发动机正常工作时，带动主油泵工作，油液从变速器油底壳吸入，经单向阀后出油分为三路，第一路进入变速操纵阀，经制动脱挡阀后再分为三路，即一路进入变速阀，通过操纵换挡手柄分别控制一三与二四挡阀和高低挡阀的工作位置；另一路进入一三与二四挡阀后，经进退阀进入挡位离合器，使挡位离合器接合；还有一路进入高低挡阀后，流入高挡或低挡离合器，使离合器接合。第二路进入三联阀，打开土压力阀后进入液力变矩器。第三路进入拖锁阀，以控制变矩器锁紧离合器。

辅助油路：当发动机被拖起动时，带动辅助油泵工作，油液从变速器油底壳吸入后进入拖锁阀，此时拖锁阀位于拖起动位置，出油分为两路，一路进入变速操纵阀，以操纵六个换挡离合器实现挂挡；一路进入变矩器锁紧离合器，将离合器锁死。

（3）变速操纵阀。

变速器液压控制系统的核心部件是变速操纵阀。变速操纵阀是变速器变换挡位的主要控制元件，用螺钉安装在变速器箱体的上盖上，受驾驶室内的变速操纵杆控制，为机械控制式结构，主要由进退阀、变速阀、一三与二四挡阀、高低挡阀和制动脱挡阀等组成，如图 2-67 所示。进退阀、变速阀、一三与二四挡阀和高低挡阀用于使机械可靠地变换挡位，制动脱挡阀用于当机械制动时，使变速器自动脱挡，从而使制动可靠。

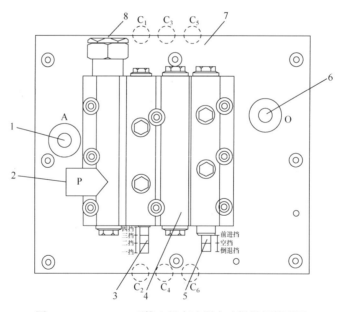

图 2-67　TLK220A 型推土机变速器变速操纵阀外形图

1. 通气孔；2. 进油口；3. 变速阀；4. 一三与二四挡阀和高低挡阀；5. 进退阀；6. 出油口；7. 变速器箱体的上盖；8. 制动脱挡阀

① 结构。

进退阀、变速阀、一三与二四挡阀、高低挡阀和制动脱挡阀装在一个阀体内，阀体用螺钉固定在变速器箱体的上盖 7 内，阀体内有四个空腔，分别装有五根阀杆。制动脱挡阀 8 的阀杆装在阀体进油口 2 的一侧空腔内，阀杆的阀体端装有弹簧，弹簧一端顶在

阀杆上，另一端顶在导向螺塞上。变速阀 3 的阀杆装在靠近制动脱挡阀的空腔内，阀杆
中部有钢球定位环槽，阀杆下端通过轴销连杆等与变速操纵杆连接，通过操纵变速阀杆，
依靠定位钢球和弹簧限位可将变速操纵阀杆可靠地限位于空腔内的四个不同位置。一三
与二四挡阀和高低挡阀的阀杆结构完全相同，分别装在变速阀 3 与进退阀 5 之间的空腔
内两端，每个阀杆的一端装有弹簧，中间用限位螺栓限位，阀腔两端用螺塞限位并密封。
进退阀 5 的阀杆装在靠近阀体出油口 6 的一侧空腔内，阀杆中部用钢球定位环槽，阀杆
下端通过轴销连杆等与进退操纵杆连接，通过操纵进退阀杆，依靠定位钢球和弹簧限位
可将进退阀杆可靠地限位于空腔内的三个不同位置。

　　② 工作原理。

　　变速操纵阀的阀体上开有八个油孔和一个气孔，其中 P 为油路高压油进油口，$C_1$ 为
正一三挡离合器高压油口，$C_2$ 为正二四挡离合器高压油口，$C_3$ 为倒一三挡离合器高压油
口，$C_4$ 为倒二四挡离合器高压油口，$C_5$ 为低挡离合器高压油口，$C_6$ 为高挡离合器高压油
口，O 为通变速器油底壳油口，A 为制动气进气口。

　　制动脱挡阀杆受制动气体控制，当机械不制动时，制动脱挡阀杆堵住 O 孔。此时，
当操纵进退杆挂空挡时，进退阀杆处于中间位置，阀杆堵住从 P 孔通向换挡离合器 $C_1$、
$C_2$、$C_3$、$C_4$ 四个油孔的油路，而四个油孔通过阀杆两端与变速器油底壳相通，从而使从
P 孔进入变速操纵阀的高压油液无路可通，油路中大部分压力油经三联阀进入液力变矩
器。当操纵进退杆挂前进一挡时，进退阀杆运动处于前进挡位置，同时变速阀杆处于一
挡位置，使 $C_1$ 和 $C_5$ 孔通过 P 孔与进油路相通，而 $C_2$、$C_3$、$C_4$ 和 $C_6$ 孔通过阀杆端部与变
速器油底壳相通，此时从 P 孔来的高压油液经油道进入 $C_3$ 和 $C_5$ 孔，再经箱盖油道和油
管进入正一三挡离合器和低挡离合器活塞室，从而使正一三挡离合器和低挡离合器接合，
此时机械将以前进一挡行驶。当操纵上述进退阀和变速阀置于中间位置时，两个阀杆将
切断进油路，两个换挡离合器的活塞室经阀杆两端与变速器油底壳相通，活塞室内的高
压油液压力消失，泄油单向阀打开，从而使换挡离合器迅速分离。变速器每个挡位都是
由四个挡位离合器中的任意一个离合器接合，同时高挡或低挡离合器中的任意一个离合
器接合而实现的，变速操纵阀其余各挡的工作原理与上例相同，不再重述。

　　当机械制动时，踏下脚制动踏板，从气制动总阀(脚制动阀)来的制动气体从 A 孔进
入制动脱挡阀，推动制动脱挡阀杆运动而堵死 P 孔，从而切断来油，并同时打开 O 孔，
使换挡离合器的活塞室经 O 孔与变速器油底壳相通，活塞室内的高压油液压力消失，泄
油单向阀打开，从而使换挡离合器分离。当松开制动踏板后，制动脱挡阀杆在弹簧的作
用下复位，打开 P 孔，封闭 O 孔，原来挡位恢复。

### 2.4.3　行星齿轮式动力换挡变速器

　　行星齿轮式动力换挡变速器将两组或多组单个行星排组合为复合行星齿轮机构，其
具有结构紧凑、传动比大、传递扭矩大等特点，在工程机械上得到了广泛的应用。下面
分别介绍柳工 ZL50 型装载机变速器、TY160 型推土机变速器、TY220 型推土机变速器
和 PD320Y-1 型推土机变速器的结构组成和工作原理。

## 1. ZL50 型装载机变速器

ZL50 型装载机变速器与双涡轮液力变矩器安装在一起,设有两个前进挡和一个倒退挡,主要由变速传动机构和液压控制系统组成。

### 1) 变速传动机构

(1) 结构。

变速传动机构用来形成不同挡位的动力传动路线,主要由箱体、变速机构、前桥和后桥驱动机构等组成,如图 2-68 所示。

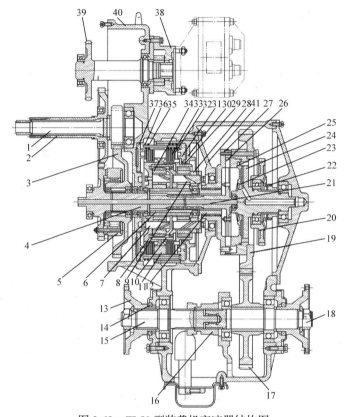

图 2-68　ZL50 型装载机变速器结构图

1. 一级涡轮轴; 2. 二级涡轮套管轴; 3. 外圈齿轮; 4. 主动轴; 5. 单向离合器总成; 6. 太阳轮; 7. 倒挡行星轮轴; 8. 倒挡行星架; 9. 一挡行星轮轴; 10. 倒挡齿轮; 11. 制动鼓; 12. 连接盘; 13. 后桥接盘; 14. 油封; 15. 后桥输出轴; 16. 啮合套; 17. 从动传动齿轮; 18. 前桥输出轴; 19. 主动传动齿轮; 20. 逆传动齿轮; 21. 中间轴; 22. 啮合套; 23. 碟形弹簧; 24. 二挡油缸体; 25. 二挡活塞; 26. 二挡摩擦盘总成; 27. 承压盘; 28. 一挡行星架; 29. 一挡齿圈; 30. 一挡油缸体; 31. 一挡活塞; 32. 一挡从动盘; 33. 一挡主动盘; 34. 倒挡行星轮; 35. 弹簧杆; 36. 分离弹簧; 37. 倒挡活塞; 38. 齿轮泵; 39. 转向油泵驱动齿轮; 40. 箱体; 41. 中盖

① 箱体。

箱体 40 与液力变矩器壳体连接在一体,固定在车架上,其右侧有加检油孔,上部有通气孔,底部有磁性过滤网和放油口。

② 变速机构。

变速机构主要由主动轴、中间轴、从动轴、倒挡行星排及其制动器、一挡行星排及其制动器和二挡离合器等组成。

主动轴、中间轴和从动轴：变速器主动轴 4 是液力变矩器的输出轴，以球轴承支承在箱体上，其左端与变矩器输出轴齿轮制成一体，外圈齿轮 3 以轴承支承在主动轴上，两齿轮之间装有单向离合器总成 5。主动轴的右端以花键与太阳轮 6 连接，太阳轮另一端以花键与中间轴 21 连接，因此主动轴的动力可直接传递给中间轴。中间轴的右端以轴承支承在从动轴的中心孔内。从动轴与二挡油缸体 24 制成一体，以轴承支承在箱体上，与中间轴之间装有二挡离合器。

倒挡行星排及其制动器：倒挡行星排安装在主动轴右侧，倒挡行星轮 34 通过倒挡行星轮轴 7 安装在倒挡行星架 8 上，同时与太阳轮 6 和倒挡齿圈 10 常啮合。倒挡行星架外圈制有齿槽，套装有倒挡制动器的主动盘，制动器的从动盘以外凸缘卡装在制动鼓 11 上，而制动鼓装在箱体内，并用轴销限位保持固定不动，为倒挡和一挡制动器所共用。倒挡活塞 37 装在箱体内，与箱体之间形成油室，通过油道与操纵阀相通。15 个分离弹簧 36 安装在制动鼓的圆周上，弹簧两端分别顶在倒挡活塞 37 和一挡活塞 31 上。

一挡行星排及其制动器：一挡行星排安装在倒挡行星排右侧，一挡行星轮通过一挡行星轮轴 9 安装在一挡行星架 28 上，同时与太阳轮 6 和一挡齿圈 29 常啮合。一挡行星架左端制有外齿与倒挡齿圈相啮合，右端与连接盘 12 用螺钉固定在一起。连接盘右端的延长毂以花键与承压盘 27 连接，承压盘以轴承支承在中盖 41 上，中盖用螺钉与箱体固定在一起。一挡齿圈的外圈制有齿槽，套装有一挡主动盘 33，一挡从动盘 32 以外凸缘卡装在制动鼓上。一挡活塞 31 装在一挡油缸体 30 内，一挡油缸体被中盖压紧在制动鼓的右端面上，活塞与油缸体之间形成油室，通过油道与操纵阀相通。

二挡离合器：二挡离合器的主动摩擦盘以螺钉固定在中间轴右端的接盘上，从动摩擦盘以外凸缘卡装在二挡油缸体 24 上，并由固定在承压盘上的圆柱销限制其转动。承压盘、二挡油缸体和主动传动齿轮 19 用螺钉固定在一起。二挡油缸体与从动轴制成一体，其内装有二挡活塞 25，二挡活塞可沿导向销轴向移动，但不能相对转动，活塞与油缸体之间形成油室，经油道与操纵阀相通。活塞左侧以卡环装有碟形弹簧 23。

③ 前桥和后桥驱动机构。

前桥和后桥驱动机构主要由从动传动齿轮、前桥输出轴、后桥输出轴和啮合套等组成。从动传动齿轮 17 以花键套装在前桥输出轴 18 上，与主动传动齿轮 19 常啮合。后桥输出轴 15 右端以滚针轴承支承在前桥输出轴左端的中心孔内，两轴均以轴承支承在箱体上。啮合套以花键与后桥输出轴连接，可轴向滑动。当前桥连接拨叉和后桥连接拨叉推动啮合套将后桥输出轴与前桥输出轴连接时，前桥输出轴上的动力从啮合套传递到后桥输出轴，形成前桥和后桥同时驱动，即四轮驱动；当啮合套不将后桥输出轴与前桥输出轴连接时，则只有前桥驱动。

(2) 工作原理。

ZL50 型装载机变速器设有两个前进挡和一个倒退挡，通过制动器或离合器的接合与分离来实现换挡，其传动简图如图 2-69 所示。

① 前进一挡。挂前进一挡时，高压油液推动一挡活塞压紧一挡制动器的主动盘和从动盘，一挡齿圈被一挡制动器所制动。此时，在一挡行星排中，齿圈被固定，动力由太阳轮输入，从行星架输出，传动比为 $1+K$，其动力传动途径为：液力变矩器→主动轴→太阳轮→一挡行星轮(一挡制动器接合，一挡齿圈被制动)→一挡行星架→连接盘→承压盘→

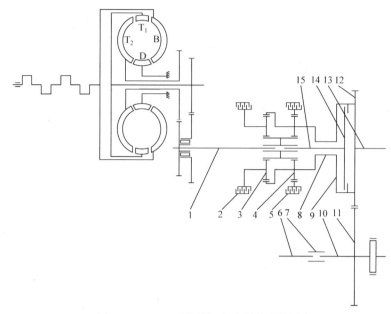

图 2-69　ZL50 型装载机变速器传动简图

1. 主动轴；2. 倒挡制动器总成；3. 倒挡行星排总成；4. 一挡行星排总成；5. 一挡制动器总成；6. 后桥输出轴；7. 啮合套；8. 接盘；9. 承压盘；10. 前桥输出轴；11. 从动传动齿轮；12. 主动传动齿轮；13. 从动轴(二挡油缸体)；14. 二挡离合器总成；15. 中间轴

二挡油缸体→主动传动齿轮→从动传动齿轮→前桥输出轴、后桥输出轴。解除挡位时，高压油被解除，一挡活塞在分离弹簧作用下回位，一挡制动器主动盘和从动盘分离，一挡齿圈制动效果被解除，一挡行星排自由转动，不传递动力。

②　前进二挡。挂前进二挡时，高压油液推动二挡活塞压紧二挡离合器的主动摩擦片和从动摩擦片，二挡离合器接合。此时，二挡离合器将主动轴、中间轴和二挡油缸体直接相连，构成直接挡，传动比为 1，其动力传动途径为：液力变矩器→主动轴→太阳轮→中间轴(二挡离合器接合)→二挡离合器→二挡油缸体→主动传动齿轮→从动传动齿轮→前桥输出轴、后桥输出轴。解除挡位时，高压油被解除，二挡活塞在碟形弹簧作用下回到原位，使主动盘和从动盘分离，二挡离合器分离，不传递动力。

③　倒退挡。挂倒退挡时，高压油液推动倒挡活塞压紧倒挡制动器的主动盘和从动盘，倒挡行星架被倒挡制动器所制动。此时，在倒挡行星排中，行星架被固定，动力由太阳轮输入，从齿圈输出，传动比为 $-K$，其动力传动途径为：液力变矩器→主动轴→太阳轮→倒挡行星轮(倒挡制动器接合，倒挡行星架被制动)→倒挡齿圈→一挡行星架→连接盘→承压盘→二挡油缸体→主动传动齿轮→从动传动齿轮→前桥输出轴、后桥输出轴。当倒挡工作时，一挡制动器是分离的，一挡行星轮与一挡齿圈处于空转，不传递动力，这时倒挡的动力只是借一挡行星架传递。解除挡位时，高压油被解除，倒挡活塞在分离弹簧作用下回位，倒挡制动器的主动盘和从动盘分离，倒挡行星架制动效果被解除，倒挡行星排自由转动，不传递动力。

2) 液压控制系统

(1) 组成。

变速器液压控制系统与液力变矩器液压辅助系统共用一个油路，主要用来控制制动器或离合器的接合与分离，实现挡位的变换，主要由变速油泵 10、制动脱挡阀 8、变速分配阀 7、倒挡液压缸 4、一挡液压缸 5 和二挡液压缸 6 等组成(图 2-34)。

(2) 油路途径。

当发动机工作时带动油泵工作，将工作油液从变速器油底壳 11 吸出，经滤清器 9 后进入变速操纵阀，然后分为两路：一路经主压力阀 2、制动脱挡阀 8 进入变速分配阀 7，然后根据阀杆的不同位置分别进入一挡液压缸 5、二挡液压缸 6 和倒挡液压缸 4，从而操纵换挡离合器实现挂前进一挡、前进二挡和倒退挡；另一路打开主压力阀 2 后，从变矩器壳体的壁孔油道进入液力变矩器(图 2-34)。

(3) 变速操纵阀。

变速器液压控制系统的核心部件是变速操纵阀。变速操纵阀装在变速箱体一侧，受驾驶室内的变速操纵杆控制，主要由主压力阀、变速分配阀、弹簧蓄能器和制动脱挡阀等组成，如图 2-70 所示。

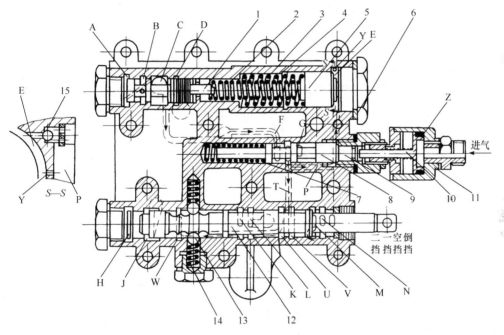

图 2-70 ZL50 型装载机变速器变速操纵阀结构图

1. 主压力阀杆；2. 小弹簧；3. 大弹簧；4. 调压圈；5. 滑块；6. 垫圈；7. 弹簧；8. 制动脱挡阀杆；9. 圆柱塞；10. 气阀活塞及杆；11. 气阀体；12. 变速分配阀杆；13. 钢球；14. 弹簧；15. 单向节流阀

① 主压力阀。主压力阀的正常工作压力为 1.1～1.5MPa，其作用是将油路的压力保持在合理的范围，将高压油液一路通往变速分配阀，另一路通往液力变矩器，当油压过高时还能起安全保护作用。主压力阀杆 1 装在阀体内，左端由螺塞限位，右端和小弹簧 2 相平衡，小弹簧右端顶住弹簧蓄能器的滑块 5。滑块除压缩小弹簧，还压缩大弹簧 3。C 腔为变速操纵阀的进油口，A 腔和 C 腔通过主压力阀杆上的小节流孔连通，B 腔和油箱连通，D 腔通液力变矩器。

当发动机正常工作时，变速油泵来油从 C 腔进入主压力阀，然后经油道 F 通过制动脱挡阀进入油道 T 通向变速分配阀。与此同时，油液通过主压力阀杆上的小节流孔进入 A 腔，从 A 腔向主压力阀杆施加压力，使主压力阀杆右移，打开通往 D 腔的油道，使变速油泵来油一部分通向液力变矩器。油道 T 内的油液还经油道 P 和节流孔 Y 进入弹簧蓄能器的 E 腔，推动滑块左移压缩大弹簧和小弹簧，使弹簧预紧力增大，系统的压力随之升高。当滑块左移到调压圈 4 处时，其被限制而不能继续左移，大弹簧和小弹簧的弹簧预紧力达到最大。此时，A 腔作用在主压力阀杆上的压力随着系统压力的升高而继续增大，推动主压力阀杆进一步右移，打开通往 B 腔的油道，使 C 腔的油液一部分经 B 腔流回油箱，压力随之降低。当系统压力降低后，在弹簧力的作用下，主压力阀杆又向左移，关闭通往 B 腔的油道，系统压力又开始上升，从而使系统压力始终保持在规定的范围内。因此，主压力阀既起到调压的作用，又起到安全阀的作用。

② 变速分配阀。变速分配阀用于控制变速器的两个制动器和一个离合器的工作。变速分配阀杆 12 装在阀体的空腔内，有倒挡、空挡、一挡和二挡四个位置，由弹簧 14 和钢球 13 进行定位，移动阀杆可分别操作一挡制动器、倒挡制动器或二挡离合器的接合与分离。阀体上的 V、U、W 三个腔始终与油道 T 连通，N、K、H 三个腔始终与油箱连通。一挡液压缸、二挡液压缸、倒挡液压缸的进油口分别与 M、L、J 腔连通，回油口分别与 N、K、H 腔连通。

当挂空挡时，拨动变速分配阀杆处于空挡位置，如图 2-71(a)所示，此时，V、U、W 三个腔与 M、L、J 三个进油腔都不通，高压油液无法进入一挡、二挡、倒挡液压缸，M、L、J 三个进油腔与 N、K、H 三个回油腔相通，直接通油箱。

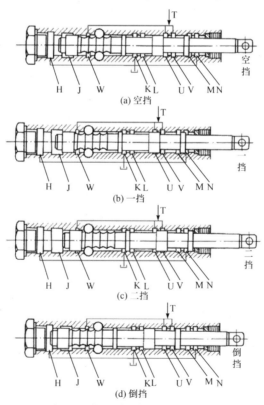

图 2-71　变速分配阀杆挡位示意图

当挂一挡时，拨动变速分配阀杆处于一挡位置，如图 2-71(b)所示，此时，V 腔与 M 腔连通，M 腔与 N 腔不连通，V 腔高压油液经 M 腔进入一挡液压缸，使一挡制动器接合，其余两挡液压缸进油口 L、J 腔与高压油液来油 U、W 均不通，而与回油口 K、H 腔相通，直接通油箱。

当挂二挡时，拨动变速分配阀杆处于二挡位置，如图 2-71(c)所示，此时，U 腔与 L 腔连通，L 腔与 K 腔不连通，U 腔高压油液经 L 腔进入二挡液压缸，使二挡离合器接合，其余两挡液压缸进油口 M、J 腔与高压油液来油 V、W 腔均不通，而与回油口 N、H 腔相通，直接通油箱。

当挂倒挡时，拨动变速分配阀杆处于倒挡位置，如图 2-71(d)所示，此时，W 腔与 J 腔连通，J 腔与 H 腔不连通，W 腔高压油液经 J 腔进入倒挡液压缸，使倒挡制动器接合，其余两挡液压缸进油口 M、L 腔与高压油液来油 V、U 腔均不通，而与回油口 N、K 腔相通，直接通油箱。

③ 弹簧蓄能器。弹簧蓄能器用于保证制动器或离合器迅速而平稳地接合，主要由滑块、弹簧和单向节流阀组成。滑块 5 装在阀体内，左端顶在大弹簧和小弹簧右端，大弹簧和小弹簧左端分别顶在主压力阀杆和阀体的凸台上。滑块右端与螺塞间形成弹簧蓄能器 E 腔，并通过单向节流阀 15 和节流孔 Y 经油道 P 与油道 T 相通(图 2-70)。

换挡时，油道 T 与所选挡位的液压缸相通，刚一连通时，油道 T 的压力迅速降到很低，此时，不仅主压力阀的来油经油道 T 进入液压缸，而且弹簧蓄能器 E 腔的高压油液打开单向阀，从油道 P 经油道 T 也进入液压缸，使液压缸内高压油液的流量迅速增大，从而使制动器或离合器迅速接合。在此过程中，E 腔高压油液流入液压缸，因此 E 腔压力降低，滑块在弹簧力的作用下右移。当高压油液充满液压缸使制动器或离合器的主动盘和从动盘开始贴紧时，油道 T 的压力开始回升，此时油道 T 内的高压油液经油道 P，使单向节流阀关闭，油液从节流孔 Y 进入弹簧蓄能器 E 腔，压缩弹簧推动滑块逐渐左移，使油路 T 的压力缓慢而不是骤然回升，从而使制动器或离合器接合平稳，减少冲击。当制动器或离合器的主动盘和从动盘完全贴紧后，油道 T 与 E 腔的压力也随之达到平衡，为下一次的换挡储备了能量。

④ 制动脱挡阀。制动脱挡阀用于在制动时使变速器自动脱挡，主要由制动阀杆、弹簧、圆柱塞、气阀活塞及杆等组成。气阀活塞及杆 10 装在气阀体 11 内，杆上套装有回位弹簧，制动脱挡阀杆 8 装在阀体内，其上也套装有弹簧 7。在非制动情况下，气阀杆位于图 2-70 所示的位置，此时油道 F 经制动脱挡阀与油道 T 相通，阀体内的 G 腔与油箱相通。

制动时，从制动系统来的压缩空气进入制动脱挡阀 Z 腔，作用在气阀活塞上推动气阀杆左移，圆柱塞 9、制动脱挡阀杆 8 也被推动向左移，从而压缩弹簧 7，使油道 F 连通油道 T 的油路被切断，同时使油道 T 连通 G 腔的油路被连通，工作液压缸中的高压油液便经油道 T 和 G 腔迅速流回油箱，从而使制动器或离合器分离，变速器自动进入空挡，有助于制动器的制动。

解除制动时，Z 腔与大气相通，在弹簧力的作用下，气阀活塞及杆向右移，圆柱塞和制动阀杆在弹簧 7 的作用下，也恢复到原来的位置，使油道 T 连通 G 腔的油路被切断，同时使油道 F 连通油道 T 的油路被连通，变速分配阀恢复正常工作，主压力阀的来油经油道 F、油道 T 进入工作液压缸，使制动器或离合器接合。

## 2. TY160 型推土机变速器

TY160 型推土机变速器采用行星齿轮传动，由液压操纵换挡离合器进行换挡，设有三个前进挡和三个倒退挡，主要由变速传动机构和液压控制系统组成。

### 1) 变速传动机构

(1) 结构。

变速传动机构用来形成不同挡位的动力传动路线，主要由箱体、传动轴、行星排和换挡离合器等组成，如图 2-72 所示。

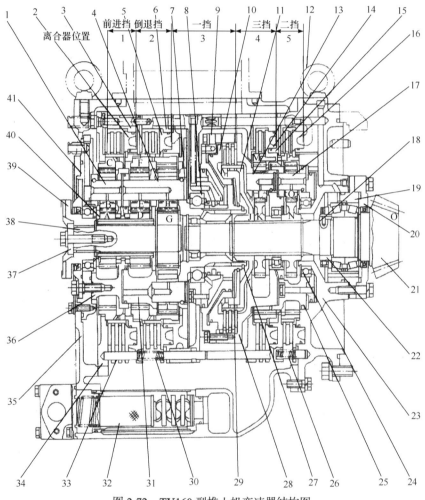

图 2-72　TY160 型推土机变速器结构图

1. 前进挡行星轮轴；2. 前进挡离合器活塞；3. 前进挡离合器缸体；4. 倒退挡行星轮轴；5. 倒退挡离合器活塞；6. 倒退挡离合器缸体；7. 弹簧挡圈；8. 轴承；9. 一挡离合器缸体；10. 一挡离合器活塞；11. 一挡离合器齿轮；12. 吊环；13. 三挡行星轮轴；14. 三挡离合器活塞；15. 三挡离合器缸体；16. 二挡离合器活塞；17. 二挡行星轮轴；18. 制动销；19. 轴承座；20. 油封座；21. 输出轴；22. 螺母；23. 后壳体；24. 弹簧挡圈；25. 二挡行星架；26. 弹簧；27. 弹簧挡圈；28. 三挡行星架；29. 碟形弹簧；30. 回位弹簧；31. 倒退挡行星架；32. 滤油器；33. 连接销；34. 前端盖；35. 变速器箱体；36. 前进挡行星架；37. 挡板；38. 输入轴；39. 连接盘；40. 弹簧挡圈；41. 输入轴轴承座；A. 前进挡太阳轮；B. 前进挡行星轮；C. 前进挡齿圈；E、H、I. 倒退挡行星轮；F. 倒退挡齿圈；D、G. 倒退挡太阳轮；J. 一挡齿轮；K. 三挡太阳轮；L. 三挡行星轮；M. 三挡齿圈；N. 二挡太阳轮；O. 二挡行星轮；P. 二挡齿圈

① 箱体。

变速器箱体 35 用于安装和保护变速器各零部件,由前端盖 34 和后壳体 23 组成,两者用螺栓连接,箱体上部安装有吊环 12,供吊装变速器使用,下部为变速器油底壳,内有变矩、变速泵进油滤油器 32。

② 传动轴。

输入轴:输入轴 38 通过滚珠轴承支承在箱体上,轴左端固定着连接盘 39,与液力变矩器涡轮轴联轴节相连,用于输入动力;轴中部空套着套管轴,套管轴上通过花键固装着前进挡太阳轮 A 和倒退挡太阳轮 D,可相对输入轴自由转动;轴右端通过花键固装着倒退挡太阳轮 G。

输出轴:输出轴 21 与主动锥齿轮制为一体,通过轴承支承在箱体上,与驱动桥中央传动装置的从动锥齿轮相啮合,用于输出动力;轴上通过花键从左至右依次固装有一挡齿轮 J、三挡太阳轮 K 和二挡太阳轮 N。

③ 行星排。

变速器共设有四个行星排,在图 2-72 中从左向右分别为:前进挡行星排、倒退挡行星排、三挡行星排和二挡行星排。

前进挡行星排:前进挡行星排中,前进挡太阳轮 A 固定在输入轴的套管轴左侧,前进挡行星架 36 通过螺钉固定在变速器箱体上,前进挡齿圈 C 通过前进挡离合器进行制动。

倒退挡行星排:倒退挡行星排为左右双行星排,左行星排为简单行星排,倒退挡太阳轮 D 固定在输入轴的套管轴右侧,行星轮为 E;右行星排为双行星轮行星排,倒退挡太阳轮 G 与输入轴固定连接,双行星轮为 H、I;左、右两行星排共用倒退挡星架 31 和倒退挡齿圈 F,倒退挡齿圈 F 通过倒退挡离合器进行制动。双行星轮行星排在简单行星排齿圈与行星轮之间再加入另一组行星轮 H,其目的是在行星排传动方案不变(输入、输出不变)的前提下,获得与简单行星排相反的旋转方向,如图 2-73 所示。

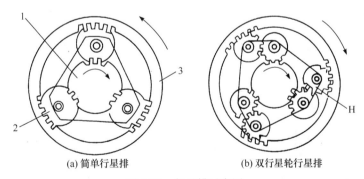

(a) 简单行星排　　　　　　　(b) 双行星轮行星排

图 2-73　行星排示意图
1. 太阳轮;2. 行星轮;3. 齿圈

三挡行星排:三挡行星排中,三挡太阳轮 K 与输出轴固定连接,为动力输出,三挡行星架 28 为动力输入,三挡齿圈 M 通过三挡离合器进行制动。

二挡行星排:二挡行星排中,二挡太阳轮 N 与输出轴固定连接,为动力输出,二挡行星架 25 为动力输入,二挡齿圈 P 通过二挡离合器进行制动。

　　倒退挡行星架 31、一挡离合器缸体 9 和三挡行星架 28 连接为一体，二挡行星架 25 与三挡齿圈 M 连接为一体。所有行星排的齿圈均没有轴承支承，都是浮动的。

　　④ 换挡离合器。

　　变速器共有五个换挡离合器，其结构形式为液压压紧、弹簧分离、湿式、常分离式离合器，摩擦片的结构尺寸相同，在图 2-72 中从左向右分别为：前进挡离合器、倒退挡离合器、一挡离合器、三挡离合器和二挡离合器。

　　除一挡离合器，其余四个离合器的结构基本相同，主要由活塞、主动盘、从动盘、连接销、回位弹簧等组成，如图 2-74 所示。从动盘 45 的内齿与齿圈 C 的外齿相啮合，主动盘 44 外径凸起部分的切槽卡装在固定在离合器缸体 3 上的连接销 33 上，可以沿连接销移动而不能转动；回位弹簧 30 套在连接销上，一端抵在离合器活塞 2 上，另一端抵在变速器箱体 35 上；离合器活塞安装在缸体内，与缸体一起组成高压油室，也由连接销限位，可以前后移动而不能转动。

　　换挡离合器接合时，来自速度控制阀的高压油液，通过离合器缸体上的入口进入离合器高压油室，在高压油液的作用下，推动活塞压缩回位弹簧，将从动盘与主动盘压紧在一起，利用摩擦力将从动盘制动，从而将齿圈 C 制动。换挡离合器分离时，来自速度控制阀的高压油液被切断，油压作用消失，活塞在回位弹簧的作用下回到原来位置，主动盘与从动盘相互分离，摩擦作用消失，从而使齿圈 C 解除制动。

　　一挡离合器的结构形式与其余四个离合器有所不同，主要由活塞、主动盘、从动盘、碟形弹簧等组成，如图 2-75 所示。从动盘 47 的内齿与离合器齿轮 11 相啮合，离合器齿轮通过花键固定在输出轴上；主动盘 48 的外齿与三挡行星架 28 的内齿相啮合；离合器活塞 10 安装在离合器缸体内，与缸体一起组成高压油室，在活塞外端，安装有球单向阀 46，碟形弹簧一端抵在活塞上，另一端抵在固定在缸体上的弹簧挡圈上。

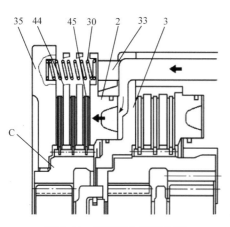

图 2-74　换挡离合器结构图

2. 离合器活塞；3. 离合器缸体；30. 回位弹簧；33. 连接销；35. 变速器箱体；44. 换挡离合器主动盘(钢片)；45. 换挡离合器从动盘；C. 齿圈

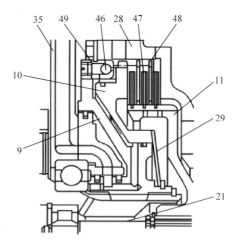

图 2-75　一挡离合器结构图

9. 离合器缸体；10. 离合器活塞；11. 离合器齿轮；21. 输出轴；28. 三挡行星架；29. 碟形弹簧；35. 变速器箱体；46. 球单向阀；47. 一挡离合器从动盘；48. 一挡离合器主动盘(钢片)；49. 阀座

一挡离合器接合时，来自速度控制阀的高压油液，通过离合器缸体上的油道，进入离合器活塞室，在高压油液的作用下，一方面推动球单向阀的钢球关闭阀座 49 上的油孔，另一方面推动活塞压缩碟形弹簧使主动盘和从动盘压紧在一起，实现动力传递。一挡离合器分离时，来自速度控制阀的高压油液被切断，油压作用消失，球单向阀的钢球在离心力的作用下向外移动，使活塞室中的油液经阀座上的油孔，快速泄入变速器壳体，从而消除高压油液因受到离心力作用不能快速从进油口排除的影响，此时活塞在碟形弹簧作用下快速回位，使主动盘与从动盘相互分离，摩擦作用消失，动力传递解除。球单向阀的具体结构如图 2-59 所示。

(2) 工作原理。

TY160 型推土机变速器设有三个前进挡和三个倒退挡，每个挡位都由两个换挡离合器同时工作而得到，其传动简图如图 2-76 所示。

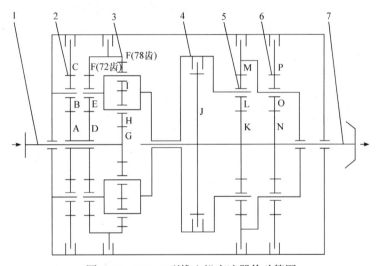

图 2-76　TY160 型推土机变速器传动简图

1. 输入轴；2. 前进挡行星排；3. 倒退挡行星排；4. 一挡离合器；5. 三挡行星排；6. 二挡行星排；7. 输出轴

① 前进一挡。挂前进一挡时，高压油液控制前进挡离合器和一挡离合器接合。在前进挡行星排中，齿圈被制动，而且行星架又被固定在变速器箱体上，因此前进挡太阳轮 A 不能转动，与前进挡太阳轮 A 同轴连接的倒退挡太阳轮 D 也不能转动，此时，从输入轴输入的动力首先传递到倒退挡行星排中的右行星排，倒退挡太阳轮 G 为输入，行星架因外负载固定不动，倒退挡齿圈 F 为输出，再传递到左行星排，倒退挡齿圈 F 为输入，倒退挡太阳轮 D 固定不动，行星架为输出，然后继续向后传递；在一挡离合器中，一挡离合器主、从动部分接合，一挡齿轮 J 与输出轴连接。其动力传动途径为：液力变矩器→输入轴→倒退挡太阳轮 G→倒退挡双行星轮 H、I(前进挡离合器接合)→倒退挡齿圈 F→倒退挡行星轮 E→倒退挡行星架(一挡离合器接合)→一挡离合器→一挡齿轮 J→输出轴(图 2-72)。

② 前进二挡。挂前进二挡时，高压油液控制前进挡离合器和二挡离合器接合。在二挡行星排中，二挡齿圈 P 被制动，行星架为输入，二挡太阳轮 N 为输出。其动力传动途

径为：液力变矩器→输入轴→倒退挡太阳轮 G→倒退挡双行星轮 H、I(前进挡离合器接合)→倒退挡齿圈 F→倒退挡行星轮 E→倒退挡行星架→一挡离合器缸体→三挡行星架。在此，动力分两路输出：一路是三挡行星架→三挡太阳轮 K→输出轴；另一路是三挡行星架→三挡齿圈 M→二挡行星架(二挡离合器接合)→二挡太阳轮 N→输出轴。

③ 前进三挡：挂前进三挡时，高压油液控制前进挡离合器和三挡离合器接合。在三挡行星排中，三挡齿圈 M 被制动，行星架为输入，三挡太阳轮 K 为输出。其动力传动途径为：液力变矩器→输入轴→倒退挡太阳轮 G→倒退挡双行星轮 H、I(前进挡离合器接合)→倒退挡齿圈 F→倒退挡行星轮 E→倒退挡行星架→一挡离合器缸体→三挡行星架(三挡离合器接合)→三挡太阳轮 K→输出轴。

④ 倒退一挡。挂倒退一挡时，高压油液控制倒退挡离合器和一挡离合器接合。在倒退挡行星排中，从输入轴输入的动力首先传递到右双行星轮行星排，倒退挡齿圈 F 被制动，倒退挡太阳轮 G 为输出，行星架为输出，由于是双行星轮结构，此时行星架的旋转方向与前进挡离合器接合时的旋转方向相反；再传递到左行星排，倒退挡齿圈 F 固定不动，行星架为输入，倒退挡太阳轮 D 为输出，将带动输入轴上的套管轴空转，不向外输出动力。在一挡离合器中，一挡离合器主、从动部分接合，一挡齿轮 J 与输出轴连接。其动力传动途径为：液力变矩器→输入轴→倒退挡太阳轮 G→倒退挡双行星轮 H、I(倒退挡离合器接合)→倒退挡行星架(一挡离合器接合)→一挡离合器→一挡齿轮 J→输出轴。

⑤ 倒退二挡。挂倒退二挡时，高压油液控制倒退挡离合器和二挡离合器接合。其动力传动途径为：液力变矩器→输入轴→倒退挡太阳轮 G→倒退挡双行星轮 H、I(倒退挡离合器接合)→倒退挡行星架→一挡离合器缸体→三挡行星架。在此,动力分两路输出：一路是三挡行星架→三挡太阳轮 K→输出轴；另一路是三挡行星架→三挡齿圈 M→二挡行星架(二挡离合器接合)→二挡太阳轮 N→输出轴。

⑥ 倒退三挡。挂倒退三挡时，高压油液控制倒退挡离合器和三挡离合器接合。其动力传动途径为：液力变矩器→输入轴→倒退挡太阳轮 G→倒退挡双行星轮 H、I(倒退挡离合器接合)→倒退挡行星架→一挡离合器缸体→三挡行星架(三挡离合器接合)→三挡太阳轮 K→输出轴。

2) 液压控制系统

(1) 组成。

变速器液压控制系统与液力变矩器液压辅助系统共用一个油路，主要用来控制换挡离合器的接合与分离，实现挡位的变换，主要由液力传动油泵 3、调压阀 5、速回阀 6、减压阀 7、变速阀 8 和进退阀 9 等组成，如图 2-27 所示。

(2) 油路途径。

当发动机工作时带动液力传动油泵 3 工作，将工作油液从变速器油底壳吸入，经过带有细滤器安全阀 20 的细滤器 4 后，分为两路：一路经速回阀 6 和减压阀 7 后，进入变速阀 8 和进退阀 9,操纵变速阀接合三挡位离合器中的一个和操纵进退阀接合两个进退离合器中的一个，从而实现挂三个前进挡和三个倒退挡；另一路打开调压阀 5 后进入液力变矩器 11。

(3) 变速操纵阀。

变速器液压控制系统的核心部件是变速操纵阀。变速操纵阀安装在变速器箱体顶部，受驾驶室内的变速操纵杆控制，分为叠放在一起的上阀块和下阀块两个阀块，主要由调压阀、速回阀、减压阀、变速阀和进退阀等五个阀组成，如图 2-77 所示。

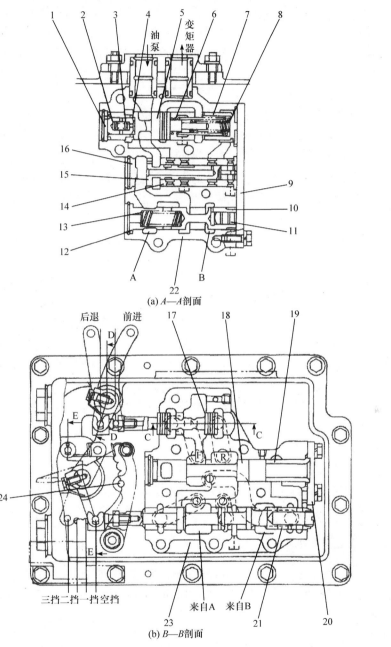

(a) A—A剖面

(b) B—B剖面

图 2-77　TY160 型推土机变速器变速操纵阀

1. 阀块；2. 阀芯(B)；3. 阀芯弹簧；4. 阀芯(A)；5. 调压阀杆；6、8. 调压阀弹簧；7. 调压阀套；9. 侧盖；10. 减压阀杆；11. 活塞；12. 挡套；13. 减压阀弹簧；14. 阀杆套；15. 速回阀杆；16. 螺堵；17. 进退阀；18. 阀杆；19. 定位套；20. 盖板；21. 变速阀杆；22. 阀体；23. 变速阀体；24. 变速阀杆定位钢球；油口 F. 通前进挡离合器；油口 R. 通倒退挡离合器；油口①. 通一挡离合器；油口②. 通二挡离合器；油口③. 通三挡离合器

图 2-77(a)中 A—A 剖面，阀块 1 内装有调压阀杆 5、速回阀杆 15 和减压阀杆 10。液

力传动油泵来油从阀块 1 左上油口进入，通往液力变矩器的油液经右上油口流出，阀体内下部 A、B 两环槽分别通往阀块的左三环槽和右三环槽。图 2-77(b)中 *B—B* 剖面，阀块的阀体内装有进退阀杆 17 和变速阀杆 21，其底部油口 F 与进退阀左侧环槽连通，通向前进挡离合器；油口 R 与进退阀右侧环槽连通，通向倒退挡离合器；油口①与变速阀右侧第二环槽连通，通向一挡离合器；油口②与变速阀右侧第五环槽连通，通向二挡离合器；油口③与变速阀左侧第一环槽连通，通向三挡离合器；变速阀右侧第四环槽与阀块两端部连通，通往油箱。

调压阀和速回阀的作用是供给换挡离合器所需的工作压力,满足离合器可靠传递扭矩的要求，其正常工作压力为 2MPa。当操纵变速杆换挡时，相应挡位离合器的高压油室充满油液后油压开始上升，调压阀和速回阀自动开始调节，使离合器内油压的上升梯度不随换挡操纵速度的变化而变化，以适当的比率逐渐升高至规定值(2MPa)，从而使离合器平稳地接合，防止机械起步时的振动，保证动力传动系统的耐用性和驾驶操作的舒适性。

减压阀设置在速回阀和变速阀之间，其作用是控制通往一挡离合器的油压，使其保持为 1.25MPa。减压阀右侧开有环槽，在变速阀杆处于一挡位置时，该环槽通往阀块变速阀右侧第二环槽(通一挡离合器的环槽)。调压阀把整个液压系统油路油压调定在 2MPa，只有一挡离合器油路油压是 1.25MPa。当一挡离合器内油压升至 1.25MPa 时，减压阀杆左移，封闭阀块 1 中减压阀的右侧环槽，切断通往一挡离合器的高压油路，使一挡离合器油压保持在 1.25MPa。在发动机正常起动后，一挡离合器将一直保持此压力，因此当操纵变速杆挂前进一挡时，油泵只需要给前进挡离合器供油而不需要向一挡离合器供油，这样能够缩短换挡离合器的充油时间，有利于机械起步。当机械由前进一挡换至前进二挡或三挡时，前进挡离合器已充满高压油液，只需要给二挡或三挡离合器提供高压油液，从而缩短了机械换挡时间。当机械变换倒退挡时，换挡离合器的供油情况与上述情况类似。

变速阀的作用是根据需要确定变速器的工作挡位，其结构形式为四位多路方向阀，具有空挡、一挡、二挡、三挡四个位置，依靠钢球定位。换向阀的作用是变换挡位的方向，其结构形式为两位两通阀，具有前进和后退两个位置。

3. TY220 型推土机变速器

TY220 型推土机变速器与 TY160 型推土机变速器一样，采用行星齿轮传动，由液压操纵换挡离合器进行换挡，设有三个前进挡和三个倒退挡，主要由变速传动机构和液压控制系统组成。

1) 变速传动机构

(1) 结构。

变速传动机构主要由箱体、传动轴、行星排和换挡离合器等组成，如图 2-78 所示。

① 箱体。

变速器箱体用于安装和保护变速器各零部件，由前箱体 1 和后箱体 18 组成，两者用螺栓连接。

② 传动轴。

输入轴：输入轴 21 贯穿整个箱体，通过轴承支承在箱体上，轴左端固定着联轴节 40，与液力变矩器涡轮轴输出接盘相连，用于输入动力；轴上左侧通过花键固装着前进挡太阳轮和倒退挡太阳轮；轴上右侧空套着套管轴 20。套管轴通过两个滚柱轴承悬臂支承在箱体上，轴上通过花键固装着三挡太阳轮、二挡太阳轮和一挡离合器从动毂，轴右端通过花键固装着主动传动齿轮 19。

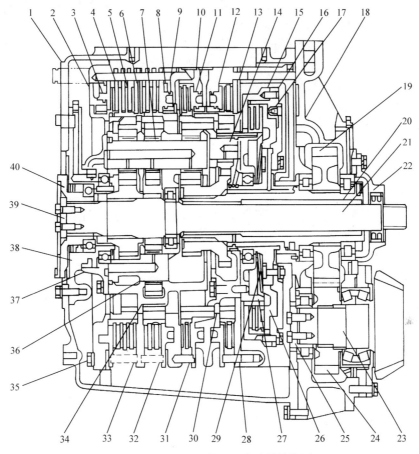

图 2-78　TY220 型推土机变速器结构图

1. 前箱体；2. 前进挡离合器油缸体；3. 前进挡离合器活塞；4. 主动盘；5. 从动盘；6. 压盘；7. 前进挡、倒退挡、三挡行星轮轴；8. 倒退挡离合器活塞；9. 倒退挡离合器油缸体；10. 三挡、二挡离合器油缸体；11. 三挡离合器活塞；12. 二挡离合器活塞；13. 压盘；14. 二挡行星轮轴；15. 一挡离合器从动毂；16. 一挡离合器油缸体；17. 球单向阀；18. 后箱体；19. 主动传动齿轮；20. 套管轴；21. 输入轴；22. 轴承座；23. 输出轴；24. 从动传动齿轮；25. 轴承挡板；26. 一挡离合器活塞；27. 一挡离合器主动毂；28. 二挡行星排弹簧；29. 碟形弹簧；30. 二挡行星架；31. 三挡行星排弹簧；32. 倒挡行星排弹簧；33. 前进挡行星排弹簧；34. 前进挡、倒退挡、三挡行星架；35. 螺栓；36. 倒退挡行星轮轴；37. 轴承座；38. 轴承座；39. 轴端挡板；40. 联轴节

输出轴：输出轴 23 与主动锥齿轮制为一体，通过轴承支承在箱体上，与驱动桥的中央传动装置的从动锥齿轮相啮合，用于输出动力；轴上通过花键固装着从动传动齿轮 24，与主动传动齿轮 19 常啮合。

③ 行星排。

变速器共设有四个行星排，在图 2-78 中从左向右分别为：前进挡行星排、倒退挡行星排、三挡行星排和二挡行星排。

前进挡行星排：前进挡行星排中，太阳轮与输入轴固定连接，为动力输入，前进挡行星架 34 为动力输出，齿圈通过前进挡离合器进行制动。

倒退挡行星排：倒退挡行星排为双行星轮行星排，太阳轮与输入轴固定连接，为动力输入，倒退挡行星架 34 为动力输出，齿圈通过倒退挡离合器进行制动。

三挡行星排：三挡行星排中，三挡行星架 34 为动力输入，太阳轮与套管轴固定连接，为动力输出，齿圈通过三挡离合器进行制动。

二挡行星排：二挡行星排中，二挡行星架 30 为动力输入，太阳轮与套管轴固定连接，为动力输出，齿圈通过二挡离合器进行制动。

前进挡行星架、倒退挡行星架和三挡行星架连接为一体，三挡齿圈、二挡行星架和一挡离合器主动毂连接为一体。所有行星排的齿圈均没有轴承支承，都是浮动的。

④ 换挡离合器。

变速器共有五个换挡离合器，除一挡离合器，其余四个离合器的结构基本相同，在图 2-78 中从左向右分别为：前进挡离合器、倒退挡离合器、三挡离合器、二挡离合器和一挡离合器，其结构组成和工作原理与 TY160 型推土机变速器的换挡离合器基本相同，如图 2-74 和图 2-75 所示。

(2) 工作原理。

TY220 型推土机变速器设有三个前进挡和三个倒退挡，每个挡位都由两个换挡离合器同时工作而得到，其传动简图如图 2-79 所示。

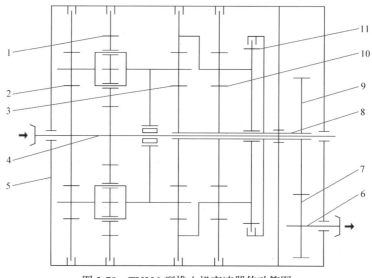

图 2-79 TY220 型推土机变速器传动简图

1. 倒退挡行星排；2. 前进挡行星排；3. 三挡行星排；4. 输入轴；5. 箱体；6. 输出轴；7. 从动传动齿轮；8. 套管轴；9. 主动传动齿轮；10. 二挡行星排；11. 一挡离合器

① 前进一挡。挂前进一挡时，高压油液控制前进挡离合器和一挡离合器接合。在前

进挡行星排中，齿圈被制动，太阳轮为输入，行星架为输出；在一挡离合器中，主动部分和从动部分接合，即三挡齿圈、二挡行星架、一挡离合器主动部分、一挡离合器从动部分、套管轴、三挡太阳轮连接成一个整体，共同在三挡行星架的驱动下旋转。其动力传动途径为：输入轴→前进挡太阳轮(前进挡离合器接合)→前进挡行星轮→前进挡行星架→倒退挡行星架→三挡行星架→三挡行星轮(一挡离合器接合)→三挡齿圈+二挡行星架+一挡离合器主动部分+一挡离合器从动部分+套管轴+三挡太阳轮→主动传动齿轮→从动传动齿轮→输出轴。

② 前进二挡。挂前进二挡时，高压油液控制前进挡离合器和二挡离合器接合。在二挡行星排中，齿圈被制动，行星架为输入，太阳轮为输出。其动力传动途径为：输入轴→前进挡太阳轮(前进挡离合器接合)→前进挡行星轮→前进挡行星架→倒退挡行星架→三挡行星架。在此，动力先分为两路输出：一路是三挡行星架→三挡行星轮→三挡齿圈→二挡行星架(二挡离合器接合)→二挡行星轮→二挡太阳轮→套管轴；另一路是三挡行星架→三挡太阳轮→套管轴。然后两路合成一路输出：套管轴→主动传动齿轮→从动传动齿轮→输出轴。

③ 前进三挡。挂前进三挡时，高压油液控制前进挡离合器和三挡离合器接合。在三挡行星排中，齿圈被制动，行星架为输入，太阳轮为输出。其动力传动途径为：输入轴→前进挡太阳轮(前进挡离合器接合)→前进挡行星轮→前进挡行星架→倒退挡行星架→三挡行星架(三挡离合器接合)→三挡太阳轮→套管轴→主动传动齿轮→从动传动齿轮→输出轴。

④ 倒退一挡。挂倒退一挡时，高压油液控制倒退挡离合器和一挡离合器接合。在倒退挡行星排中，齿圈被制动，太阳轮为输入，行星架为输出，倒退挡行星排为双行星齿轮，因此此时行星架的旋转方向与前进挡离合器接合时的旋转方向相反。其动力传动途径为：输入轴→倒退挡太阳轮(倒退挡离合器接合)→倒退挡行星轮→倒退挡行星架→三挡行星架→三挡行星轮(一挡离合器接合)→三挡齿圈+二挡行星架+一挡离合器主动部分+一挡离合器从动部分+套管轴→主动传动齿轮→从动传动齿轮→输出轴。

⑤ 倒退二挡。挂倒退二挡时，高压油液控制倒退挡离合器和二挡离合器接合。其动力传动途径为：输入轴→倒退挡太阳轮(倒退挡离合器接合)→倒退挡行星轮→倒退挡行星架→三挡行星架。在此，动力先分为两路输出：一路是三挡行星架→三挡行星轮→三挡齿圈→二挡行星架(二挡离合器接合)→二挡行星轮→二挡太阳轮→套管轴；另一路是三挡行星架→三挡太阳轮→套管轴。然后两路合成一路输出：套管轴→主动传动齿轮→从动传动齿轮→输出轴。

⑥ 倒退三挡。挂倒退三挡时，高压油液控制倒退挡离合器和三挡离合器接合。其动力传动途径为：输入轴→倒退挡太阳轮(倒退挡离合器接合)→倒退挡行星轮→倒退挡行星架→三挡行星架(三挡离合器接合)→三挡太阳轮→套管轴→主动传动齿轮→从动传动齿轮→输出轴。

2) 液压控制系统

(1) 组成。

变速器液压控制系统与液力变矩器液压辅助系统共用一个油路，主要用来控制换挡离合器的接合与分离，实现挡位的变换，主要由液力传动油泵 8、调压阀 6、速回阀 5、减压阀 4、起动安全阀 2、变速阀 3 和进退阀 1 等组成，如图 2-29 所示。

(2) 油路途径。

当发动机工作时，带动液力传动油泵 8 工作，将工作油液经粗滤器从变速器油底壳吸入，经过带有细滤器安全阀的细滤器后，分为两路：一路经调压阀 6、速回阀 5、减压阀 4、起动安全阀 2 后，进入变速阀 3 和进退阀 1，通往换挡离合器的油缸，操纵变速阀接合三个挡位离合器中的一个和操纵进退阀接合两个进退离合器中的一个，从而实现挂三个前进挡和三个倒退挡；另一路打开调压阀 6 后经进口压力阀 10 进入液力变矩器 11。

(3) 变速操纵阀组。

变速器液压控制系统的核心部件是变速操纵阀组，主要由调压阀、速回阀、减压阀、变速阀、换向阀和起动安全阀等六个阀组成，如图 2-80 和图 2-81 所示。

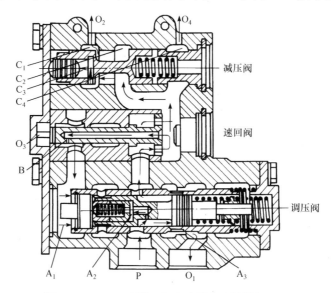

图 2-80　TY220 型推土机变速器变速操纵阀组(1)

$A_1$. 阀套背室；$A_2$. 调压阀背室；$A_3$. 溢流口；B. 节流孔；$C_1$、$C_2$、$C_4$. 减压阀环形油腔；$C_3$. 减压阀背室；$O_1$. 出油口(通液力变矩器)；$O_2$、$O_4$. 出油口(通变速阀)；$O_3$. 出油口(通油箱)；P. 进油口(接油泵来油)

① 调压阀和速回阀。

调压阀和速回阀(图 2-80)的作用是供给换挡离合器油缸所需的工作压力，满足离合器可靠传递扭矩的要求。

当操纵变速杆挂上某挡后，从油泵而来的高压油液从 P 口进入变速器操纵阀组，在变速阀和换向阀的作用下，分别进入相应的挡位离合器与方向离合器油缸，直到管路和离合器油缸的封闭空腔被完全充满，此时调压阀和速回阀均处于非工作状态；封闭空腔一旦被油液充满，油液压力随即上升，作用在调压阀背室 $A_2$ 内的活塞上，通过阀杆压缩弹簧，并相对阀套向右移动，从而打开被阀杆封闭的溢流口 $A_3$，使油液以压力 $P_1$ 经 $A_3$ 从出油口 $O_1$ 溢流到通往液力变矩器的油路中；伴随这一升压过程，高压油液推动速回阀左移，从而切断调压阀阀套背室 $A_1$ 经出油口 $O_3$ 与油箱相通的油道，使得高压油液沿速

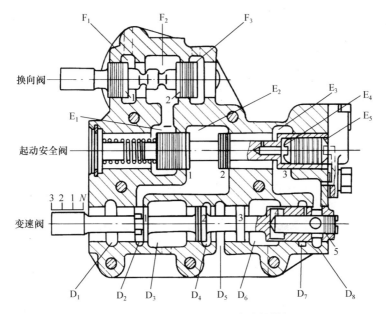

图 2-81　TY220 型推土机变速器变速操纵阀组(2)

$D_1$. 通三挡离合器；$D_2$、$D_8$. 变速阀环形油腔；$D_3$. 接减压阀 $C_4$ 腔；$D_4$. 通二挡离合器；$D_5$. 通油箱；$D_6$. 接减压阀 $C_1$ 腔；$D_7$. 通一挡离合器；$E_1$、$E_2$、$E_3$. 起动安全阀环形油腔；$E_4$. 起动安全阀阀杆背室；$E_5$. 起动安全阀背室；$F_1$. 通前进挡离合器；$F_2$. 换向阀环形油腔；$F_3$. 通倒退挡离合器

回阀上节流孔 B 进入阀套背室 $A_1$ 中。节流效应使 $A_1$ 中压力低于 $P_1$，通常把这一压力称为调压阀背压。在调压阀背压的作用下，调压阀阀套压缩弹簧跟随阀杆右移，并重新关闭溢流口 $A_3$，使得系统压力由 $P_1$ 升至 $P_2$；在 $P_2$ 的作用下，由于调压阀背室 $A_2$ 中油压的反作用，阀杆继续右移，重新开启溢流口 $A_3$，在这一升压过程中，调压阀阀套背室 $A_1$ 中的压力也会相应增大，继续推动其随阀杆向右移，并重新关闭溢流口 $A_3$，使得系统压力继续升高；重复以上过程，换挡离合器油缸内压力不断升高，当阀套移动至右端极限位置时，阀杆的溢流压力 $P_H$ 即离合器的预定工作压力。阀套被限制在这个位置不能继续移动，因此离合器工作油液压力保持在此规定值，同时保持通液力变矩器的油路处于开启状态。调压阀和速回阀的存在，保持了通往换挡离合器油液压力的合理上升梯度，使其不随换挡阀操纵速度的变化而变化，离合器得以自动平稳接合，从而确保了机械平稳地变速和起步。

② 减压阀。

减压阀(图 2-80)的作用为控制通往一挡离合器的油液压力(1.25MPa)，使其低于其他换挡离合器的工作油压(2.5MPa)，其主要由减压阀杆和调压弹簧组成。

从速回阀流入减压阀的高压油液进入减压阀背室 $C_3$，作用在背室内的活塞上，使得阀杆压缩弹簧右移，从而减少通往 $C_1$ 的油口开度，并由此产生节流效应，使 $C_1$ 的油液压力低于调压阀的预定油压，并经 $O_2$ 流入一挡离合器油缸。当油液压力达到 1.25MPa 时，通往 $C_1$ 的油口完全关闭，此时的高压油液全部经 $O_4$ 流入其余的换挡离合器油缸。

③ 变速阀与换向阀。

变速阀和换向阀的作用是根据需要确定变速器的工作挡位和方向。变速阀的结构形式为四位多路方向阀(图 2-81)，其主要由阀体和阀杆组成，具有两个进油腔和六个排油腔。

两个进油腔中，$D_3$ 与减压阀环形油腔 $C_4$ 相通，$D_6$ 与减压阀环形油腔 $C_1$ 相通；六个排油腔中，$D_1$ 通三挡离合器，$D_2$、$D_8$ 与起动安全阀油路相通，$D_4$ 通二挡离合器，$D_5$ 通油箱，$D_7$ 通一挡离合器，此外阀体两端与油箱连通构成零压回路。换向阀的结构形式为两位三路方向阀(图 2-81)，$F_1$ 通前进挡离合器，$F_2$ 与起动安全阀油路相通，$F_3$ 通倒退挡离合器，阀体两端与油箱连通构成零压回路。当操纵变速杆置于不同位置时，其工作情况如下。

空挡位置。挂空挡时，变速阀阀杆处于图 2-81 所示的位置。此时，$D_1$、$D_2$ 与起动安全阀环形油腔 $E_2$ 和换向阀环形油腔 $F_2$ 相通，均与阀体左端的零压口相通；阀杆上的台肩 1、2 将 $D_3$ 封闭，台肩 2、3 将 $D_4$、$D_5$ 连通而与油箱相通，台肩 3、4 将 $D_6$、$D_7$ 和 $D_8$ 连通，台肩 5 则将阀体右端的零压口封闭。此时阀体内的液流路线是：来自减压阀环形油腔 $C_4$ 的高压油液流入 $D_3$ 而被封闭在内，通往二挡离合器和三挡离合器油缸的 $D_4$、$D_1$ 均与阀体的零压口相通，两个离合器均处于分离状态。来自减压阀环形油腔 $C_1$ 的高压油液，一方面经台肩 4 内的油路从 $D_7$ 进入一挡离合器油缸，使一挡离合器接合；另一方面从 $D_8$ 经阀体上的油道进入起动安全阀背室 $E_5$，作用在活塞上，并推动阀杆压缩弹簧左移，将 $E_2$ 左、右两端的油孔开启，使 $E_2$ 与 $E_1$ 连通，同时将 $E_3$ 左侧油孔封闭，从而使起动安全阀开启。此时，换向阀环形油腔 $F_2$ 与变速阀左端零压口相通，使前进挡离合器和倒退挡离合器均分离。因此，在挂空挡时，仅有一挡离合器接合，无法完成动力传递。

一挡位置。挂一挡时，变速阀阀杆向左移动到一挡位置。此时，$D_1$ 仍与阀体左端的零压口相通；阀杆上的台肩 1、2 将 $D_2$、$D_3$ 与起动安全阀环形油腔 $E_2$ 连通，台肩 2、3 仍保持与 $D_4$、$D_5$ 相通，台肩 3、4 仍将 $D_6$、$D_7$ 连通，台肩 4、5 间的径向通孔仍处于 $D_7$ 内，台肩 5 将阀体右端的零压口开启，并将零压口与 $D_8$ 和起动安全阀环形油腔 $E_3$、$E_5$ 相连通。此时阀体内的液流路线是：在一挡起动安全阀开启的情况下，$E_1$ 与 $E_2$ 相通，并经节流阀与起动安全阀阀杆背室 $E_4$ 相通；来自减压阀环形油腔 $C_4$ 的高压油液经 $D_3$、$D_2$ 进入 $E_2$ 后，一方面经节流孔流入起动安全阀阀杆背室 $E_4$，并推动其中的活塞相对阀杆右移至锁止位置，从而使阀杆保持在开启位置，即保持了起动安全阀的开启；另一方面经 $E_1$ 进入换向阀环形油腔 $F_2$ 后，在换向阀的配合下，高压油液流入前进挡或倒退挡离合器油缸，使前进挡或倒退挡离合器接合。此时，来自减压阀环形油腔 $C_1$ 的高压油液仍经 $D_6$、$D_7$ 进入一挡离合器油缸，使一挡离合器接合，而通往二挡离合器和三挡离合器油缸的 $D_4$、$D_1$ 均与阀体的零压口相通，两个离合器均处于分离状态。因此，挂一挡时，可以同时接合换向离合器和一挡离合器，机械可以一挡速度前进或倒退行驶。

二挡位置。挂二挡时，变速阀阀杆向左移动到二挡位置。此时，$D_1$ 仍与阀体左端的零压口相通；阀杆上的台肩 1、3 将 $D_2$、$D_3$、$D_4$ 封闭在同一油路内，并与起动安全阀环形油腔 $E_2$ 连通；台肩 4、5 封闭 $D_6$；$D_7$、$D_8$ 与 $E_3$、$E_5$ 相通，并与阀体右端的零压口相通。与一挡情况相同，此时来自减压阀环形油腔 $C_4$ 的高压油液，一方面经 $D_3$、$D_4$ 流入二挡离合器油缸，使二挡离合器接合，而通往一挡离合器和三挡离合器油缸的 $D_7$、$D_1$ 均与阀体的零压口相通，两个离合器均处于分离状态；另一方面经 $D_2$、$E_2$、$E_1$ 流入换向阀环形油腔 $F_2$，使前进挡或倒退挡离合器接合。此时，来自减压阀环形油腔 $C_1$ 的高压油液被封闭在 $D_6$。因此，挂二挡时，可以同时接合换向离合器和二挡离合器，机械可以二挡速前进或倒退行驶。

三挡位置。挂三挡时，变速阀阀杆向左移动到三挡位置。此时，阀杆上的台肩 1、3 将 $D_1$、$D_2$、$D_3$ 封闭在同一油路中，并与 $E_2$ 连通；台肩 3、4 将 $D_4$、$D_5$ 连通；台肩 4、5 仍把 $D_6$ 封闭；$D_7$、$D_8$ 仍与 $E_3$、$E_5$ 相通，并与阀体右端的零压口相通。与前述相同，此时来自减压阀环形油腔 $C_4$ 的高压油液，一方面经 $D_3$、$D_2$、$D_1$ 流入三挡离合器油缸，使三挡离合器接合，而通往一挡离合器和二挡离合器油缸的 $D_7$、$D_4$ 均与阀体的零压口相通，两个离合器均处于分离状态；另一方面经 $D_2$、$E_2$、$E_1$ 流入换向阀环形油腔 $F_2$，使前进挡或倒退挡离合器接合。此时，来自减压阀环形油腔 $C_1$ 的高压油液仍被封闭在 $D_6$。因此，挂三挡时，可以同时接合换向离合器和三挡离合器，机械可以三挡速前进或倒退行驶。

④ 起动安全阀。

起动安全阀(图 2-81)的作用是防止发动机起动时，操纵杆处于工作挡位置，使机械自行起步。

机械正常起动时，变速操纵杆应置于空挡。此时，起动安全阀背室 $E_5$ 进入高压油液，对活塞施加第一次操纵，推动阀杆左移，将 $E_2$ 左、右两侧油孔开启，使 $E_2$ 与 $E_1$ 连通，并封闭 $E_3$ 左侧油道。在上述动作完成后，机械挂挡时，高压油液进入 $E_2$，并经节流孔进入起动安全阀阀杆背室 $E_4$，对其活塞施加第二次操纵，推动其中的活塞相对阀杆右移至锁止位置，使阀杆保持在开启位置，从而保证通往换向阀的油路开启。反之，若起动时变速操纵杆未置于空挡，无法对活塞施加第一次操纵，起动安全阀则始终处于关闭位置，通往换向阀的油路处于一直关闭状态，换向离合器不能接合，使得变速器无法进入工作挡位，因而防止了机械起动时自行起步。

4. PD320Y-1 型推土机变速器

PD320Y-1 型推土机变速器采用行星齿轮传动，由液压操纵换挡离合器进行换挡，设有三个前进挡和三个倒退挡，如图 2-82 所示。图中从左至右五个换挡离合器分别为前进挡离合器、倒退挡离合器、三挡离合器、二挡离合器和一挡离合器。

PD320Y-1 型推土机变速器的结构、工作原理和液压控制系统与 TY220 型推土机变速器基本相同，可参考相关内容，在此不再赘述。

### 2.4.4 变速器常见故障判断与排除

变速器在工作过程中，各零件不仅承受着各种力的作用，而且彼此相对运动频繁。随着工作时间和行驶里程的增加，变速器各零件可能产生磨损、变形和裂纹等损伤，使相互间配合间隙失常，引发各种故障。

1. 缺挡

1) 故障现象

缺挡是指某一挡或某几挡位故障，而其他挡位是正常的。如缺一挡，即将变速杆挂在前进一挡或后退一挡后，机械不能行走，而挂入其他挡位后，机械正常行走。若缺前进挡，则是将变速杆挂入前进各挡位后，机械均不能行走，而挂入后退各挡位后，机械行走均正常，严重时所有挡位均失效。

2) 故障原因

(1) 活塞腔内油压不能建立。

所缺挡位活塞腔内油压不能建立，挂入该挡时，换挡离合器的主动摩擦片和从动摩擦片不能压紧，从而造成动力无法传递，引起活塞腔内油压不能建立的主要原因是：

① 所缺挡位液压缸密封环损坏或装反；

② 所缺挡位供油油道有裂纹；

③ 对于旋转离合器的挡位，还有可能是钢球止回阀脱落或油道上的旋转密封环损坏；

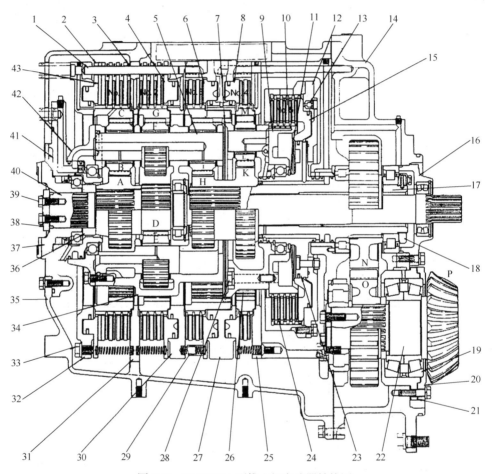

图 2-82　PD320Y-1 型推土机变速器结构图

1. 连接销；2. 前进挡离合器活塞；3. 弹簧圈；4. 倒退挡离合器活塞；5. 前进挡、倒退挡、三挡行星轮轴；6. 三挡离合器活塞；7. 弹簧挡圈；8. 二挡离合器活塞；9. 一挡离合器主动毂；10. 一挡离合器摩擦片总成；11. 碟形弹簧；12. 一挡离合器从动毂；13. 球单向阀；14. 后箱体；15. 一挡离合器活塞；16. 轴承座；17. 套管轴；18. 螺母；19. 轴承；20. 盖；21. 轴承座；22. 输出轴；23. 套管轴座；24. 波形弹簧；25. 挡板；26. 二挡行星轮；27. 三挡、二挡离合器缸体；28. 螺栓；29. 套筒；30. 倒退挡离合器缸体；31. 挡板；32. 前进挡离合器缸体；33. 螺栓；34. 前进挡、倒退挡、三挡行星架；35. 前箱体；36. 隔圈；37. 联轴器；38. 挡板；39. 螺栓；40. 输入轴；41. 轴承座；42. 保持架；43. 压板；A. 前进挡太阳轮(齿数33)；B. 前进挡行星轮(齿数24)；C. 前进挡齿圈(齿数81)；D. 倒退挡太阳轮(齿数21)；E. 倒退挡行星轮(齿数23)；F. 倒退挡行星轮(齿数24)；G. 倒退挡齿圈(齿数81)；H. 三挡太阳轮(齿数33)；I. 三挡行星轮(齿数24)；J. 三挡齿圈(齿数81)；K. 二挡太阳轮(齿数42)；L. 二挡行星轮(齿数19)；M. 二挡齿圈(齿数81)；N. 主动驱动齿轮(齿数29)；O. 从动驱动齿轮(齿数24)；P. 锥齿轮

④ 对于安装有减压阀离合器的挡位，例如，TY220 型推土机变速器的一挡就安装了减压阀，若减压阀通往小活塞腔的小孔堵塞，则减压阀将失去减压作用，进入一挡的将是压力为 2.5MPa 的压力油，这将引起一挡油道中旋转密封环的过早磨损，造成缺一挡。

(2) 离合器烧蚀。

若挂上前进挡，主油压不下降，机械前进，而挂上倒退挡，主油压也不下降，机械只前进而不后退，则说明前进挡离合器烧蚀，应拆下前进挡离合器检修。反之，只后退不前进则说明倒退挡离合器烧蚀，其他挡位情况也是如此。

3) 排除方法

为了弄清是否为变速器内部的原因，可在变速操纵阀总成拆卸后，用 0.8MPa 左右的压力空气向各挡进油口充气，此时应能听到换挡离合器的接合声，若没有这种声音，则会听到明显的漏气声，说明该换挡离合器有故障，应立即拆下检修。

若缺整个前进挡或倒退挡，则应拆下前进挡或倒退挡离合器，观察离合器摩擦片的烧蚀情况，进行检修或更换。

2. 无空挡

1) 故障现象

(1) 变速操纵杆处于空挡位置时，机械不能停车；

(2) 起动发动机后，没有挂任何挡位，机械就开始行走。

2) 故障原因

(1) 变速拉杆调整不当或发生位移，引起变速操纵阀的误动作或中立位置关闭不彻底，即换挡离合器分离不彻底，造成变速器没有空挡；

(2) 变速器内的换挡离合器摩擦片变形或折断后卡死在摩擦片之间，引起换挡离合器分离不彻底，造成变速器没有空挡。

3) 排除方法

(1) 查看变速操纵杆是否调整得当，必要时需要拆开检查，测量位移，观察空挡时变速操纵杆是否处在中立位置，若不是，则调整空挡时的操纵杆位置；

(2) 检查换挡离合器摩擦片的变形情况，发生摩擦片变形或折断时应更换。

3. 挂挡不走车

1) 故障现象

发动机工作正常，挂任何挡，机械均不能行走。

2) 故障原因

(1) 箱内的油量不足或滤清器堵塞、管道漏油、变速泵自身损坏失去工作能力等，使得变速系统油路不通，挂入任何挡位后，活塞腔内没有压力油进入，从而造成动力无法传递；

(2) 制动脱挡阀阀芯卡住，解除制动后阀芯不回位，造成变速器始终处于空挡；

(3) 制动阀回位弹簧失效或活塞杆卡死，使得行车制动不能解除，此时不踩制动，拧松制动脱挡阀的气管接头，有空气漏出；

(4) 液力变矩器的弹性连接盘破裂或连接螺栓被切断,动力无法从液力变矩器传递到变速器,造成挂挡后不走车;

(5) 若速度阀阀芯或方向阀阀芯上的拨叉脱落或未安装好,则挂不上挡。

3) 排除方法

(1) 排除变速液压系统油路故障,以液压油箱为起点,依次判定是否为油量不足、油管泄漏、泵损坏或压力不足、油封损坏等,发现问题应立即调整;

(2) 清洗和研磨制动脱挡阀;

(3) 检修和更换行车制动阀;

(4) 更换弹性连接盘或连接螺栓;

(5) 检查调整速度阀和方向阀阀芯。

4. 等挡

1) 故障现象

变速操纵杆挂入挡位后,要等一段时间后机械才能走车。

2) 故障原因

等挡的根本原因主要是挡位活塞腔内的油压不能及时建立,造成等挡的具体原因如下:

(1) 蓄能器弹簧折断、活塞卡阻或单向节流阀堵死等,均会引起挡位活塞腔内的油压不能及时建立,造成每次挂挡都有短暂时间的等挡。

(2) 吸油部分漏油。若吸油部分漏油比较轻微,变速泵一时吸不上油,或边吸油边吸气,则油压建立起来之后机械才能起步,这种情况往往发生在停车后再起动时。此时,因吸油管中的油已流回油箱,管路中是空的,起动后怠速几分钟,油也吸不上来,需要等发动机加速后再过一段时间才能起步。等挡的吸油管路漏气之处和挂不上挡的吸油管路漏气是相同的,只是程度不同。

3) 排除方法

(1) 依次检查蓄能器弹簧、活塞和节流阀,发现折断、卡死情况应拆下更换零件或消除卡滞异物;

(2) 查看吸油油路油管有无漏油,紧固接头。

# 2.5　万向传动装置

## 2.5.1　万向传动装置的功用及组成

万向传动装置主要用于连接轴线相交且相对位置经常发生变化的两轴,并保证它们之间可靠地传递动力,一般由万向节和传动轴组成,对于距离较远的分段式传动轴,为了提高传动轴的刚度,设有中间支承。其在工程机械上的应用主要有以下几种情形:

(1) 变速器的输出轴与驱动桥的输入轴不在同一轴线上,而且工程机械在作业时,路面不平等造成车轮与驱动桥上下跳动,使得两轴线的相对位置经常发生变化。因此,必须在两轴之间设置万向传动装置,如图 2-83(a)所示。

(2) 在与独立悬架配合使用的断开式驱动桥中，驱动轮存在相对跳动，因此在差速器与车轮之间安装有万向传动装置，如图 2-83(c)所示。在转向驱动桥中，前轮既需要偏转，又需传递动力，因此将半轴分为内、外两段，用万向节连接，如图 2-83(d)所示。

(3) 连接传动的两部件虽然名义上它们的轴线是重合的，但考虑到安装不准确和在工作过程中由车架变形带来轴线的偏移，同时也考虑到拆装是否方便，在两部件之间也设置有万向传动装置，如离合器(或液力变矩器)与变速器之间，如图 2-83(b)所示。

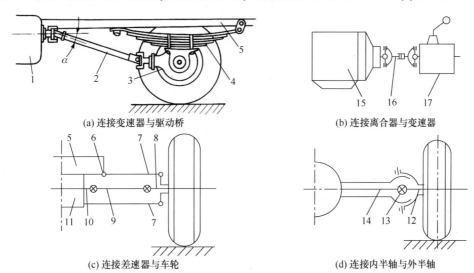

(a) 连接变速器与驱动桥                      (b) 连接离合器与变速器

(c) 连接差速器与车轮                      (d) 连接内半轴与外半轴

图 2-83   万向传动装置在工程机械上的应用

1. 变速器；2. 万向传动装置；3. 驱动桥；4. 悬架；5. 车架；6. 扭杆弹簧；7. 悬架摆臂；8. 外半轴；9. 万向传动装置；
10. 内半轴；11. 主减速器及差速器；12. 外半轴；13. 万向节；14. 内半轴；15. 离合器(或液力变矩器)；16. 万向传动装置；
17. 变速器

## 2.5.2   万向节

万向节的功用是能够在相互位置及夹角不断变化的两轴之间传递扭矩。万向节分为弹性万向节和刚性万向节两类，其中刚性万向节应用广泛，根据其传动特性，又可分为不等速万向节、准等速万向节和等速万向节。

### 1. 不等速万向节

1) 构造

目前，工程机械传动系统中使用的不等速万向节几乎都是普通十字轴万向节。普通十字轴万向节主要由主动叉、从动叉、十字轴、滚针和轴承壳等组成，如图 2-84 所示。主动叉 6 通过螺栓与主动轴连接，万向节传递较大的扭矩，因此该连接螺栓一般都由合金钢制成，不得与其他螺栓混用，更不得用任意螺栓代替。从动叉 2 与从动轴制成一体。两万向节叉上的孔分别活套在十字轴 4 的两对轴颈上。这样，当主动轴转动时，从动轴既可随之转动，又可绕十字轴中心在任意方向摆动。为了减少摩擦损失、提高传动效率，在十字轴的轴颈和万向节叉孔间装有由滚针 8 和轴承壳 9 组成的滚针轴承，并用螺钉和轴承盖板 1 将轴承壳固定在万向节叉上，并用锁片将螺钉锁紧，以防止轴承在离心力的作用下从万向节叉内脱出。为了润滑轴承，十字轴做成中空以储存润滑脂，并有油路通向轴颈，润滑脂从注油嘴 3 注入十字轴内腔。为了避免润滑脂流出和尘垢进入轴承，在十字轴的轴颈上套装着装在金属座圈内的毛毡油封 7。在十字轴的中部还装有带弹簧的安全阀 5,若十字轴内腔所加的润滑脂过多以致油的压力大于允许值,则安全阀立即被顶开,润滑脂外溢，使油封不会因油压过高损坏。

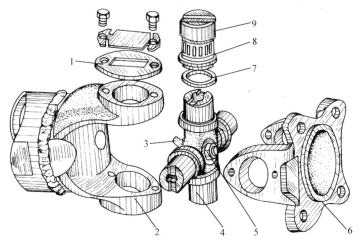

图 2-84　普通十字轴万向节
1. 轴承盖板；2. 从动叉；3. 注油嘴；4. 十字轴；5. 安全阀；6. 主动叉；7. 毛毡油封；8. 滚针；9. 轴承壳

普通十字轴万向节允许相邻两轴的最大夹角可达 15°~20°，其特点是结构简单、工艺性好、使用寿命长，而且有较高的传动效率，因此被广泛采用，但当万向节输入轴与输出轴之间夹角不为零时，两轴的角速度不相等。

除了上述的普通十字轴万向节，有的万向节的万向节叉与十字轴颈配合的圆孔不是采用整体式的，而是采用瓦盖式的，其两半瓦盖用螺钉连接固定；还有的万向节没有专门的十字轴，其万向节叉的两耳分别用螺钉和托盘连接在一起而组成十字轴，ZLK50 型装载机就是采用这种结构形式的十字轴万向节，其特点是拆装方便。

2) 传动特点

下面通过对十字轴万向节传动过程中处于两个特殊位置时的运动分析，说明单个十字轴万向节传动的不等速性。

(1) 主动叉在垂直位置，并且十字轴平面与主动轴垂直时的情况如图 2-85(a)所示。此时，主动叉与十字轴连接点 $a$ 的线速度 $v_a$ 在十字轴平面内；从动叉与十字轴连接点 $b$ 的线速度 $v_b$ 在与主动叉平行的平面内，并且垂直于从动轴。点 $b$ 的线速度 $v_b$ 可分解为在十字轴平面内的速度 $v_b'$ 和垂直于十字轴平面的速度 $v_b''$。由速度直角三角形可以看出，在数值上 $v_b > v_b'$。十字轴是对称的，即 $Oa = Ob$，且当万向节转动时，十字轴是绕定点 $O$ 转动的，因此其上 $a$、$b$ 两点在十字轴平面内的线速度在数值上应相等，即 $v_a = v_b'$，因此有 $v_b > v_a$。由此可见，当主动叉和从动叉转到所述位置时，从动轴的转速大于主动轴的转速。

(2) 主动叉在水平位置，并且十字轴平面与从动轴垂直时的情况如图 2-85(b)所示。此时，主动叉与十字轴连接点 $a$ 的线速度 $v_a$ 在平行于从动叉的平面内，并且垂直于主动轴。线速度 $v_a$ 可分解为在十字轴平面内的速度 $v_a'$ 和垂直于十字轴平面的速度 $v_a''$。同理，在数值上，$v_a > v_a'$，而 $v_a' = v_b$，因此有 $v_a > v_b$，即当主动叉和从动叉转到所述位置时，从动轴转速小于主动轴转速。

由上述两个特殊情况的分析可看出，普通十字轴万向节在传动过程中，主动轴和从动轴的转速是不等的。

图 2-85(c)表示两轴转角差($\varphi_1 - \varphi_2$)随主动轴转角 $\varphi_1$ 的变化关系。由图可见，主动轴转角 $\varphi_1$ 在 0°～90° 时，从动轴转角相对于主动轴转角是超前的，即 $\varphi_2 > \varphi_1$，且两角差在 $\varphi_1$ 为 45° 时达到最大值，随后差值减小，即在此区间内从动轴旋转速度大于主动轴旋转速度，且先加速后减速；当主动轴转到 90° 时，从动轴也同时转到 90°。$\varphi_1$ 在 90°～180° 时，从动轴转角相对于主动轴转角是滞后的，即 $\varphi_1 > \varphi_2$，并且两角差在 $\varphi_1$ 为 135° 时达到最大值，随后差值减小，即在此区间内从动轴旋转速度小于主动轴旋转速度，且先减速后加速，当主动轴转到 180° 时，从动轴也同时转到 180°，后半转情况与前半转相同。因此，主动轴以等角速转动，而从动轴是时快时慢的，即单个普通十字轴万向节在主动轴和从动轴有夹角时传动的不等速性。必须注意的是，传动的不等速性是指从动轴在旋转一周中角速度不均匀，而主动轴和从动轴平均转速是相等的，即主动轴转过一周时，从动轴也正好转过一周。

由图 2-85(c)还可看出，两轴夹角 $\alpha$ 越大，转角差($\varphi_1 - \varphi_2$)越大，即万向节传动的不等速性越严重。此现象由上述在两种特殊情况下的速度分析中也可得到说明。由图 2-85(a)和(b)可看出，$v_a$ 与 $v_b$ 的差值实际上就是 $v_a$ 与 $v_a'$ 或 $v_b$ 与 $v_b'$ 的差值，而在速度直角三角形中，若夹角 $\alpha$(主动轴和从动轴的夹角)增大，则 $v_a$ 与 $v_a'$ 或 $v_b$ 与 $v_b'$ 的差值也增大。当 $\alpha = 0$ 时，有 $v_a = v_b$，传动的不等速性消失，即单个普通十字轴万向节在主动轴和从动轴的轴线处于同一直线时，实现等速传动。

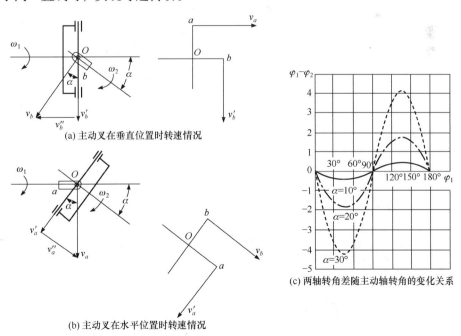

(a) 主动叉在垂直位置时转速情况

(b) 主动叉在水平位置时转速情况

(c) 两轴转角差随主动轴转角的变化关系

图 2-85　普通十字轴万向节传动的不等速性

3) 达到等速传动的正确应用

单个普通十字轴万向节的不等速性将使从动轴及与其相连的传动部件产生扭转振动，从而产生附加的交变载荷，会加剧零件的损坏，影响部件的寿命。

为了消除单个普通十字轴万向节不等速性带来的危害，可采用如图 2-86 所示的双万向节传动，利用第二个万向节的不等速效应来抵消第一个万向节的不等速效应，从而实现两轴间的等角速度传动。由运动学分析可知，要达到这一目的，必须满足以下三个条件：

(1) 使用完全相同的两个万向节；

(2) 两个万向节所连接的三根轴处于同一平面内；

(3) 第一个万向节两轴间夹角 $\alpha_1$ 与第二个万向节两轴间夹角 $\alpha_2$ 相等，并且第一个万向节的从动叉与第二个万向节的主动叉处于同一平面内。

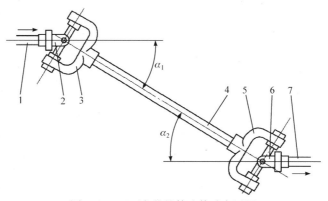

图 2-86　双万向节的等速传动布置图

1. 主动轴；2、5. 主动叉；3、6. 从动叉；4. 传动轴；7. 从动轴

主动轴和从动轴的相对位置是靠整机的总体布置设计和总装配工艺来保证的，而传动轴两端万向节叉的相对位置是靠装配传动轴时安装要求来保证的，因此在拆修后安装时必须保证传动轴两端叉头处在同一平面上。

履带式推土机通常在液力变矩器输出轴与变速器输入轴之间通过万向节进行连接，TY160 型、TY220 型、PD320Y-1 型推土机万向节结构形式相同，如图 2-87 所示，该形

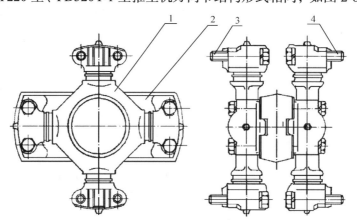

图 2-87　履带式推土机万向节

1. 十字联轴节；2. 连接板；3、4. 螺栓

式是双万向节等速传动的变形形式。

### 2. 准等速万向节

工程机械上使用的准等速万向节是根据上述双万向节实现等速传动的原理而设计制造的，常见的有双联式万向节和三销式万向节两种类型。

#### 1) 双联式万向节

双联式万向节是两个普通十字轴万向节按等速传动条件的组合，是一套传动轴长度缩小至最小的双万向节等速传动装置，如图2-88所示。

中间架 3 是将双万向节传动中的中间传动轴尽量缩短后，并把处在同一平面上的两个万向节叉合在一起而成的。可见，当 $\alpha_1 = \alpha_2$ 时，轴1和轴2的角速度一定相等。为保持 $\alpha_1$ 和 $\alpha_2$ 始终相等，在双联式万向节的结构中装有分度机构，使中间架的轴线始终平分所连两轴的夹角。

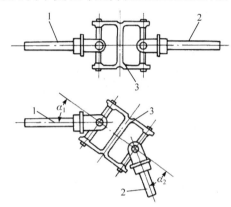

图 2-88 双联式万向节简图
1、2. 轴；3. 中间架

图2-89为一种双联式万向节结构的实例。轴8的内端有定心球头4，与锥形杯5的内球面配合组成一副球铰结构，锥形杯镶嵌在轴7的内端，球铰中心位于两个十字轴3中心连线的中点。当轴7相对于轴8摆动时，中间架2也被带动转到一定位置，使得两轴与十字轴中心连线的夹角 $\alpha_1$ 和 $\alpha_2$ 近似相等，从而保证两轴角速度近似相等，其差值在容许范围内，因此双联式万向节具有准等速性。

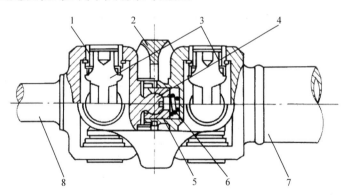

图 2-89 双联式万向节结构
1. 滚针轴承；2. 中间架；3. 十字轴；4. 定心球头；5. 锥形杯；6. 弹簧；7、8. 轴

双联式万向节允许两轴的最大夹角达50°，其特点是结构简单、制造方便、工作可靠，因此在转向驱动桥中应用较多，缺点是外形尺寸较大、布置比较困难。

#### 2) 三销式万向节

三销式万向节是由双联式万向节演变而来的，也是通过把普通十字轴万向节传动的中间轴尽量缩短而实现等速传动的。

三销式万向节主要由两个偏心轴叉1和3、两个三销轴2和4以及六个轴承、密封件等组成，如图 2-90(a)所示。主动偏心轴叉和从动偏心轴叉分别与内半轴和外半轴制成一体，叉孔中心线与叉轴中心线互相垂直但不相交。两叉由两个三销轴连接，三销轴的大端有一穿通的轴承孔，其中心线与小端轴颈中心线重合。靠近大端两侧有两轴颈，其中心线与小端中心线垂直并且相交。装配时，每一偏心轴叉的两叉孔与一个三销轴的大端两轴颈配合，两个三销轴的小端轴颈相互插入对方的大端轴承孔内。这便形成了 $Q_1 Q_1'$ 、$Q_2 Q_2'$ 和 $R\ R'$ 三根轴线，如图 2-90(b)所示。

在与主动偏心轴叉 1 相连的三销轴 4 的两个轴颈端面和轴承座 6 之间装有止推垫片 10，其余各轴颈端面均无止推垫片，且端面与轴承座之间有较大的空隙，以保证在转向时三销式万向节不致发生运动干涉现象。

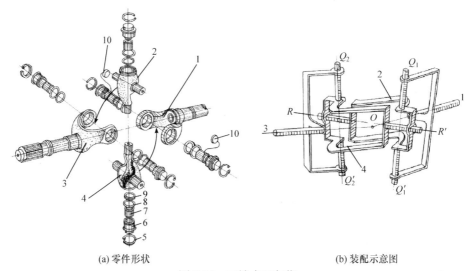

(a) 零件形状　　　　　　　　　　　　　　(b) 装配示意图

图 2-90　三销式万向节

1. 主动偏心轴叉；2、4. 三销轴；3. 从动偏心轴叉；5. 卡环；6. 轴承座；7. 衬套；8. 毛毡圈；9. 密封罩；10. 止推垫片

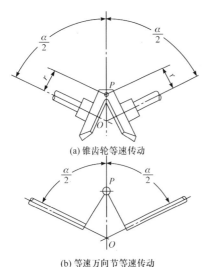

(a) 锥齿轮等速传动

(b) 等速万向节等速传动

图 2-91　等速万向节的工作原理示意图

三销式万向节允许主动轴和从动轴的最大夹角可达45°，在转向驱动桥中采用可使机械获得较小的转弯半径，从而提高机动性能，其外形尺寸虽比双联式万向节小，但所占空间仍然较大。

### 3. 等速万向节

等速万向节的基本工作原理是从结构上保证万向节在工作过程中，其传力点始终位于两轴交点的平分面上。

图 2-91(a)为一对大小和齿数相同的锥齿轮等速传动的原理示意图。两齿轮轴线的夹角为 $\alpha$ ，轮齿的接触点 $P$ 位于夹角 $\alpha$ 的等平分面上，由 $P$ 点到两轴的垂直距离都等于 $r$ 。在 $P$ 点处，两齿轮的圆周速度是相等的，因此两个齿轮旋转的角速度也相等。

与此相似，在等速万向节中，无论 $\alpha$ 如何变化，只要传力点 $P$ 始终在 $\alpha$ 的等平分面上，均可以实现等速传动，如图 2-91(b)所示。

目前，工程机械上广泛采用的等速万向节主要有球叉式万向节和球笼式万向节两种类型。

1) 球叉式万向节

球叉式万向节的结构如图 2-92(b)所示，万向节叉 1 和 5 分别与主动轴和从动轴制成一体。在两个万向节叉上，有曲线槽 2 和 4，四个传动钢球 3 放在槽中。万向节叉装合后，曲线槽 2 和 4 形成两个相交的环形槽，作为钢球滚道。定位钢球 6 放在两叉中心的凹槽内，以定中心。两个万向节叉有较小的轴向相对位移时，各传动钢球的运动轨迹就会有很大的变化，因此两个万向节叉应当精确地互相定位。为此，在两个万向节叉中心的凹槽内放入定位钢球 6，定位销 7 插入定位钢球并将其固定，而锁止销 8 又把定位销固定在叉上，从而保证中心钢球的正确位置。

传动时，万向节叉 1 的作用力经过传动钢球 3 传给万向节叉 5，传动钢球沿着曲线槽组成的环形槽移动。曲线槽的中心线是两个以 $O_1$ 和 $O_2$ 为中心、半径相等的圆交点的连线，如图 2-92(a)所示，从 $O_1$ 和 $O_2$ 至万向节中心点 $O$ 的距离相等。曲线槽的中心线在旋转时组成两个球面，两个球面相交于圆周 $n$，该圆周即钢球的运动轨迹。两个万向节叉上曲线槽的位置是对称的，因此当两轴夹角为 $\alpha$ 时，所有钢球的中心始终位于 $\alpha$ 的等分平面上，从而保证了等速传动。当万向节正转时，万向节叉的作用力经一对钢球传递；当万向节反转时，万向节叉的作用力则经另一对钢球传递。

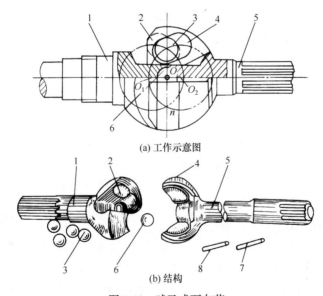

图 2-92 球叉式万向节
1、5. 万向节叉；2、4. 曲线槽；3. 传动钢球；6. 定位钢球；7. 定位销；8. 锁止销

球叉式万向节可以在两轴夹角不大于 32°～33°时正常工作，传动时只有两个钢球传递扭矩，因此钢球与曲线槽的挤压应力很大，磨损较快，而且制造工艺比较复杂，适用于中小型工程机械。

2) 球笼式万向节

球笼式万向节的结构如图 2-93 所示，星形套 4 以内花键与主动轴 5 相连，其外表面有六条凹槽，形成内滚道。球形壳 2 的内表面有对应的六条凹槽，形成外滚道，与星形套装合后形成六条环形槽，作为钢球滚道。六个钢球 6 分别装在各条环形槽中，并由球笼 3 使之保持在一个平面内。从动轴 1 与球形壳连接。

传动时，主动轴和从动轴夹角为 $\alpha$，万向节外滚道的中心与内滚道的中心分别位于万向节中心的两边且距离相等，钢球中心到内滚道和外滚道中心两点的距离也相等，所有钢球的中心始终位于 $\alpha$ 的等分平面上，球笼的内球面和外球面、星形套的外球面和球形壳的内球面均以万向节中心为球心，从而保证等速传动，动力由主动轴 5 输入，经钢球 6、球形壳 2 后，再由从动轴 1 输出。

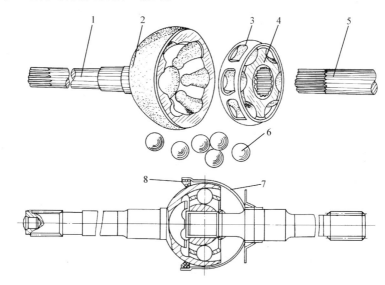

图 2-93　球笼式万向节的结构
1. 从动轴；2. 球形壳；3. 球笼；4. 星形套；5. 主动轴；6. 钢球；7. 外壳；8. 油封

球笼式万向节可以在两轴夹角不大于 35°～37°时正常工作，而且无论旋转方向如何，从主动轴到从动轴的作用力都是通过六个钢球传递的，使得钢球与凹槽的接触应力较小。与球叉式万向节相比，球笼式万向节虽然加工装配的精度要求和生产成本较高，但其承载能力强、结构紧凑、拆装方便，因此在工程机械上的应用越来越广泛，例如，JYL200G型挖掘机的转向驱动桥就使用了球笼式万向节。

新型球笼式万向节的结构如图 2-94 所示，其内滚道和外滚道是圆筒形的，在传动过程中，通过钢球 5 沿内滚道和外滚道的滚动，实现星形套 4 与外形壳 1 沿轴向相对移动，因此省去了安装滑动花键，这不仅使结构变得简单，而且钢球滚动的阻力比滑动花键的阻力小。新型球笼式万向节可在两轴夹角达 42°的情况下传递扭矩。

### 2.5.3　传动轴

传动轴一般长度较长、转速较高，而且所连接的两部件(如变速箱与驱动桥)之间的相对位置经常发生变化，因此要求传动轴长度也要相应地变化，以保证正常运转。传动轴一般具有以下特点：

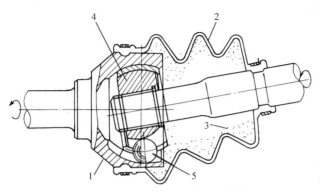

图 2-94 新型球笼式万向节的结构
1. 外形壳；2. 防尘罩；3. 润滑脂；4. 星形套；5. 钢球

(1) 广泛采用空心传动轴。在传递相同扭矩的情况下，空心轴具有更大的刚度、更轻的重量，需要更少的钢材。

(2) 使用钢板卷制对焊而成。传动轴是高速转动件，为了避免因传动轴的质量沿圆周分布不均产生离心力，从而引起转动时的剧烈振动，无缝钢管壁厚不易保证均匀，而钢板厚度较均匀，因此传动轴通常不用无缝钢管，而是用钢板卷制对焊成管形圆轴。此外，传动轴和万向节装配后要经过动平衡实验，用焊小块钢片(称为平衡块)的办法使之平衡。平衡后应在叉和轴上刻上记号，以便拆装时按照平衡时所刻记号进行装配，以保持二者原来的相对位置。

(3) 传动轴总长度可以有伸缩。传动轴制成两段，中间用花键轴和花键套相连接。传动轴的结构形式如图 2-95 所示，一端焊有花键接头轴 2，使之与万向节套管叉 1 的花键套连接，这样，传动轴总长度可以允许有伸缩，以适应其长度变化的需要。花键长度应保证传动轴在各种工作情况下既不脱开，也不顶死。为了润滑花键，通过油嘴注入润滑脂，并用油封和油封盖进行密封，有时还加装防尘套。

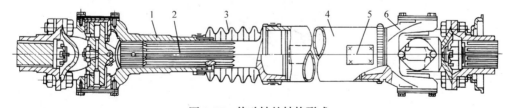

图 2-95 传动轴的结构形式
1. 万向节套管叉；2. 花键接头轴；3. 防尘罩；4. 传动轴；5. 平衡块；6. 万向节叉

为了减少花键轴和套管叉之间的摩擦损失，提高传动系的传动效率，近来有些工程机械已采用滚动花键来代替滑动花键，其结构如图 2-96 所示。

## 2.5.4 中间支承

当万向传动装置连接的两部件相距较远时，为避免传动轴管过长而产生扭转变形和弯曲共振，必须将传动轴分段并增设中间支承。通常中间支承安装在车架横梁上，除了支承传动轴，还能补偿传动轴轴向和转动方向的安装误差，以及作业时由发动机窜动或车架变形等引起的位移。

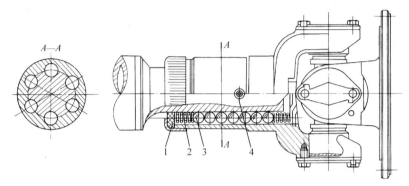

图 2-96　滚动花键传动轴结构
1. 油封；2. 弹簧；3. 钢球；4. 注油嘴

　　有的工程机械采用蜂窝软垫式中间支承，主要由 U 形支架、橡胶垫、向心球轴承、轴承座和油封等组成，其结构如图 2-97 所示。向心球轴承 3 可在轴承座 2 内轴向滑动，轴承座装在蜂窝形橡胶垫 5 内，橡胶垫通过 U 形支架 6 固定在车架横梁上。工程机械采用弹性支承，传动轴可在一定范围内沿任意方向摆动，并能随轴承一起做适当的轴向移动，因此能有效地补偿安装误差及轴向位移，此外，还能够吸收振动、减少噪声等。这种中间支承结构简单、效果良好、应用较为广泛。

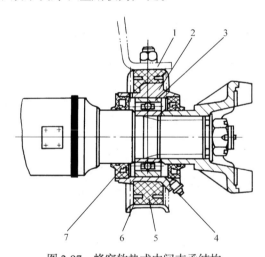

图 2-97　蜂窝软垫式中间支承结构
1. 车架横梁；2. 轴承座；3. 向心球轴承；4. 注油嘴；5. 橡胶垫；6. U 形支架；7. 油封

　　有的工程机械采用摆动式中间支承，主要由支承轴、摆臂、支承座、轴承等组成，其结构如图 2-98 所示。中间支承部分可绕支承轴 3 摆动，改善了传动轴轴向窜动时轴承的受力情况。此外，橡胶衬套 2 和 5 还能适应传动轴 8 在横向平面内少量的位置变化。

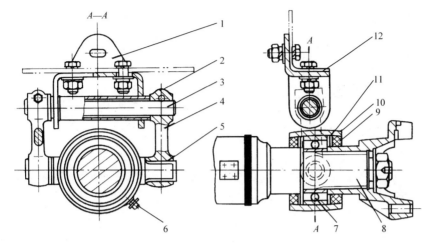

图 2-98　摆动式中间支承结构

1. 支架；2、5. 橡胶衬套；3. 支承轴；4. 摆臂；6. 注油嘴；7. 轴承；8. 传动轴；9. 油封；10. 支承座；11. 卡环；12. 车架横梁

### 2.5.5　万向传动装置常见故障判断与排除

万向传动装置在工作中，不仅要承受高转速、大扭矩和冲击载荷，还伴随有不断的振动，而且两轴间夹角不断地变化，使万向传动装置振动频率也不断地变化，容易引起各零件的磨损、变形等。万向传动装置常见的故障主要有发响和摆振，针对不同的部件，其产生原因与诊断排除方法各不一样。

**1. 十字轴万向节或传动轴撞击异响**

1) 故障现象

当十字轴万向节或传动轴撞击异响的情况发生时，机械在起步时机身发抖，并在万向节或传动轴中伴有撞击声，速度突然降低后，响声更加明显。

2) 故障原因

根据万向节、传动轴的结构特征，造成撞击异响的原因一般是部位松旷造成零部件的相互撞击，可能产生松旷的部位有：

(1) 万向节十字轴及滚针轴承磨损松旷或滚针损坏，使得万向节在旋转时不能稳定在一个中心轴上，来回摆动发生异响；

(2) 传动轴花键与键槽磨损过多，发生相对转动，扭矩无法得到有效传递；

(3) 传动轴连接螺栓松动，无法将传动轴固定在机架上，造成上下摆动发出撞击声，当速度突然降低时，传动轴在停止旋转前摆幅会增大，响声更加明显。

3) 排除方法

用手左右转动传动轴或万向节，若各零件磨损超过限度，则有明显的松旷感觉，并伴有一定的撞击声。此时，需要根据不同部位的松旷情况，查看轴承、键槽、连接螺栓等是否存在磨损严重和松动的现象，若有上述现象出现，则应对其进行更换或者紧固、调整。

2. 传动轴转动不平衡

1) 故障现象

当传动轴转动不平衡的情况发生时，机械在行驶中将产生周期性的响声，速度越高，响声越大。严重时，将使机身发抖，驾驶室振动，手握方向盘有振麻的感觉。

2) 故障原因

造成传动轴转动不平衡的主要原因有以下几个方面。

(1) 传动轴的挠度偏大。

传动轴是一个细而长的部件，在自身重力的作用下，中部会产生微量弯曲，形成挠度，如图 2-99 所示。

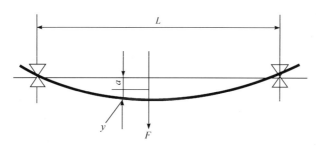

图 2-99　传动轴的弯曲振动

挠度的产生对于自由支承的较长部件是不可避免的。在使用中，传动轴弯曲的挠度不断变化，但其磨损、变形、安装不当、中间支承固定螺栓松动等，将使传动轴不平衡量增加，轻则出现不同程度的振动和响声，严重时会发生传动轴折断。

(2) 传动轴的旋转轴心线与传动轴几何轴心线不重合。

传动轴几何轴心线偏离其旋转轴心线后，出现的现象和存在挠度的情况相同，也会使传动轴产生振动和响声。传动轴几何轴心线偏离其旋转轴心线主要有两种情况：①十字轴的各轴颈端面与中心不对称；②万向节的轴承和轴颈磨损后，产生较大的松旷量，十字轴晃动，使传动轴几何轴心线与其旋转轴心线不相重合。

3) 排除方法

将机架顶起，挂上高速挡，用听和看的方法，检查传动轴的摆振情况，特别要注意转速突然下降时，其摆振是否会更大，若是，则判定传动轴存在转动不平衡的情况。另外，也可以进行路试，当轮式机械高速行驶时，听其是否有周期性的响声，以判断其传动轴是否失去转动平衡。排除故障时，若是十字轴松旷、轴承或轴颈磨损，应当更换或者调整，若是螺钉松动，则应对其进行紧固。

3. 中间支承轴承安装不当或损坏

1) 故障现象

中间支承轴承安装不当或损坏，在机械行驶中同样会发出噪声，速度越高，噪声越大，严重时还会使机架和驾驶室产生振动。

2) 故障原因

故障主要是由轴承安装不正确、轴承缺油、支架橡胶垫圈损坏及轴承前后盖固定螺栓紧度不当或松动等造成的。

3) 排除方法

通过检查和听行驶中机械处在中间支承轴承上方的安全部位是否有响声，若有响声，则应停机检查中间支承轴承前后盖的固定螺栓是否松动或过紧。若松紧合适，则再拆下分解检查轴承内部零件，若发生损坏或安装不正确，则应及时排除。

4. 万向节损伤

以球叉式万向节为例进行介绍，其他类型万向节常见故障的判断与排除参照该例进行。

1) 故障现象

球叉式万向节发生损伤，主要表现为钢球脱皮或破碎、滚道出现沟槽及短半轴(从动轴)断裂等。

2) 故障原因

(1) 缺油导致润滑效果较差，加剧磨损出现沟槽、脱皮等；

(2) 装配调整不当使钢球被挤压破碎；

(3) 驾驶操作不当。

3) 排除方法

若单向的半轴折断，则机械某侧会立即失去传动作用，使机械发生跑偏现象，因此可以立即诊断并加以排除。在前轮附近若听到"咔叽、咔叽"的响声，则是钢球破碎造成的。另外，当滚道与钢球的间隙大于一定值时，会发出"沙沙"的响声，排除该故障时需要将万向节拆解或更换。

# 2.6　轮式驱动桥

## 2.6.1　轮式驱动桥的组成及功用

1. 组成

轮式驱动桥是轮式工程机械传动系统中的最后一个大总成，是指变速器或传动轴之后、驱动轮之前所有传动部件的总称，由主传动装置 2、差速器 3、半轴 4、轮边减速器 5、桥壳 1 等零部件组成，如图 2-100 所示。主传动装置为一对锥齿轮，与差速器组成一个整体，安装在桥壳中，变速器传来的动力经主传动装置传给差速器，再经差速器和半轴传递给轮边减速器，最后传到驱动

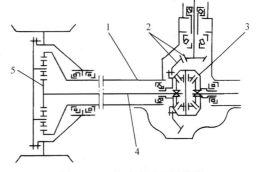

图 2-100　轮式驱动桥示意图
1. 桥壳；2. 主传动装置；3. 差速器；
4. 半轴；5. 轮边减速器

轮，驱动机械行驶。

### 2. 功用

轮式驱动桥的功用包括：
(1) 通过主传动装置改变传递扭矩的方向；
(2) 通过主传动装置和轮边减速器将变速器输出轴传来的转速降低，扭矩增大；
(3) 通过差速器解决左车轮和右车轮的差速问题；
(4) 通过差速器和半轴将动力分别传给左驱动轮和右驱动轮；
(5) 驱动桥壳起承重和传力作用。

### 2.6.2 主传动装置

#### 1. 功用

主传动装置也称为主减速器，主要用于将变速器传来的动力进一步降低转速、增大扭矩，并将动力的传递方向改变90°后经差速器传给轮边减速器。

#### 2. 分类

1) 按齿轮类型

按齿轮类型，主传动装置可分为直齿锥齿轮主传动装置、零度圆弧锥齿轮主传动装置、螺旋锥齿轮主传动装置和双曲线锥齿轮主传动装置四种，如图 2-101 所示。

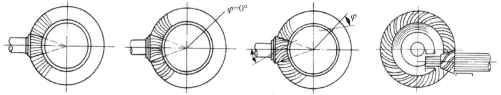

(a) 直齿锥齿轮主传动装置　(b) 零度圆弧锥齿轮主传动装置　(b) 螺旋锥齿轮主传动装置　(d) 双曲线锥齿轮主传动装置

图 2-101　主传动装置的齿轮类型简图

直齿锥齿轮的齿线形状为直线，制造简单、成本低、轴向力较小、没有附加轴向力，但其不发生根切的最少齿数较多，同时参与啮合的齿数少，传动不够均匀，噪声较大，齿轮的强度不高，在主传动装置上使用较少。零度圆弧锥齿轮的齿线形状是圆弧形，其螺旋角 $\varphi$ 等于零，没有附加轴向力，在传动平稳性与齿轮强度方面比直齿锥齿轮好，但比螺旋锥齿轮差，其不发生根切的最少齿数和轴向力与直齿锥齿轮相同。螺旋锥齿轮的齿线形状是圆弧形，螺旋角 $\varphi$ 不等于零，齿轮副中主动锥齿轮的最少齿数可以减少到六个，因此在同样传动比下可以减小从动锥齿轮的直径，从而减小整个驱动桥壳的尺寸，而且同时参与啮合的齿数较多，齿轮的强度较大，传动平稳，噪声较小，在工程机械中应用广泛，但其螺旋角 $\varphi$ 使螺旋锥齿轮除了产生一般锥齿轮所具有的轴向力，还有附加轴向力，加重了轴承的载荷，装配时需要进行准确的调整。双曲线锥齿轮的主动锥齿轮和从动锥齿轮的轴线不相交，而是偏移一定的距离，这给总体布置带来方便。

2) 按减速齿轮的级数

按减速齿轮的级数，主传动装置可分为单级主传动装置和双级主传动装置，如图 2-102 所示。

单级主传动装置是指只进行一级减速的主传动装置，通常由一对圆锥齿轮副组成，其结构简单、紧凑、质量轻、传动效率高，最大传动比可达 7.2，TLK220 型推土机、JYL200G 型挖掘机和 ZLK50 型装载机的主传动装置均采用单级主传动装置，其缺点是传动比大，从动锥齿轮及桥壳的结构尺寸大，造成机械离地间隙小，通过性能差。双级主传动装置是指进行两级减速的主传动装置，通常由一对圆锥齿轮副和一对圆柱齿轮副组成，其最大传动比可达 11，可减小从动锥齿轮尺寸，从而减小驱动桥尺寸，增加离地间隙，但其结构复杂，质量较大。

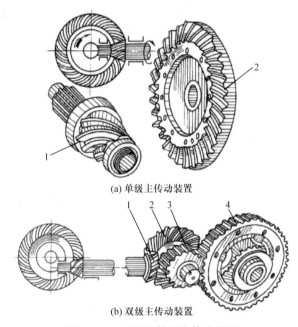

(a) 单级主传动装置

(b) 双级主传动装置

图 2-102　不同级数的主传动装置
1. 主动锥齿轮；2. 从动锥齿轮；3. 主动圆柱齿轮；4. 从动圆柱齿轮

3. 结构与原理

TLK220/TLK220A 型推土机、ZLK50/ZLK50A 型装载机的主传动装置结构相同，均采用单级螺旋锥齿轮主传动装置，减速比为 3.78。以 TLK220 型推土机主传动装置为例进行介绍，其主要由主动锥齿轮、从动锥齿轮及其支承装置组成，如图 2-103 所示。主动螺旋锥齿轮 5 与轴制成一体，采用刚性较好的两端支承，一端支承在滚柱轴承 8 上，另一端支承在滚锥轴承 7 上，形成跨置式支承。从动螺旋锥齿轮 20 用螺栓固定在差速器右壳 21 的凸缘上。差速器左壳和右壳用螺栓连接成一体后用两个滚锥轴承 13 装在主传动装置壳体上的座孔中。为了保证从动锥齿轮有足够的支承刚度，在正对其与主动锥齿轮啮合处的背面装有一个止推螺栓 23，以限制从动齿轮的变形量，其端头到齿轮背面的间隙为 0.3~0.4mm，用以防止重载时从动锥齿轮产生过大的变形而破坏齿轮的正常啮合。

主传动装置通过托架用螺钉紧固在驱动桥壳上，从而形成封闭壳体，在桥壳中装有适量的润滑油，借助从动螺旋锥齿轮的旋转而将润滑油飞溅至各处润滑齿轮和轴承。

在主传动装置中，主动螺旋锥齿轮和从动螺旋锥齿轮常啮合，因此通过传动轴传来的动力经主动螺旋锥齿轮、从动螺旋锥齿轮传递给差速器壳体。

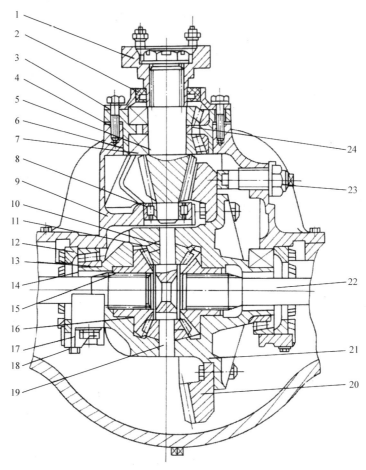

图 2-103　TLK220 型推土机主传动装置

1. 输入法兰；2. 油封；3. 密封盖；4. 调整垫片；5. 主动螺旋锥齿轮；6. 轴承座；7、13. 滚锥轴承；8. 滚柱轴承；9. 托架；10. 圆锥齿轮垫片；11. 圆锥齿轮；12. 调整螺母；13. 差速器左壳；15. 半轴齿轮；16. 半轴齿轮垫片；17. 轴承座；18. 锁紧片；19. 十字轴；20. 从动螺旋锥齿轮；21. 差速器右壳；22. 半轴；23. 止推螺栓；24. 垫片

主动螺旋锥齿轮 5 的滚锥轴承 7 轴向间隙应过盈 0.05～0.1mm，可通过增减垫片 24来进行调整厚度。从动螺旋锥齿轮 20 的滚锥轴承 13 轴向间隙应过盈 0.1～0.15mm，可通过调整螺母 12 来进行调整。主动螺旋锥齿轮和从动螺旋锥齿轮正确啮合时的齿侧间隙应为 0.2～0.3mm，空载情况下的接触印痕长度为全齿长的 2/3，距小端 2～4mm，距齿顶边缘 0.8～1.6mm，可通过调整螺母 12 和调整垫片 4 来进行调整，如图 2-104 所示。

### 2.6.3　差速器

当机械转向时，外侧车轮的转弯半径大于内侧车轮的转弯半径，因此外侧车轮的行

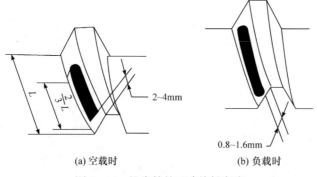

(a) 空载时　　　　　　　　　　　　(b) 负载时

图 2-104　锥齿轮的正确接触印痕

程大于内侧车轮的行程；当机械直线行驶时，内、外两侧车轮所遇情况(轮胎气压、负载、轮胎磨损、路面状况等)不一致，使得内、外两侧车轮的行程不一致。在上述情况下，若将两侧车轮用一根整轴连接，此时一侧车轮保持纯滚动，另一侧车轮就必然会一边滚动一边滑磨，而滑磨将引起轮胎的加速磨损、转向困难，并增加功率消耗。因此，在驱动桥中装有差速器，用于连接左、右两侧车轮的驱动半轴，使两侧车轮能以不同的转速旋转，从而避免车轮产生滑磨现象。

1. 普通行星齿轮式差速器

1) 结构

普通行星齿轮式差速器主要由壳体、十字轴、行星齿轮和半轴齿轮等组成，如图 2-105 所示。差速器壳体由左半壳 2 和右半壳 9 组成，用螺栓固定在一起，壳体的两端以锥形滚柱轴承 1 安装在主传动装置壳体的支座内，上面用螺钉固定着轴承盖。两轴承的外端装有调整圈，用以调整轴承的紧度，并能配合主传动齿轮轴轴承盖与壳体之间的调整垫片，调整主动锥齿轮和从动锥齿轮的啮合间隙和接触印痕。为防止松动，在调整圈外缘齿间装有锁片，并用螺钉固定在轴承盖上。十字轴 4 的四个轴颈分别装在差速器壳体的四个轴孔内，其中心线与差速器壳体的分界面重合。从动锥齿轮 10 固定在差速器右半壳 9 上，这样当从动锥齿轮转动时，就会带动差速器壳体和十字轴一起转动。四个行星齿轮 5 分别活动地装在十字轴轴颈上，两个半轴齿轮 3 分别装在十字轴的左、右两侧，与四个行星齿轮常啮合。半轴齿轮的延长套内表面制有花键，与半轴内端部的外花键相啮合，这样当十字轴转动时，十字轴传来的动力经四个行星齿轮和两个半轴齿轮分别传给左、右两个半轴。

行星齿轮背面做成球面，以保证更好地定中心以及与半轴齿轮正确啮合。行星齿轮和半轴齿轮在传动时，其背面和差速器壳体会造成相互磨损，为减少磨损，在它们之间装有承推垫片 6 和 8，当垫片磨损后，只需更换垫片即可，这样既延长了主要零件的使用寿命，也便于维修。另外，当普通行星齿轮式差速器工作时，齿轮和各轴颈及支座之间有相对的转动，为保证它们之间的润滑，在十字轴上铣有平面，并在齿轮的齿间钻有小孔，供润滑油循环润滑。在该差速器壳上还制有窗孔，以确保桥壳中的润滑油出入差速器。

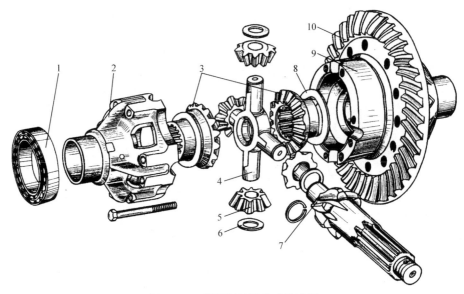

图 2-105　普通行星齿轮式差速器

1. 锥形滚柱轴承；2. 左半壳；3. 半轴齿轮；4. 十字轴；5. 行星齿轮；6、8. 承推垫片；7. 主动锥齿轮；9. 右半壳；10. 从动锥齿轮

2) 工作原理

(1) 产生转速差的工作原理。

普通行星齿轮式差速器产生转速差的工作原理简图如图 2-106(a)所示。当普通行星齿轮式差速器壳体随从动锥齿轮以角速度 $\omega$ 旋转时，行星齿轮轮心的旋转线速度为

$$v = \omega r \tag{2-11}$$

式中，$r$ 为半轴齿轮的半径。

当行星齿轮由差速器壳体带动，一起绕车轮轴线只公转而不自转时，行星齿轮轮齿与左半轴齿轮、右半轴齿轮轮齿啮合点的旋转线速度 $v_1$、$v_2$ 和行星齿轮轮心的旋转线速度 $v$ 相等，即

$$v_1 = v_2 = \omega r \tag{2-12}$$

此时，左半轴、右半轴的角速度分别为

$$\omega_1 = v_1 / r = \omega \tag{2-13}$$

$$\omega_2 = v_2 / r = \omega \tag{2-14}$$

因此，左半轴、右半轴以同一角速度 $\omega$ 旋转，即两侧车轮以相同速度行驶，在同一时间内驶过的路程相同，机械将直线行驶，这时差速器不起差速作用。

当行星齿轮由差速器壳体带动，一起绕车轮轴线既公转又自转时，轮齿啮合点的旋转线速度除了速度 $v$，还要加上行星齿轮自转所产生的相对运动速度 $\omega' r'$。设机械右转，故有

$$v_1 = v + \omega' r' \tag{2-15}$$

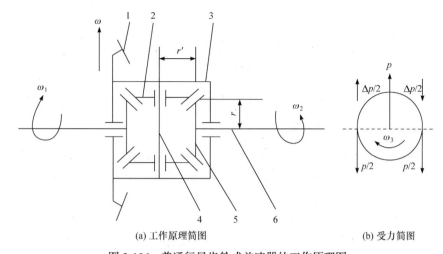

(a) 工作原理简图                              (b) 受力简图

图 2-106    普通行星齿轮式差速器的工作原理图

1. 从动锥齿轮；2. 行星齿轮；3. 差速器壳体；4. 十字轴；5. 半轴齿轮；6. 半轴

$$v_2 = v - \omega' r' \tag{2-16}$$

式中，$r'$ 为行星齿轮半径；$\omega'$ 为行星齿轮自转角速度。

将式(2-11)、式(2-13)代入式(2-15)，有

$$\omega_1 r = \omega r + \omega' r' \tag{2-17}$$

将式(2-11)、式(2-14)代入式(2-16)，有

$$\omega_2 r = \omega r - \omega' r' \tag{2-18}$$

将式(2-17)和式(2-18)相加，得

$$\omega_1 + \omega_2 = 2\omega \tag{2-19}$$

由式(2-15)~式(2-19)可知，当行星齿轮既公转又自转时，左半轴和右半轴的旋转角速度 $\omega_1$ 和 $\omega_2$ 不相等，即左车轮和右车轮以不同的速度行驶，在同一时间内驶过的路程不同，机械将转向行驶，这时差速器实现差速作用；快速半轴增加的转速(或角速度)等于慢速半轴减少的转速(或角速度)，快速半轴和慢速半轴转速(或角速度)之和为差速器壳体转速(或角速度)的 2 倍；当 $\omega = 0$ 时，$\omega_1 = -\omega_2$，表明当刹住传动轴并转动车轮时，左车轮和右车轮将以相反的方向旋转，这时普通行星齿轮式差速器由行星轮系变成了定轴齿轮系；当 $\omega_2 = 0$ 时，$\omega_1 = 2\omega$，表明当机械左轮陷入泥泞中时，左轮附着系数太小，以差速器壳体转速的 2 倍旋转，而右轮不动，此时普通行星齿轮式差速器成为以速比为 2 的行星齿轮传动。

(2) 扭矩分配的原理。

在差速器中，从主传动装置传来的力 $p$，经差速器壳体、十字轴、行星齿轮传给左、右半轴齿轮和半轴，如图 2-106(b)所示。

当机械直线行驶时，因两个半轴齿轮的半径 $r$ 是相等的，行星齿轮相当于一个等臂杠杆，此时差速器将力 $p$ 平均分配给左、右半轴齿轮，各为 $p/2$；当机械转向行驶时，差速器行星齿轮自转的驱动力 $\Delta p$ 也将平均分配给左、右半轴齿轮，各为 $\Delta p/2$，此时慢边半轴齿轮受到的附加驱动力 $\Delta p/2$ 与 $p/2$ 的方向相同，而快边半轴齿轮受到的附加驱动力 $\Delta p/2$ 与 $p/2$ 的方向相反，因此左、右两半轴所受扭矩分别为

$$M_1 = (p/2 - \Delta p/2)r \tag{2-20}$$

$$M_2 = (p/2 + \Delta p/2)r \tag{2-21}$$

若以 $\Delta pr = M_r$ 表示差速器内摩擦力矩，$pr = M_0$ 表示差速器传递的扭矩(差速器壳体上的扭矩)，则有

$$M_1 = (M_0 - M_r)/2 \tag{2-22}$$

$$M_2 = (M_0 + M_r)/2 \tag{2-23}$$

由式(2-22)和式(2-23)可见，内侧(慢边)半轴齿轮所受扭矩较大，外侧(快边)半轴齿轮所受扭矩较小，它们之间的差值等于差速器内摩擦力矩，即

$$M_2 - M_1 = M_r \tag{2-24}$$

目前，在工程机械上广泛使用的是普通行星齿轮式差速器，其内摩擦力矩 $M_r$ 很小，对半轴齿轮的受力情况影响不大，故可略去不计。因此，实际上可以认为无论差速器行星齿轮是否有自转(左、右车轮转速是否相等)，扭矩总是平均分配给左、右两半轴齿轮，即差速器差速不差力的传动特性。

### 2. 强制锁止式差速器

当工程机械一侧驱动车轮接触到滑溜路面(泥泞或冰雪路面)时，会因附着力不足产生滑转，这时作用在该车轮上的牵引力很小，而另一侧车轮虽然与路面的附着力较大，但普通行星齿轮式差速器扭矩平均分配的特性使这一车轮分配到的扭矩只能与滑转车轮上的扭矩相等，而不可能更大，因此总的牵引力就可能小到不足以克服行驶阻力，于是一侧车轮转动停止，另一侧车轮以差速器壳体转速的 2 倍旋转，使机械不能前进。

强制锁止式差速器在普通行星齿轮式差速器的结构中增加了一个能使左、右两半轴连成一体的装置——差速锁，差速锁使差速器不起差速作用，从而克服了普通行星齿轮式差速器的上述缺陷。强制锁止式差速器由普通行星齿轮式差速器和牙嵌式闭锁器及其操纵机构组成的差速锁两部分组成，如图 2-107 所示。

强制锁止式差速器右半轴 1 上通过花键与端面带齿(牙嵌)的滑动牙嵌 2 相连，差速器壳右端面上制有固定牙嵌 3。滑动牙嵌上制有环槽，操纵机构的拨叉卡入其中，可使滑动牙嵌沿半轴轴向滑动，实现与固定牙嵌的啮合与分离。当差速锁的滑动牙嵌位于图 2-107 所示的位置时，牙嵌是不啮合的，差速锁不起作用，仍按普通行星齿轮式差速器进行工作；当机械进入泥泞或冰雪等滑溜路段时，可通过操纵机构，拨动滑动牙嵌左移与固定牙嵌啮合，使强制锁止式差速器的行星齿轮、半轴齿轮相对于差速器壳体都不能相对转动，差速器即被"锁住"。这时，左、右两根半轴被刚性地连成一根整轴，不再起差速作用，当一侧驱动车轮打滑无牵引力时，从主传动装置传来的扭矩全部分配到另一侧的驱动车轮上，使其获得较大牵引力而驶出泥泞、冰雪等困难路段。需要注意的是，当机械驶出滑溜路段后，应及时松开差速锁，使行星齿轮式差速器恢复正常功能，否则会造成机械转向操纵困难和机件过载损坏。

### 3. 限滑差速器

强制锁止式差速器的差速锁由操作手通过杠杆机构或电磁机构来进行操纵，依靠外

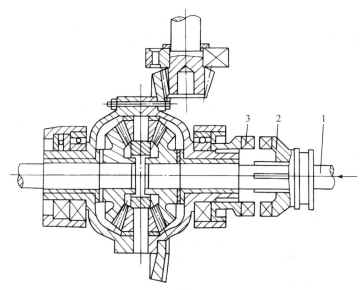

图 2-107　强制锁止式差速器
1. 右半轴；2. 滑动牙嵌；3. 固定牙嵌

力实现接合或分离。此外，还有的差速器能够根据路面的附着情况而自动地锁住，使其自动地失去或恢复差速功能，例如，TLK220A 型推土机和 ZLK50A 型装载机在驱动桥上使用的限滑差速器，其结构如图 2-108 所示。

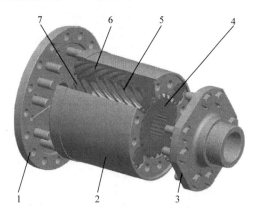

图 2-108　限滑差速器结构
1. 差速器左壳；2. 差速壳；3. 差速器右壳；4. 右从动螺旋圆柱齿轮；5. 右主动螺旋圆柱齿轮；6. 左主动螺旋圆柱齿轮；7. 左从动螺旋圆柱齿轮

　　当一侧车轮发生空转时，限滑差速器会自动做出限制两侧车轮动力输出的动作，使得一侧车轮不会继续空转，另一侧车轮可以获得足够大的动力而克服行驶阻力前进；在转弯时，限滑差速器同样会限制两侧车轮产生不同转速并进行扭矩分配，但与普通行星齿轮式差速器不同的是，限滑差速器会将动力尽量转移到外侧车轮而非内侧车轮，不仅能提高机械的转弯速度，而且能自动实现扭矩在内、外车轮间的不等分配，将绝大多数扭矩分配给不打滑车轮，从而能够充分利用机械的牵引力，有利于机械从泥泞或湿滑路面中驶出，提高机械的越野性能。

### 2.6.4 半轴及桥壳

#### 1. 半轴

轮式驱动桥的半轴是安装在差速器与轮边减速器之间的实心轴，用来将差速器传动的动力经轮边减速器传递给车轮，不设轮边减速器的驱动桥，半轴直接与差速器和驱动轮相连。

根据半轴与轮毂在桥壳上的支承形式不同，半轴可分为半浮式半轴、全浮式半轴和3/4浮式半轴三种形式，如图2-109所示。

半浮式支承形式中，半轴除传递扭矩，其外端还承受所有反力形成的弯矩，只有内端是浮动的，这种半轴称为半浮式半轴。

全浮式支承形式中，轮毂是通过两个滚锥轴承支承在桥壳上，半轴与桥壳没有直接接触，因此驱动车轮受到的各种反力(阻力矩除外)和弯矩均由轮毂通过轴承直接传给桥壳承受，半轴仅受纯扭矩作用，而两端均不承受任何反力和弯矩，这种半轴称为全浮式半轴。全浮式半轴的支承形式受力状态好，各种轮式机械的半轴几乎都是采用这种形式。

3/4浮式支承形式中，驱动车轮所受反力偏离车轮轴承中心平面的距离不大，因此半轴除传递扭矩，还承受较小的反力形成的弯矩，这种半轴称为3/4浮式半轴。

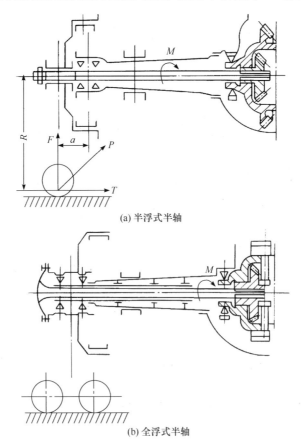

(a) 半浮式半轴

(b) 全浮式半轴

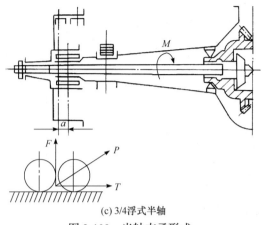

(c) 3/4 浮式半轴

图 2-109 半轴支承形式

## 2. 桥壳

桥壳是一根空心梁，用来支承并保护主传动装置、差速器、半轴和轮边减速器等零部件，并通过适当方式与机架相连，以支承整机重量，并将路面经车轮传来的各种反力和力矩传给车架，其结构形式有整体式和分段式两种。

整体式桥壳如图 2-110 所示，桥壳的两边用螺栓与车架支承座固定，桥壳上的凸缘盘用来固定制动器底板，两端花键用来安装轮边减速器齿圈支架，主传动装置和差速器装在桥壳中段的桥包内，并用螺钉将主传动壳体固定在桥壳上，桥包上设有加检油孔，上面有通气孔，平时均用螺塞封闭，底部装有磁性放油螺塞。整体式桥壳具有较大的强度和刚度，而且便于主传动装置的装配、调整和维修，在重型工程机械上得到了广泛应用，其缺点是质量大、比较笨重。

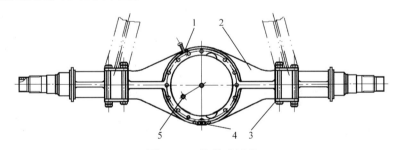

图 2-110 整体式桥壳
1. 通气孔；2. 桥壳；3. 螺栓；4. 放油螺塞；5. 加检油孔

分段式桥壳如图 2-111 所示，主要由桥壳、盖和两个半轴套管等组成。桥壳 10 与盖 14 用螺栓 1 连接紧固，其内装有主传动装置和差速器，两半轴套管 4 分别压入桥壳与盖的孔中，并用铆钉固定，壳体上开有加油孔 2 和放油孔 11。分段式桥壳便于制造，但对主传动装置、差速器等进行装配、调整和维护均不方便，必须把整个驱动桥从机械上拆下来，而且整体刚度较小，目前只用在轻型与重型车辆上。

TLK220 型推土机和 ZLK50 型装载机的驱动桥壳分成左、中、右三段制造，然后通过焊接连成整体，经油气悬挂油缸及连杆系统安装在车架上，承受车架传来的载荷并传

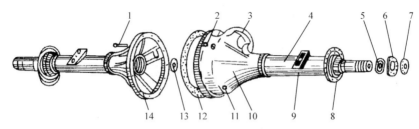

图 2-111　分段式桥壳

1. 螺栓；2. 加油孔；3. 壳体颈部；4. 半轴套管；5. 固定螺母；6. 止动垫片；7. 锁紧螺母；8. 凸缘盘；9. 弹簧座；10. 桥壳；11. 放油孔；12. 衬垫；13. 油封；14. 盖

递到车轮上。桥壳中段安装主传动装置、差速器等零部件，桥壳左、右两段完全相同，用来安装轮边减速器和轮毂等零部件。当拆卸或检修内部机件时，不需要将整个驱动桥拆下来，使得维修比较方便。这种形式的桥壳虽然名义上是分段式的，但本质上是整体式的，因此应用也较为广泛。

### 2.6.5　轮边减速器

#### 1. 功用

轮边减速器是传动系统中的最后一个传动装置，因此称为最终传动装置，主要用于进一步降低转速，增大扭矩。轮边减速器通常采用一个单排行星齿轮机构，其主要优点是传动比大、体积小，并且安装布置方便、合理。

#### 2. 结构

轮式工程机械的轮边减速器的结构基本相同，下面以 TLK220 型推土机的轮边减速器为例进行介绍。图 2-112 为 TLK220 型推土机轮边减速器结构，其主要由太阳轮、齿圈、齿圈支架、行星轮和行星架等组成。

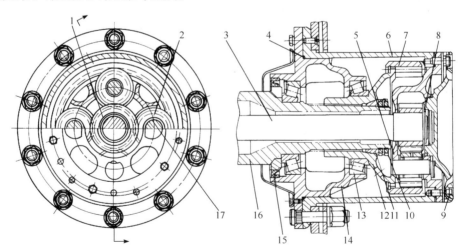

图 2-112　TLK220 型推土机轮边减速器结构

1. 太阳轮；2. 行星轮；3. 半轴；4. O 形密封圈；5. 行星架；6. 壳体；7. 齿圈；8. 卡环；9. 端盖；10. 锁紧螺母；11. 锥套；12. 齿圈支架；13. 圆锥滚柱轴承；14. 轮毂；15. 油封；16. 桥壳；17. 行星轮轴

太阳轮 1 以花键和半轴 3 连接，并随半轴转动，为使太阳轮与行星轮啮合时载荷分配均匀，太阳轮和半轴的端部都是浮动的，不加轴承支承。齿圈 7 以外齿与齿圈支架 12 啮合，为防止齿圈移动，轮边减速器装有卡环，并用点焊将齿圈和卡环焊死。齿圈支架以内花键与桥壳 16 上的外花键啮合，并用锥套 11 和两个锁紧螺母 10 固定。行星轮 2 与太阳轮 1 和齿圈 7 常啮合，并通过滚针轴承和行星轮轴 17 安装在行星架 5 上。行星架外端装有端盖 9，并通过螺钉和端盖一起固定在壳体 6 上。壳体通过螺钉与轮毂 14 相连，轮毂由两个圆锥滚柱轴承 13 分别支承在齿圈支架和桥壳上。在端盖和行星架上设有加检油孔，并用螺塞封闭，为防止润滑油外漏，在端盖和行星架、壳体和轮毂接合处分别装有 O 形密封圈 4，在轮毂和桥壳接合处装有骨架式自紧油封 15。

3. 工作原理

在轮边减速器行星排中，齿圈通过齿圈支架固定在桥壳上。传动时，半轴带动太阳轮转动，太阳轮为动力输入，行星架为动力输出，其传动比为 $1+K$，起减速作用；齿圈通过壳体与轮毂固定连接，从而将动力传到轮毂使车轮转动，驱动机械行驶。

## 2.6.6 转向驱动桥

轮式工程机械为了获得最大的牵引力，提高其越野性能，多采用全桥驱动，即前桥和后桥都是驱动桥。对于全轮驱动，具有整体式车架并采用偏转车轮转向的工程机械必然有一车桥为转向驱动桥，转向驱动桥具有转向和驱动两种功能。

1. 结构

转向驱动桥的主传动装置、差速器和轮边减速器等部件和驱动桥相同。转向驱动桥在转向时，两端需要偏转一定的角度，因此连接差速器与轮边减速器的半轴不能用整轴，而是分为内半轴、外半轴，中间用等速万向节连接。

图 2-113 为 JYL200G 型挖掘机的转向驱动桥，主要由桥壳、主传动装置、差速器、半轴、轮边减速器、球笼式万向节、转向节和转向主销等组成。转向节分为内转向节 17 和外转向节 12 两部分，内转向节通过螺钉与桥壳 1 固装在一起，外转向节通过螺钉与转向节轴套 10 连接在一起。转向主销分为处于同一轴线上的上主销 5 和下主销 14 两段，与外转向节 12 和转向臂固装在一起，并通过主销座 2 和轴承套 3 支承在内转向节 17 上。内半轴 18 和外半轴 9 通过球笼式万向节 8 相连，内半轴通过花键与差速器的半轴齿轮相连，外半轴内端通过铜套支承在转向节轴套 10 的孔内，外端通过花键与轮边减速器的太阳轮连接。轮边减速器行星架与车轮轮毂固装在一起，轮毂通过滚锥轴承支承在转向节轴套上。

2. 工作原理

传动时，从万向传动装置传来的动力经主传动装置、差速器、内半轴、球笼式万向节、外半轴、轮边减速器传到车轮轮毂，使车轮转动，驱动机械行驶。转向时，转向传动机构带动转向臂转动，转向臂使外转向节绕转向主销转动，进而带动转向节轴套和轮毂转动，使车轮发生偏转，实现机械转向，由于使用了球笼式等速万向节，内半轴和外半轴传递的动力和速度不受影响。

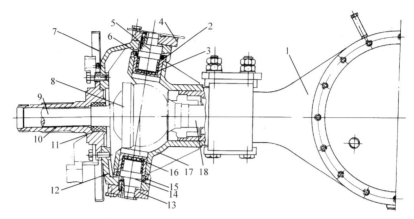

图 2-113    JYL200G 型挖掘机的转向驱动桥

1. 桥壳；2. 主销座；3. 轴承套；4. 转向臂；5. 上主销；6. 油封；7. 挡泥盘；8. 球笼式万向节；9. 外半轴；10. 转向节轴套；11. 油封；12. 外转向节；13. 端盖；14. 下主销；15. 油封；16. 垫板；17. 内转向节；18. 内半轴

### 2.6.7    轮式驱动桥常见故障判断与排除

机械作业或行驶时，承受着较大的变动载荷，随着作业时间和行驶里程的增加，驱动桥常出现异常响声、过热和漏油等故障。

1. 异常响声

机械在行驶过程中产生的响声应均匀柔和，没有尖刺和突出的怪声。若响声超出此范围，则属于异常响声。引起驱动桥异响的原因比较复杂，零部件不符合规格、装配时安装和调整不当、使用磨损过甚等在作业或行驶时均会出现各种不正常的响声。有的在加大油门时严重，有的在减小油门时严重，有的有规律，有的无规律，但它们的共同点是响声随着运动速度的提高而增大。

1) 主传动装置异响

(1) 故障现象。

机械在直线和转向行驶时，异常响声均比较明显。

(2) 故障原因。

① 齿轮啮合间隙过大。机械出现无节奏的"咯噔、咯噔"撞击声，在运动速度相对稳定时一般不易出现，而在变换速度的瞬间或速度不稳定时比较容易出现。

② 齿轮啮合间隙过小。齿轮啮合间隙调整过小或润滑油不足，机械在行驶时出现连续的"嗷嗷"金属挤压声，严重时如同消防车上警笛的声音，而且随着机械运动速度的增加而加大，在加速或减速时均存在，在这种情况下，驱动桥一般会有发热现象。

③ 打齿或齿轮啮合间隙不均。从动锥齿轮齿圈在装配时使用不当，或工作中从动锥齿轮固定螺栓松动而出现偏摆，使之与主动锥齿轮啮合不均，机械出现有节奏的"更更"响声，并随着机械运动速度的增加而加大，在加速或减速时均存在，严重时驱动桥有摆动现象。

(3) 排除方法。

齿轮啮合间隙不当引起的锥齿轮响声主要是由装配调整不当造成的，因此在检修时应加强装配中的检查，尤其是从动锥齿轮与差速器壳的配合面必须清理干净，不得有碰伤和毛刺等现象，主动锥齿轮预紧度应调整正确。

2) 差速器异响

(1) 故障现象。

机械转向行驶时，异常响声明显。

(2) 故障原因及排除方法。

① 齿轮啮合不良。行星齿轮与半轴齿轮啮合间隙过大，行星齿轮与半轴齿轮齿面磨损严重或齿轮断裂，造成机械行驶时出现"嗯嗯"的响声，而且车速越高，响声越大，减油门时响声比较严重，转弯时除此响声，还会出现"咯噔、咯噔"的声音，严重时驱动桥还伴随有抖动现象。

② 行星齿轮与十字轴卡滞。十字轴轴颈磨损严重或折断造成机械在低速行驶，尤其是在转弯时出现"咔叽、咔叽"的响声，在直线低速行驶时，有时也能听到，但行驶速度提高后，响声一般会消失。

③ 齿面擦伤。齿面擦伤造成机械在直线高速行驶时，出现"呜呜"的响声，减小油门时响声严重，转弯时又变为"嗯嗯"的响声。

(3) 排除方法。

① 选配适当厚度的垫片调整齿轮啮合间隙或更换损伤的齿轮；

② 更换损伤的十字轴；

③ 用油石或锉刀修正齿面轻微的擦伤，齿面擦伤严重时应更换齿轮。

3) 轴承异响

(1) 故障现象。

机械在行驶过程中，异常响声始终存在。

(2) 故障原因。

① 轴承间隙过小。机械在行驶时会发出较均匀的"嘎嘎"连续声，比齿轮啮合间隙过小时的声音尖锐，机械运动速度越高，响声越大，加速或减速时均存在，同时驱动桥会出现发热现象。

② 轴承间隙过大。机械在行驶时发出的是较为复杂的"哈啦、哈啦"响声，机械运动速度越高，响声越大，突然加速或减速时响声比较严重。

(3) 排除方法。

轴承间隙过大或过小均应重新进行调整，若发现轴承有损伤现象，则应进行更换。另外，润滑油数量不足或润滑油质量不符合要求也会引起不同程度的异常响声，因此应加强机械在使用中的维护和保养。

2. 过热

1) 故障现象

当机械行驶 0.5h 驱动桥壳表面温度达到 60℃以上，即感觉烫手时，说明驱动桥过热。

2) 故障原因

(1) 润滑油数量不足或润滑油质量不符合要求。润滑油数量不足主要是由未按规定数量进行加注或渗漏引起的油量减少；润滑油质量不符合要求主要是由润滑油牌号选择不当或被氧化、污染等变质所引起的。

(2) 轴承间隙过小或轴承损坏。轴承间隙过小是由装配与调整不当导致的。

(3) 主动锥齿轮和从动锥齿轮啮合间隙过小，是由装配与调整不当所致。

(4) 差速器齿轮啮合间隙过小。差速器齿轮啮合间隙过小是由行星齿轮或半轴齿轮垫片选择不当造成的。

(5) 半轴与桥壳碰擦或制动不能彻底解除。机械经常在恶劣环境中行驶，颠簸、紧急制动等造成半轴或桥壳变形，引起半轴与桥壳碰擦。

3) 排除方法

(1) 及时修复驱动桥渗漏部位，并按规定数量加注润滑油，若润滑油变质或牌号选择不当，则应彻底进行更换；

(2) 重新装配调整轴承间隙；

(3) 重新装配调整主动锥齿轮和从动锥齿轮啮合间隙；

(4) 选择厚度适当的垫片调整差速器齿轮啮合间隙；

(5) 检查调整制动系统或调整制动间隙。

3. 漏油

1) 故障现象

驱动桥漏油一般能直接观察发现，在主传动装置、轮边减速器等部位有明显的油迹。

2) 故障原因

(1) 密封圈或油封损坏；

(2) 轴颈磨损；

(3) 放油口螺栓、端盖固定螺栓松动；

(4) 加油过多或桥壳上通气孔堵塞。

3) 排除方法

(1) 更换相应密封圈和油封；

(2) 轴颈修复；

(3) 紧固油口螺钉和端盖螺栓；

(4) 放出多余油液，清除通气孔杂质。

# 2.7　履带式驱动桥

## 2.7.1　履带式驱动桥的组成及功用

1. 组成

履带式驱动桥是履带式工程机械传动系统中的最后一个大总成，是指变速器至履带驱动轮之间所有传动部件的总称，主要由中央传动装置 2 和 3、转向制动装置(包括转向离合器 8 和转向制动器 9)、侧传动装置 5 和 6 以及桥壳 4 等组成，如图 2-114 所示。

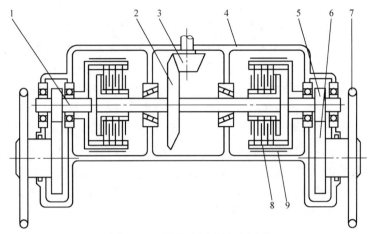

图 2-114　履带式驱动桥示意图

1. 半轴；2、3. 中央传动装置；4. 桥壳；5、6. 侧传动装置；7. 驱动链轮；8. 转向离合器；9. 转向制动器

中央传动装置、转向制动装置和侧传动装置都装在一个整体的桥壳内。桥壳分隔为三个室，中室内安装中央传动装置，室的前壁油孔与变速箱相通，形成共用油池，油面的高度由变速箱的油尺检查。在连通孔中有一专用油管，保证机械在倾斜位置时，中央传动齿轮室内有一定的油量；左、右两室分别装有转向制动装置，在采用干式转向离合器时，室内不应有油污，在采用湿式转向离合器时，室内应加注适量的机油，为防止窜油，在左室和右室的侧壁装有油封；三个室底部各有一个放油螺塞。侧传动装置分别装在后桥壳左室、右室的外侧，由侧盖与后桥壳组成侧传动齿轮室，室的后部有检油口和加油口，室底部有放油螺塞。在桥壳的底部装有左、右后半轴，作为整个驱动桥的支承轴；此轴的左、右两端装在行驶装置的轮架上，同时也作为侧传动装置最后一级从动齿轮和驱动轮的安装支承。

变速器传来的动力经中央传动装置 3 和 2 传到转向离合器 8，再经半轴 1 传到侧传动装置 5 和 6，最后传到驱动链轮 7，驱动链轮卷绕履带，从而驱动机械行驶。

2. 功用

履带式驱动桥的功用包括：

(1) 通过中央传动装置与侧传动装置将变速器传来的转速降低、扭矩增大，并传给驱动链轮；

(2) 通过中央传动装置将变速器传来的动力改变传递方向；

(3) 通过转向制动装置使机械能够转向，并在坡道上可靠停车；

(4) 驱动桥壳起承重和传力作用。

## 2.7.2　中央传动装置

1. 功用

中央传动装置的功用是进一步降低转速、增大扭矩，并将动力的传递方向改变90°后传给转向离合器。

2. 结构与原理

履带式工程机械一般都将侧传动装置作为最后一级减速，因此中央传动装置大多是由一对圆锥齿轮组成的单级减速器。目前，重型履带式机械的中央传动装置均采用一级螺旋锥齿轮传动，下面以 TY220 型推土机中央传动装置为例进行介绍。

TY220 型推土机中央传动装置由主动锥齿轮、从动锥齿轮、中央传动轴和接盘等组成，如图 2-115 所示。主动锥齿轮 2 与变速器从动轴 1 制为一体，从动锥齿轮 3 通过螺栓固定在中央传动轴 5 的接盘上。中央传动轴通过两个锥形滚柱轴承 6 支承在中室隔壁 7 上，其两端以锥形花键安装有接盘 9，并用螺母紧固，接盘外侧与转向离合器轴的接盘固定，这样能使每个转向离合器拆装时都不影响中央传动装置齿轮副的啮合，简化了拆装工作。为了调整中央传动轴的轴向间隙和齿轮的啮合间隙，在轴承座与隔壁间装有调整垫片 10，每侧垫片的总厚度不大于 1.5mm。

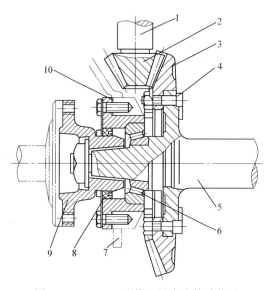

图 2-115　TY220 型推土机中央传动装置

1. 变速器从动轴；2. 主动锥齿轮；3. 从动锥齿轮；4. 螺栓；5. 中央传动轴；6. 锥形滚柱轴承；7. 中室隔壁；8. 油封；9. 接盘；10. 调整垫片

在中央传动装置中，主动锥齿轮和从动锥齿轮常啮合，因此通过变速器传来的动力经主动锥齿轮、从动锥齿轮传递给转向离合器。TY160 型和 PD320Y-1 型推土机中央传动装置与 TY220 型推土机中央传动装置的结构与原理基本相同。

### 2.7.3　转向制动装置

1. 功用和组成

转向制动装置的功用是根据履带式工程机械行驶和作业的需要，切断或减小一侧驱动轮上的驱动扭矩，使两侧履带获得不同的驱动力和转速，从而使机械以任意的转向半径进行转向，并能够通过制动装置保证机械在坡道上可靠地停车。

转向制动装置安装在中央传动装置和侧传动装置之间，主要由转向离合器、转向制动器、制动助力器和转向制动液压系统等部分组成。下面分别介绍 TY160 型、TY220 型、PD320Y-1 型推土机转向制动装置的结构组成和工作原理。

2. TY160 型推土机转向制动装置

1) 转向离合器

(1) 结构。

转向离合器安装在锥齿轮轴的两端，可切断自螺旋锥齿轮至侧传动装置的动力传递，从而控制机械的行驶方向。转向离合器是采用湿式、多片、碟形弹簧压紧，液压操纵，常接合式离合器，其结构如图 2-116 所示。

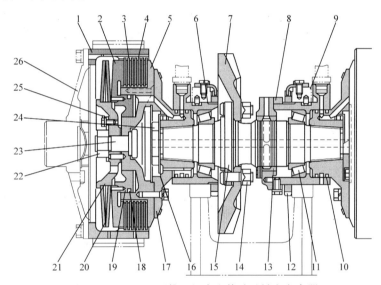

图 2-116　TY160 型推土机中央传动及转向离合器

1. 外毂；2. 压盘；3. 从动摩擦片；4. 主动摩擦片；5. 内毂；6. 轴承座；7. 从动锥齿轮；8. 接盘；9. 罩；10. 密封环；11. 圆锥滚动轴承；12. 调整螺母；13. 衬套；14. 螺母；15. 锥齿轮轴；16. 锁垫；17. 连接盘；18. 油封环；19. 活塞；20. 碟形弹簧；21. 法兰盘；22. 螺母；23. 螺栓；24. 螺母；25. 锁垫；26. 驱动盘

从动锥齿轮 7 通过螺栓固定在锥齿轮轴 15 上，锥齿轮轴两端以锥形花键安装着连接盘 17，连接盘通过螺钉与转向离合器内毂 5 相连，内毂的外圆柱面上有齿形键，带有内齿的主动摩擦片 4 松套在上面，可以轴向移动，每两片主动摩擦片之间都装有一片从动摩擦片 3，从动摩擦片带有外齿，松套在带有内齿槽的外毂 1 上，也可以轴向移动，外毂利用螺钉与侧传动装置的驱动盘 26 连接在一起。在最后一片从动摩擦片的外面装有压盘 2，压盘用销子固定在活塞 19 上，随活塞一起移动。活塞装在内毂内，与连接盘和内毂之间形成封闭腔，起油缸作用，来自转向控制阀的高压油液通过连接盘上的油道进入封闭腔。内毂内端通过螺钉固定有法兰盘 21，在法兰盘与压盘之间卡装着由盘口相对的两片碟状弹簧片组成的碟形弹簧 20。转向离合器利用浸在油液中的从动锥齿轮进行飞溅润滑。

(2) 工作原理。

机械不转向时，依靠碟形弹簧的弹力推压盘向右移动，将主动摩擦片和从动摩擦片向内毂压紧，转向离合器接合。此时，从动锥齿轮经锥齿轮轴、连接盘传到内毂的动力依靠主动摩擦片和从动摩擦片之间的摩擦力传到外毂，再继续传到驱动盘，最后通过驱动盘中间的花键传递给侧传动装置。

机械左转向时，高压油液从转向控制阀经轴承座 6 和连接盘 17 内的油道进入由连接盘、内毂和活塞组成的封闭腔，推动活塞压缩碟形弹簧向左移动，压盘也随活塞一起左移，压盘作用在主动摩擦片和从动摩擦片上的压力作用消失，主动摩擦片和从动摩擦片分离，即左转向离合器分离，摩擦力消失，则外毂失去动力，至侧传动装置的动力被切断。当机械停止转向时，来自转向控制阀的高压油液被切断，封闭腔中的高压油液与后桥箱相通，作用在活塞上的油压作用解除，活塞在碟形弹簧的作用下右移回位，推动压盘也向右移动，从而将主动摩擦片和从动摩擦片紧紧压在一起，即左转向离合器接合。当仅操纵左转向杆时，左转向离合器分离，动力只传递给右转向离合器，此时机械向左转向；当同时操纵左转向杆和右转向杆时，左转向离合器和右转向离合器同时分离，此时机械原地不动。若在转向时只是操纵转向杆分离，左转向离合器不制动，则推土机以较大转弯半径向左转向；若在操纵转向杆的同时踩下制动踏板，则制动器将使外毂完全制动，此时推土机将原地左转向。机械向右转向时，转向离合器的工作原理与左转向相同。

2) 转向制动器

(1) 结构。

转向制动器分为湿式制动器、浮动带式制动器、机械刹车式制动器、液压助力式制动器，具有行驶中转向制动及停车时驻车制动两种功能，主要由制动带、制动片、双臂杠杆等组成，其结构如图 2-117 所示。

制动带 12 内圆面铆有制动片 13，制动片包在转向离合器外毂(制动鼓)上，并浸在转向离合器箱体的机油中。制动带一端通过顶块 16 和支承销 21 悬挂在制动架 14 上，而另一端通过螺杆 19、调整螺母 17 和销轴 20 也悬挂在制动架上。两个弹簧使包在制动鼓上的制动带的拉力均匀。调整螺母 17 用来调整制动片与制动鼓之间的间隙。

(2) 工作原理。

当将转向拉杆拉到底或者踏下制动踏板进行制动时，通过高压油液的压力或制动踏板传来的推力，推动制动助力器 2 的活塞 14 左移，使叉杆 1 逆时针转动，并通过杠杆 13、联杆 12 带动双臂杠杆 4 顺时针转动，如图 2-118 所示。

此时，若机械前进行驶，则制动鼓逆时针方向转动，制动鼓和摩擦片之间产生的摩擦力沿逆时针方向拉制动带左端，于是制动带向左拉螺杆 5 使支承销 6 压在制动架 7 的凹槽内，$B$ 就成了固定点。这样，双臂杠杆 4 以 $B$ 为支点沿顺时针方向转动，使顶块 8 沿箭头 $Q$ 所指方向移动，施加一拉力于制动带的右端，产生的制动力顺着制动鼓的旋转方向把制动鼓抱紧，如图 2-118(a)所示。

若机械后退行驶，则制动鼓顺时针方向转动，制动鼓和摩擦片之间产生的摩擦力沿顺时针方向拉制动带右端，于是制动带接头向右推动顶块 8 使支承销 10 压在制动架 7 的凹槽内，$A$ 就成了固定点。这样，双臂杠杆 4 便以 $A$ 为支点沿顺时针方向转动，使销轴

11 沿箭头 R 所指方向移动，施加一拉力于制动带的左端，产生的制动力顺着制动鼓的旋转方向把制动鼓抱紧，如图 2-118(b)所示。

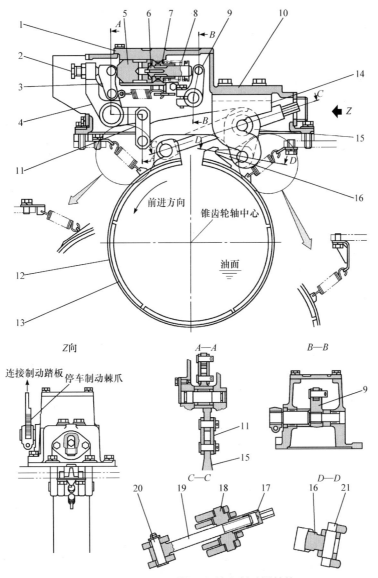

图 2-117　TY160 型推土机转向制动器结构

1. 制动助力器；2. 调节螺栓；3. 叉杆；4. 杠杆；5. 活塞；6. 阀杆；7. 衬套；8. 弹簧；9. 杠杆；10. 盖；11. 联板；12. 制动带；13. 制动片；14. 制动架；15. 双臂杠杆；16. 顶块；17. 调整螺母；18. 支承销；19. 螺杆；20. 销轴；21. 支承销

当转向拉杆拉到底时，首先分离转向离合器，然后制动器起制动作用，这个动作顺序是由转向控制阀的液压油液来控制的。当踩下制动踏板时，不经分离转向离合器，左、右两个转向制动器同时起制动作用，使机械紧急停车。

3) 制动助力器

制动助力器利用液压来辅助人力对转向制动器进行制动，主要由杠杆、阀杆、活塞、叉杆等组成，如图 2-119 所示。杠杆 6 通过拉杆机构与踏板相连，受踏板操纵，用来控制阀杆 5 的移动；阀杆 5 和活塞 3 装在阀体内，在人力和液压的作用下移动，并通过叉杆 2 作用在杠杆 1 上；杠杆 1 通过联杆、上臂杠杆与制动带相连，对制动鼓施加制动力。阀体上的两个油孔，一个与转向油泵来油相通，另一个与制动阀 E 腔相通。

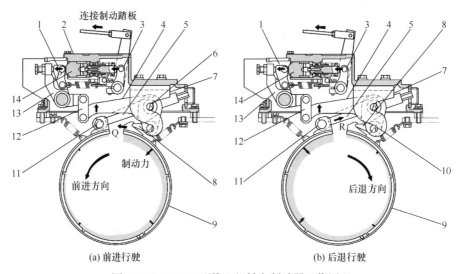

(a) 前进行驶　　　　　　　　　　　　　　(b) 后退行驶

图 2-118　TY160 型推土机转向制动器工作原理

1. 叉杆；2. 制动助力器；3. 杠杆；4. 双臂杠杆；5. 螺杆；6. 支承销；7. 制动架；8. 顶块；9. 制动带；10. 支承销；11. 销轴；12. 联杆；13. 杠杆；14. 活塞

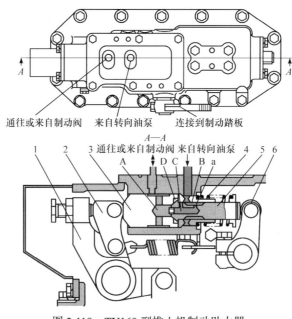

图 2-119　TY160 型推土机制动助力器

1. 杠杆；2. 叉杆；3. 活塞；4. 弹簧；5. 阀杆；6. 杠杆

制动助力器的工作原理如下。

(1) 当既不拉动转向杆，也不踏下制动踏板时(不施加制动)。

当既不拉动转向杆，也不踏下制动踏板时，转向控制阀中从转向阀到制动阀的油路不通，而且制动助力器中从 C 腔到 D 腔的油路也不通。此时，来自转向油泵的高压油液，一路通往转向控制阀后，不能进入制动助力器的 A 腔；另一路不通过转向控制阀直接进入制动助力器的 B 腔，经节流孔 a 流入 C 腔后被封闭，使得油路压力不断上升；当油压超过转向安全阀的调定压力时，高压油液便经转向安全阀流入机油冷却器，系统压力保持在 2MPa。此时，制动助力器的活塞不移动，不起制动作用，如图 2-120(a)所示。

(2) 当转向杆拉到底，但不踏下制动踏板时(施加转向制动)。

当转向杆拉到底，但不踏下制动踏板时，转向阀杆动作将转向控制阀中从转向阀到制动阀的油路接通，而制动助力器中从 C 腔到 D 腔的油路不通。此时，来自转向油泵的高压油液，一路经转向控制阀后，进入制动助力器的 A 腔，随着回路中油液压力的上升，A 腔的高压油液推动活塞 3 向左移动，使叉杆 2 和杠杆 1 被推动起施加制动作用，这时油路压力为 1.67MPa；另一路不通过转向控制阀直接进入制动助力器的 B 腔，经节流孔 a 流入 C 腔后被封闭，不起制动作用，如图 2-120(b)所示。

(3) 当不拉转向杆，但踏下制动踏板时(施加踏板制动)。

当不拉转向杆，但踏下制动踏板时，转向控制阀中从转向阀到制动阀的油路不通，而杠杆 6 推动阀杆 5 向左移动将 C 腔和 D 腔连通。此时，来自转向油泵的高压油液直接进入制动助力器的 B 腔，经节流孔 a 流入 C 腔和 D 腔；随着 D 腔油液压力的上升，高压油液推动活塞 3 向左移动，施加制动作用，同时将 D 腔和 A 腔连通，油液便经 A 腔流入制动阀后泄入后桥箱，活塞 3 便停止移动；当再踩下制动踏板一些行程时，阀杆 5 向左移动又封闭 D 腔和 A 腔，高压油液又推动活塞 3 向左移动，再次连通 D 腔和 A 腔进行泄油；在很短的时间内，制动踏板和活塞重复上述动作；当阀杆 5 向左移动至连通 B 腔和 D 腔时，流入 D 腔的油量增大，活塞 3 的移动加快，通过推动叉杆 2 和杠杆 1 施加的

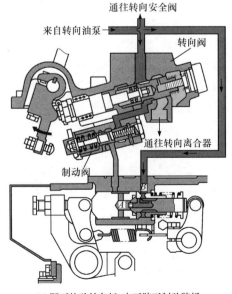

(a) 既不拉动转向杆, 也不踏下制动踏板

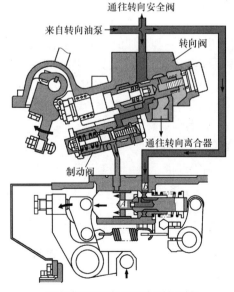

(b) 转向杆拉到底, 但不踏下制动踏板

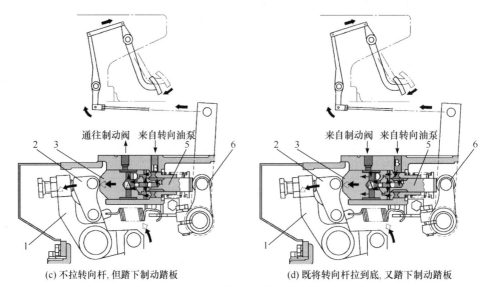

图 2-120　　TY160 型推土机制动助力器工作原理

1. 杠杆；2. 叉杆；3. 活塞；5. 阀杆；6. 杠杆

制动作用增强；当制动踏板被踏到行程结束时，D 腔和 A 腔保持被切断的状态，油路压力不断上升，当压力达到 2MPa 时，转向安全阀开启，高压油液便经转向安全阀流入机油冷却器。上述过程中系统压力分两步升高，能平稳地施加制动，如图 2-120(c)所示。

(4) 当既将转向杆拉到底，又踏下制动踏板时(施加转向制动和踏板制动)。

当既将转向杆拉到底，又踏下制动踏板时，转向阀杆动作将转向控制阀中从转向阀到制动阀的油路接通，而且杠杆 6 推动阀杆 5 向左移动将 C 腔和 D 腔连通。此时，来自转向油泵的高压油液，一路经转向控制阀进入制动助力器的 A 腔，起制动作用；另一路直接进入制动助力器的 B 腔，经节流孔 a 流入 C 腔和 D 腔，起制动作用。上述过程中，系统压力快速升高，能迅速进行制动，如图 2-120(d)所示。

在制动过程中，当拉转向杆或踩制动踏板时，高压油液进入制动助力器，通过液压作用产生推力，和施加的人力一起使制动带把制动鼓抱紧。制动助力油路系统发生故障，当踩制动踏板时，只有人力可使制动带把制动鼓抱紧，只不过操纵力要大一些。因此，制动助力油路只是起助力作用，即使油路出了故障，单靠人力踩制动踏板，仍然可以制动。制动助力油路系统发生故障，当只拉转向拉杆时，机械就无法进行制动了。

4) 转向制动液压系统

(1) 功用与组成。

转向制动液压系统与制动助力液压系统共用一个油路，用来操纵转向离合器的接合与分离，并起制动助力作用，主要由转向油泵 2、转向安全阀 4、机油冷却器旁通阀 5、转向控制阀 7、制动阀 8、制动助力器 9 等组成，如图 2-121 所示。

(2) 油路途径。

当发动机工作时，带动转向油泵 2 工作，将油液经粗滤器 1 从后桥箱 12 中吸出，经细滤器 3 后分为三路：第一路进入转向控制阀 7，在此油路再分为两路，一路经转向控制阀左位进入左转向离合器 10 或右转向离合器 11，使转向离合器分离，实现向左或向右转向，另一路在转向杆作用下，经制动阀 8 左位进入制动助力器 9 的右位，实现制动助力作用；第二路在制动踏板作用下，直接进入制动助力器 9 的左位，实现制动助力作用；第三路进入转向安全阀 4，当安全阀出油的压力小于等于 1.26MPa 时，全部进入机油冷却器 6 后供给变速箱润滑，润滑之后的油液流入后桥箱 12，当安全阀出油的压力大于 1.26MPa 时，经机油冷却器旁通阀 5 直接流入后桥箱。转向制动液压系统的油路途径如图 2-121 所示。

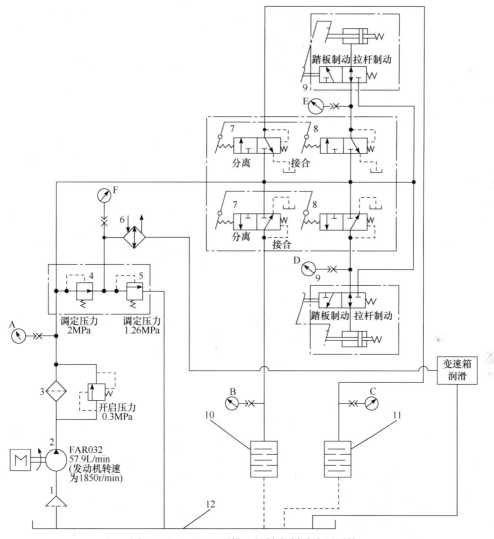

图 2-121　TY160 型推土机转向制动液压系统

1. 粗滤器；2. 转向油泵；3. 细滤器；4. 转向安全阀；5. 机油冷却器旁通阀；6. 机油冷却器；7. 转向控制阀；8. 制动阀；9. 制动助力器；10. 左转向离合器；11. 右转向离合器；12. 后桥箱；A. 安全阀测压口；B. 左转向离合器测压口；C. 右转向离合器测压口；D. 左制动助力器测压口；E. 右制动助力器测压口；F. 润滑系统测压口

(3) 转向控制阀。

转向制动液压系统的核心部件是转向控制阀，主要由两个转向阀和两个制动阀组成，转向阀用于控制流入左转向离合器和右转向离合器的油路，制动阀用于控制流入左制动助力器和右制动助力器的油路，其结构如图 2-122 所示。

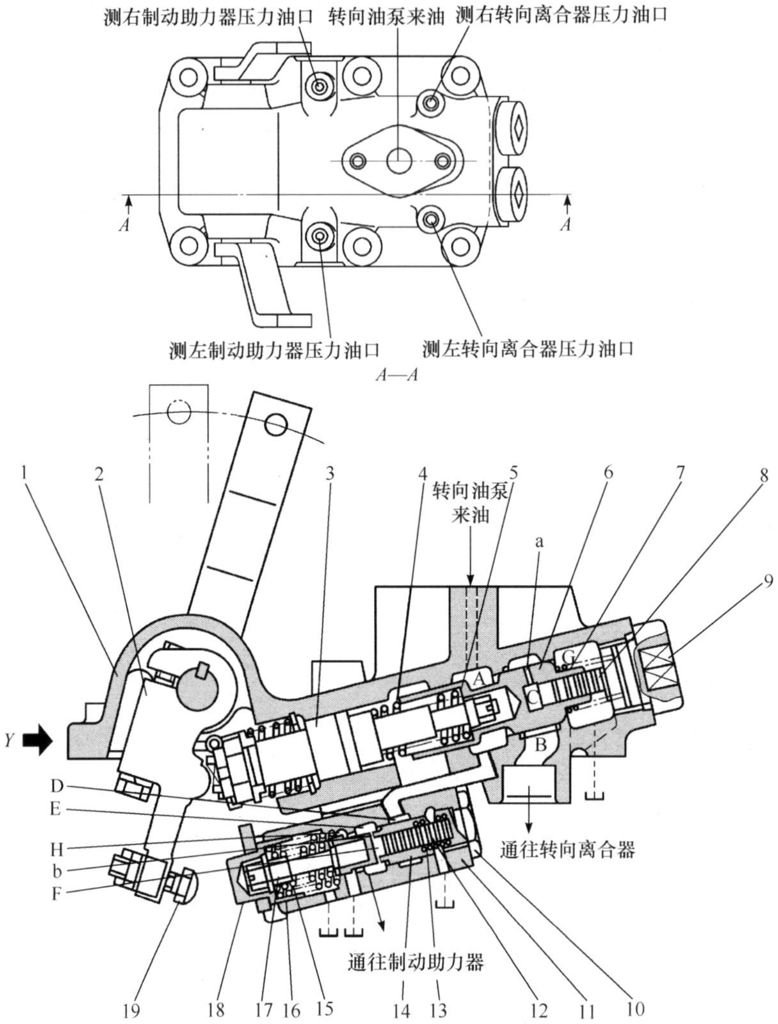

图 2-122　TY160 型推土机转向控制阀结构

1. 转向阀体；2. 杠杆；3. 轴；4. 弹簧；5. 导向套；6. 转向阀杆；7. 弹簧；8. 活塞；9. 旋塞；10. 旋塞；11. 制动阀体；12. 活塞；13. 弹簧；14. 制动阀杆；15. 弹簧；16. 弹簧；17. 轴；18. 导向座；19. 调节螺栓

转向控制阀工作原理如下。

① 当不拉动转向杆时(转向离合器接合，不施加制动)。

当不拉动转向杆时，高压油液从转向油泵同时流入安全阀、转向控制阀以及制动助力器，此时转向控制阀和制动助力器的油路被切断，转向控制阀中 B 腔和 G 腔、E 腔和 H 腔连通，均通后桥箱泄压。随着高压油液的不断流入，回路压力逐渐升高，当压力超过安全阀的调定压力 2MPa 时，安全阀打开，高压油液通往机油冷却器，如图 2-123(a)所示。

② 当稍微拉动转向杆时(转向离合器半接合，不施加制动)。

当稍微拉动转向杆时，杠杆 2 沿箭头方向推动轴 3 向右移动压缩弹簧 4，依靠弹簧弹力沿箭头所指方向推动转向阀杆 6 也向右移动，从而将 B 腔和 G 腔封闭，同时将 A 腔和

B 腔连通。此时，从转向油泵流入的高压油液便经 A 腔、B 腔进入转向离合器。随着高压油液的不断进入，转向离合器中的油压不断升高，B 腔中的油压也不断升高，从 B 腔中通过节流孔 a 流入 C 腔的高压油液推动活塞 8 向右移动，而其反作用力沿箭头方向推动转向阀杆 6 压缩弹簧 4 向左移动，从而将 A 腔到 B 腔的油路封闭，切断流入 B 腔的高压油液，这时阀内的油压与弹簧处于平衡状态。若进一步拉动转向杆，则弹簧 4 被进一步压缩，又向右推动转向阀杆重复上述的动作，使得油压与弹簧处于提高油压后新的平衡状态。随着 B 腔中的油压进一步提高，转向离合器便部分分离，如图 2-123(b)所示。

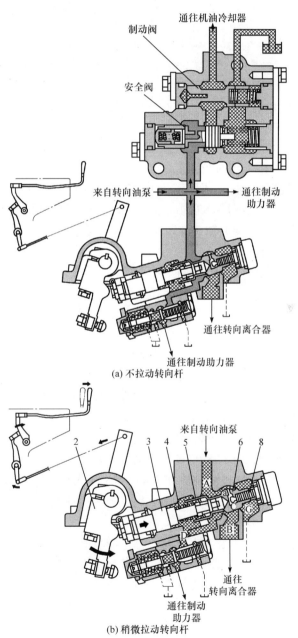

(a) 不拉动转向杆

(b) 稍微拉动转向杆

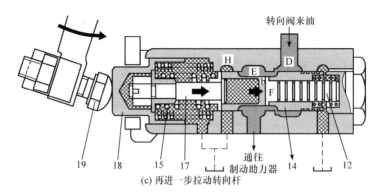

(c) 再进一步拉动转向杆

图 2-123　TY160 型推土机转向控制阀工作原理

2. 杠杆；3. 轴；4. 弹簧；5. 导向套；6. 转向阀杆；8. 活塞；12. 活塞；14. 制动阀杆；15. 弹簧；17. 轴；18. 导向座；19. 调节螺栓

③ 当转向杆拉到阻滞位置时(当转向杆拉到此行程后再进一步拉动时，需要用比之前较大的拉力才能拉动，转向离合器分离，不施加制动)。

当把转向杆拉至阻滞位置时，弹簧 4 完全压缩，轴 3 沿箭头方向向右移动到与导向套 5 接触，通过导向套推动转向阀杆 6。此时，随着 B 腔压力的不断升高，转向阀杆 6 不再左移，当油压升高到 2MPa，即安全阀调定的压力时，转向离合器完全分离。

④ 当再进一步拉动转向杆时(转向离合器分离，制动助力回路油压开始升高)。

当再进一步拉动转向杆时，轴 3 与导向套 5 相接触，因此 A 腔和 B 腔的开启量与轴 3 的移动量相同，转向离合器完全分离。此时，杠杆 2 通过调节螺栓 19 推动导向座 18 向右移动，带动轴 17、制动阀杆 14 也向右移动，从而将 E 腔和 H 腔切断，同时把 D 腔和 E 腔连通，从转向阀流入的高压油液便经 A 腔、D 腔、E 腔进入制动助力器。

随着高压油液的不断进入，制动助力器中的油压不断升高，E 腔中的油压也不断升高，从 E 腔中通过节流孔 b 流入 F 腔的高压油液便推动活塞 12 向右移动，而其反作用力推动制动阀杆 14 压缩弹簧 15 向左移动，从而将 D 腔到 E 腔的油路封闭，切断流入 E 腔的高压油液，这时阀内的油压与弹簧的力相平衡。随着进一步拉动转向杆，弹簧 15 被进一步压缩，处于平衡状态的制动助力回路油压随着弹簧张力的提高而升高，开始起制动助力作用，如图 2-123(c)所示。

⑤ 当转向杆被拉到底时(转向离合器分离，施加制动)。

当转向杆被拉到底时，轴 3、导向套 5 和转向阀杆 6 右移到极限位置，不能再继续向右移动。在轴 3 达到行程的终点后，制动助力回路的压力也随之与弹簧 15 的弹力达到平衡，弹簧 15 的弹力达到最大值，制动助力回路的压力也达到最大值 1.67MPa，此时制动助力作用最大。

⑥ 当放回转向杆时(转向离合器接合，不施加制动)。

轴 3、轴 17、转向阀杆 6 和制动阀杆 14 在各自弹簧力的作用下，全部返回各自的原来位置。此时，一方面转向阀杆 6 切断自 A 腔到 B 腔的油路，同时将 B 腔到 G 腔的油路连通，转向离合器内的高压油液便经 B 腔、G 腔泄放到后桥箱中；另一方面，制动阀杆 14 切断 D 腔到 E 腔的油路，同时接通 E 腔到 H 腔的油路，制动助力器内的高压油液也经 E 腔、H 腔泄放到后桥箱中。

(4) 转向安全阀。

转向安全阀由安全阀和机油冷却器旁通阀组成，安全阀用来控制转向制动油路的压力不超过 2MPa，机油冷却器旁通阀用来控制机油冷却油路的压力不超过 1.26MPa，防止由机油冷却器或其他部位的堵塞引起不正常的高压，其结构如图 2-124 所示。

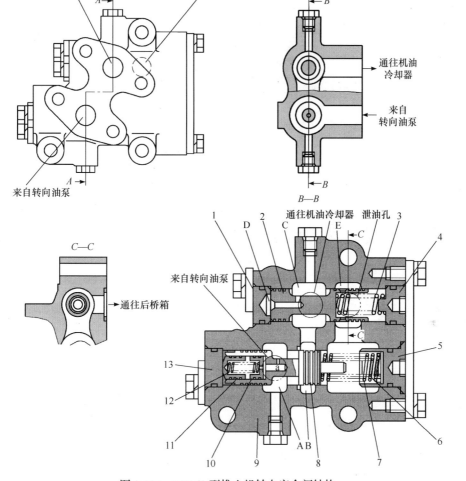

图 2-124　TY160 型推土机转向安全阀结构

1. 塞子；2. 机油冷却器旁通阀杆；3. 弹簧；4、5. 塞子；6. 小弹簧；7. 大弹簧；8. 安全阀杆；9. 阀体；10、11. 阀芯；12. 弹簧；13. 塞子

TY160 型推土机转向安全阀的工作原理如图 2-125 所示。来自转向油泵的高压油液进入 A 腔，经安全阀杆 8 上的节流孔 a 流至阀芯 10；随着油液的不断流入，阀芯 10 内的油压不断升高，当油压升高到 2MPa 时，高压油液推动阀芯 10 向左移动，其反作用力推动安全阀杆 8 向右移动，从而将 A 腔和 B 腔连通；此时，高压油液从 A 腔流入 B 腔后再分为两路，一路经机油冷却器旁通阀的 C 腔流入机油冷却器，经冷却后润滑变速器，另一路流入机油冷却器旁通阀的 D 腔。若机油冷却器或其他部位堵塞，则流入机油冷却器旁通

阀 D 腔的油压便不断升高，当油压升高到 1.26MPa 时，高压油液推动机油冷却旁通阀杆 2
向右移动，将 C 腔和 E 腔连通，此时，C 腔中的高压油液经 E 腔通往后桥箱，实现泄压。

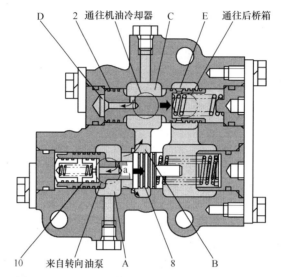

图 2-125　TY160 型推土机转向安全阀的工作原理
2. 机油冷却器旁通阀杆；8. 安全阀杆；10. 阀芯

### 3. TY220 型推土机转向制动装置

1) 转向离合器

(1) 结构。

转向离合器分为湿式离合器、多片离合器、弹簧压紧离合器、液压操纵离合器、
常接合式离合器，其结构如图 2-126 所示。

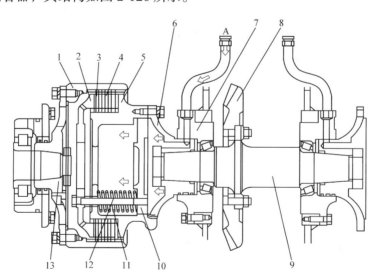

图 2-126　TY220 型推土机转向离合器结构
1. 从动毂；2. 压盘；3. 从动摩擦片；4. 主动摩擦片；5. 主动毂；6. 接盘；7. 轴承座；8. 从动锥齿轮；9. 中央传动轴；
10. 活塞；11. 弹簧；12. 螺钉；13. 驱动盘

从动锥齿轮 8 通过螺栓固定在中央传动轴 9 上,中央传动轴两端以锥形花键安装着接盘 6,接盘通过螺钉与左转向离合器、右转向离合器的主动毂 5 相连,主动毂的外圆柱面上有齿形键,带有内齿的主动摩擦片 4 松套在上面,可以轴向移动,每两片主动摩擦片之间都装有一片从动摩擦片 3,从动摩擦片带有外齿,松套在带有内齿槽的从动毂 1 上,也可以轴向移动,从动毂利用螺钉与驱动盘 13 连接在一起。在最后一片从动摩擦片的外面装有压盘 2,螺钉 12 穿过压盘与活塞 10 相连,被压缩的弹簧 11 套在螺钉上,一端抵在主动毂端面上,另一端抵在活塞上。活塞 10 装在主动毂内,与接盘和主动毂之间形成封闭腔。

(2) 工作原理。

机械不转向时,被压缩的弹簧依靠张力推动活塞向右移动,通过螺钉拉动压盘向右移动,从而把主动摩擦片和从动摩擦片压紧,转向离合器接合,这样,从动锥齿轮经中央传动轴、接盘传到主动毂的动力,先依靠主动摩擦片和从动摩擦片之间的摩擦力传到从动毂,再继续传到驱动盘,最后通过驱动盘中间的花键传递给侧传动装置。

机械向左转向时,高压油液从 A 处沿油管进入由接盘、主动毂和活塞组成的封闭腔,于是高压油液推动活塞压缩弹簧使活塞向左移动,通过螺钉使压盘也向左移动,压盘作用在主动摩擦片和从动摩擦片上的压力作用消失,主动摩擦片和从动摩擦片分离,即左转向离合器分离,摩擦力消失,则从动毂失去动力。当机械停止转向时,从 A 处来的高压油液被切断,封闭腔中的高压油液与后桥箱相通,作用在活塞上的油压作用解除,活塞在弹簧张力的作用下右移回位,通过螺钉带动压盘也向右移动,从而将主动摩擦片和从动摩擦片紧紧压在一起,即左转向离合器接合。若在转向时只是操纵转向杆分离,左转向离合器不制动,则推土机以较大转弯半径向左转向;若在操纵转向杆的同时踩下制动踏板,则制动器将使从动毂完全制动,此时推土机将在原地左转向。机械向右转向时,转向离合器的工作原理与左转向相同。

2) 转向制动器

(1) 结构。

转向制动器分为湿式制动器、浮动带式制动器、机械刹车式制动器、液压助力式制动器,主要由制动带、双头摇臂、双头螺栓等组成,其结构如图 2-127 所示。

制动带 15 内圆面铆有摩擦片 16,摩擦片包在转向离合器从动毂(制动鼓)上,制动带上端用制动带头与棘爪 13 接触,下端用销子 B 与拉杆 14 连接。拉杆的上端与调整螺钉 12 连接,调整螺钉下端圆柱部分装在调整块的矩形槽中,可在槽中转动。调整块固定在制动架上,制动架固定在车架上,其上有两凹槽。双头摇臂上端与双头螺栓 10 右端连接,下端有两拉臂轴 A 和 C,在工作时根据制动鼓的转向,可分别卡入制动架上的两凹槽内,确定不同的固定支点。双头螺栓左端通过滚轮摇臂 9、滑阀 5、摇臂 1、拉臂 2 和拉杆机构与制动踏板连接。

(2) 工作原理。

当制动或急转向时,踩下制动踏板,通过拉杆机构拉动拉臂 2 使摇臂 1 逆时针旋转,使滑阀 5 推动活塞 8 向右移动,从而使滚轮摇臂 9 逆时针转动,带动双头螺栓 10 向左移动,拉动双头拉臂 11 逆时针转动。

此时,若机械前进行驶,则制动鼓逆时针转动;稍踩下制动踏板时,制动带与制动鼓刚一接触,制动鼓和摩擦片之间产生的摩擦力便逆时针方向拉制动带,带动棘爪 13 将拉臂轴 A 推入制动架的下凹槽内,A 就成了固定点;随着进一步踩下制动踏板,双头拉

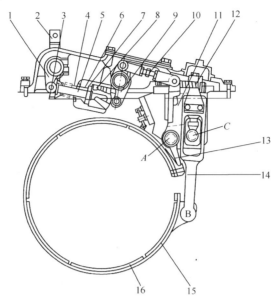

图 2-127　TY220 型推土机转向制动器结构

1. 摇臂；2. 拉臂；3. 套座；4. 弹簧；5. 滑阀；6. 衬套；7. 活塞体；8. 活塞；9. 滚轮摇臂；10. 双头螺栓；11. 双头拉臂；
12. 调整螺钉；13. 棘爪；14. 拉杆；15. 制动带；16. 摩擦片

臂便以 *A* 为支点，通过拉杆 14 和销子 B 施加一拉力于制动带的另一端，产生的制动力顺着制动鼓的旋转方向把制动鼓抱紧，如图 2-128(a)所示。

若机械后退行驶，则制动鼓顺时针方向转动；稍踩下制动踏板时，制动带与制动鼓刚一接触，制动鼓和摩擦片之间产生的摩擦力沿顺时针方向拉制动带，带动拉杆将拉臂轴 *C* 拉入制动架的上凹槽内，*C* 就成了固定点；随着进一步踩下制动踏板，双头拉臂便以 *C* 为支点，通过棘爪施加一拉力于制动带的另一端，产生的制动力顺着制动鼓的旋转方向把制动鼓抱紧，如图 2-128(b)所示。

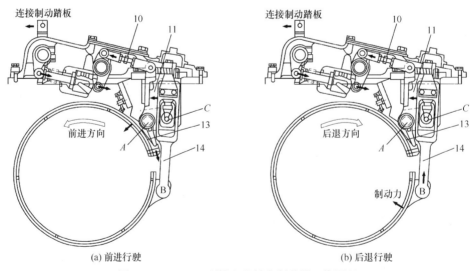

(a) 前进行驶　　　　　　　　　　　　　　　　　(b) 后退行驶

图 2-128　TY220 型推土机转向制动器工作原理

10. 双头螺栓；11. 双头拉臂；13. 棘爪；14. 拉杆

在制动过程中,当踩制动踏板向下运动时,高压油液进入制动助力器,通过液压作用产生的拉力和施加的人力使制动带把制动鼓抱紧。油路系统发生故障,当踩制动踏板向下运动时,只有人力可使制动带把制动鼓抱紧,只不过操纵力要大一些。因此,制动助力油路只是起助力作用,即使油路出了故障,单靠人力操纵也可以制动。

3) 制动助力器

制动助力器主要由摇臂、滑阀、阀体和摇臂等组成,如图 2-129 所示。当踩下制动踏板时,通过拉杆机构推动摇臂 1 下端向右摆动,并推动滑阀 2 向右移动,同时将进油路打开,高压油液从同步阀流入滑阀油缸,在高压油液和摇臂共同的推动作用下,活塞向右移动推动摇臂 4 摆动,最终使制动器制动;当放松制动踏板时,在回位弹簧的作用下,滑阀向左移动回位,同时打开回油路,滑阀油缸中的高压油液泄回到后桥箱中,摇臂也随之回位,使制动解除。

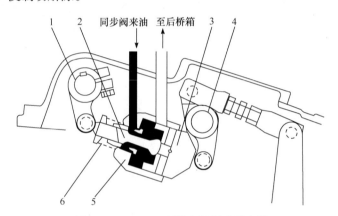

图 2-129　TY220 型推土机制动助力器
1. 摇臂; 2. 滑阀; 3. 活塞; 4. 摇臂; 5. 阀体; 6. 回位弹簧

4) 转向制动液压系统

(1) 功用与组成。

转向制动液压系统与制动助力液压系统共用一个油路,用来操纵转向离合器的接合与分离,并起制动助力作用,主要由转向油泵 2、分流阀 4、主溢流阀 5、转向离合器操纵阀 6、同步阀 7、制动助力器安全阀 8、左制动助力器 9 和右制动助力器 10 等组成,如图 2-130 所示。

(2) 油路途径。

当发动机工作时带动转向油泵 2 工作,将油液经粗滤器 1 从后桥箱 13 中吸出,经细滤器 3 后分为两路:一路进入伺服阀,用来操纵工作装置换向阀的助力阀;另一路进入分流阀 4,在此进一步分为两路,第一路以 28L/min 的流量流入制动助力油路,起制动助力作用,第二路以 81L/min 的流量供给转向油路,实现机械转向。转向制动液压系统的油路途径如图 2-130 所示。

在转向油路中,由分流阀 4 以 81L/min 的流量供给的高压油液,根据油液压力的大小再分为两路:一路当油压小于 1.3MPa 时,油液全部进入转向离合器操纵阀 6,此时若不转向,则转向阀实现左位,高压油液进入转向阀后不通,若操纵转向阀向左或向右转向,则转向阀实现右位,高压油液通过转向阀右位进入左转向离合器 12 或右转向离合器

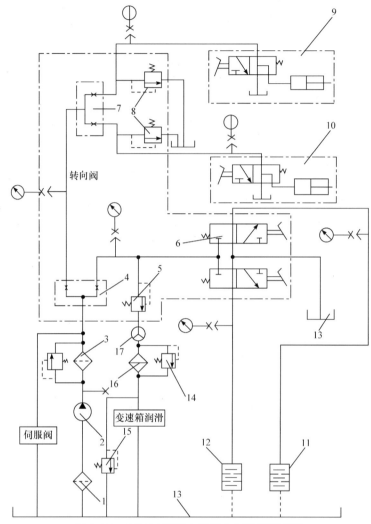

图 2-130　TY220 型推土机转向制动液压系统

1. 粗滤器；2. 转向油泵；3. 细滤器；4. 分流阀；5. 主溢流阀；6. 转向离合器操纵阀；7. 同步阀；8. 制动助力器安全阀；9. 左制动助力器；10. 右制动助力器；11. 右转向离合器；12. 左转向离合器；13. 后桥箱；14. 回油安全阀；15. 背压阀；16. 冷却器；17. 液力变矩器

11，使转向离合器分离，实现向左或向右转向；另一路当油压大于 1.3MPa 时，一部分油液打开主溢流阀 5 进入液力变矩器 17，从液力变矩器出来的油液在油压小于 0.7MPa 的情况下，经冷却器 16 后供给变速器润滑，在油压大于 0.7MPa 的情况下经回油安全阀 14 越过冷却器供给变速器润滑，润滑之后的油液流入后桥箱 13，当变速器润滑油路的油压大于 1.5MPa 时，从冷却器 16 出来的油液经背压阀 15 直接流入后桥箱。

　　在制动助力油路中，由分流阀 4 以 28L/min 的流量供给的高压油液，先进入同步阀 7，将油液以 14L/min 的同样流量平均分送给左制动助力器 9 和右制动助力器 10。此时，若不制动，则制动助力器实现右位，从同步阀进入制动助力器中的高压油液直接回油流入后桥箱中；若操纵制动，则制动助力器实现左位，从同步阀进入制动助力器的高压油液进入油缸，推动活塞帮助制动，实现制动助力作用。

(3) 转向阀总成。

转向制动液压系统的核心部件是转向阀总成，转向阀总成安装在后桥箱上平面中间部位，受驾驶室内的转向操纵杆控制，主要由分流阀、主溢流阀、转向离合器操纵阀、同步阀和制动助力器安全阀等组成，其结构如图 2-131 所示。

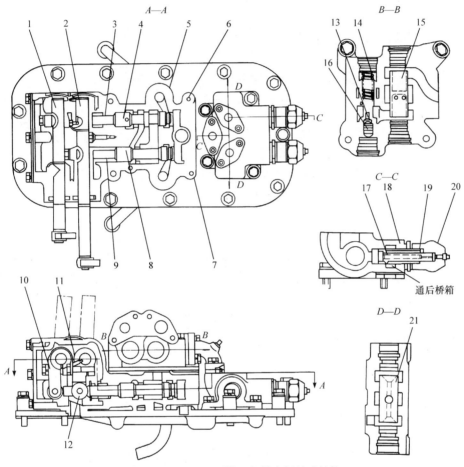

图 2-131　TY220 型推土机转向阀总成结构

1. 右轴；2. 左轴；3、9. 回位弹簧；4. 右转向阀杆；5. 阀体；6、7. 阀堵；8. 左转向阀杆；10、11. 摇臂；12. 滚轮；13. 主溢流阀阀芯；14. 弹簧；15. 分流阀芯；16. 小活塞；17. 锥阀；18. 阀座；19. 弹簧；20. 螺母；21. 平衡活塞

① 分流阀。

分流阀用来将油泵来油分为两路，其结构如图 2-132 所示。自油泵进入转向阀总成的油液到达分流 A 腔后，通过分流阀芯上的两个小孔把油分为两股，一股以 28L/min 的流量供给制动回路，另一股以 81L/min 的流量供给转向回路。

分流阀使用中要防止机油太脏把分流阀的阀芯卡死，若阀芯被卡死在左端，则去往制动回路的油液将受阻，使制动没有助力，制动操纵较重；若阀芯卡死在右端，则供给转向离合器的油液将受阻，使转向离合器分离迟缓，甚至无法分离而无法转向。

② 主溢流阀。

主溢流阀与分流阀在一个阀体上，用来控制转向油路的最高油压不超过 1.3MPa，其

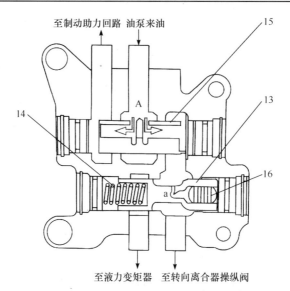

图 2-132　TY220 型推土机分流阀结构
13. 主溢流阀阀芯；14. 弹簧；15. 分流阀芯；16. 小活塞

结构如图 2-133 所示。经分流阀进入转向油路的油液进入主溢流阀的 B 腔，当 B 腔充满油液后，回路中的油压开始升高，于是从主溢流阀阀芯 13 的小孔 a 流入的高压油液推动小活塞 16 向右移动，当小活塞顶到右侧端头时，作用在主溢流阀阀芯 13 上的油压作用将压缩弹簧 14 而推动阀芯向左移动，从而连通 B 腔到 C 腔的油路，高压油液便从 C 腔去往液力变矩器进行泄压，以此保持去往转向离合器的油压最高不超过 1.3MPa。当油压达不到规定值时，可在弹簧 14 的端头加减垫片进行调整。

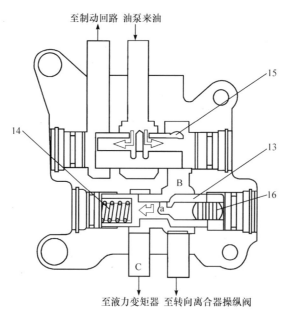

图 2-133　TY220 型推土机主溢流阀结构
13. 主溢流阀阀芯；14. 弹簧；15. 分流阀芯；16. 小活塞

　　主溢流阀使用中要防止机油太脏把阀芯卡死，若阀芯被卡死在左端的泄压位置，则转向油压不够，转向不灵；若阀芯被卡死在右端位置，则无法泄压而产生油压过高，使转向离合器活塞受力过大造成主动毂被压坏或密封件受损。

　　③ 转向离合器操纵阀。

　　转向离合器操纵阀用来控制通往转向离合器油路的通断，从而控制转向离合器的分离与接合，实现机械的转向，其结构如图 2-134 所示。阀体 5 为整体式，其中装有左转向阀杆 8 和右转向阀杆 4，每个阀杆有接通和关闭两个位置，图中所示即关闭位置，阀杆左端装有回位弹簧。

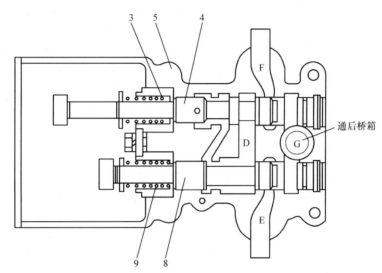

图 2-134　TY220 型推土机转向离合器操纵阀结构
3. 回位弹簧；4. 右转向阀杆；5. 阀体；8. 左转向阀杆；9. 回位弹簧

　　当不操纵转向时，两根阀杆依靠回位弹簧 3 和 9 的张力停在关闭位置，此时由主溢流阀来的高压油液进入转向阀的 D 腔，D 腔处于封闭状态。

　　当操纵左转向阀杆 8 左转时，阀杆压缩回位弹簧 9 向右移动，将 D 腔与 E 腔的连接油路接通，D 腔中的高压油液经 E 腔去往左转向离合器，使左转向离合器分离，实现向左转向。当松开左转向操纵杆时，回位弹簧 9 的弹力使左转向阀杆 8 回到关闭位置，原来充入左转向回路中的油液受左转向离合器活塞反向运动的推力而沿 E 腔回流至转向阀，并从 G 腔流入后桥箱泄出。

　　当操纵右转向阀杆 4 右转时，阀杆压缩回位弹簧 3 向右移动，将 D 腔与 E 腔的连接油路接通，D 腔中的高压油液经 F 腔去往右转向离合器，使右转向离合器分离，实现向右转向。当松开右转向操纵杆时，回位弹簧 9 的弹力使右转向阀杆 4 回到关闭位置，原来充入右转向回路中的油液受右转向离合器活塞反向运动的推力而沿 F 腔回流至转向阀，并从 G 腔流入后桥箱泄出。

　　当同时操纵左转向阀杆 8 和右转向阀杆 4 时，两阀杆同时向右移动，将 D 腔与 E 腔和 F 腔的连接油路同时接通，D 腔中的高压油液经 E 腔和 F 腔同时去往左转向离合器和右转向离合器，使左转向离合器和右转向离合器同时分离，机械将停止行驶。

　　在操纵转向时，为了使转向离合器从自分离状态转为接合状态能平稳进行，而不会突然接合造成冲击，在转向阀的泄油孔中插入了一根油管，如图 2-135 所示。油管上端与顶面的间隙不得大于 4mm，这个间隙起两个作用：一个作用是松开转向操纵杆时，原来充入转向离合器中的高压油液进行放泄，需经过 4mm 的间隙，间隙可起阻尼作用，使转向离合器泄压缓慢一些，从而实现转向离合器逐渐由分离转为接合；另一个作用是可以保持转向离合器回路中充满油液，下次进行转向操纵时，转向离合器能够迅速分离。

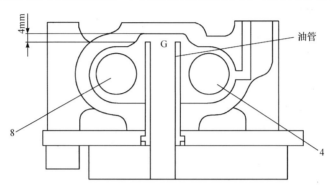

图 2-135　TY220 型推土机转向离合器操纵阀泄油孔
4. 右转向阀杆；8. 左转向阀杆

　　实际工作中，当长时间不进行转向操作时，由于机械振动、颠簸等，转向离合器回路中的油液还是会通过这 4mm 的间隙泄漏。为了使转向离合器中保持充满油液，在右转向阀杆的右端增置了一个小活塞,活塞右端由小弹簧顶住,活塞上加工有油孔,如图 2-136所示。

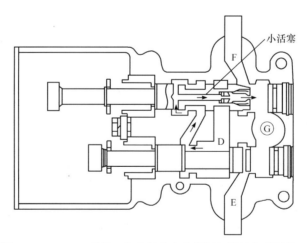

图 2-136　TY220 型推土机右转向离合器阀杆的补充泄漏装置

　　当不操纵转向时，正常情况下，小活塞依靠小弹簧的弹力抵在右转向阀杆左端，D腔通往小活塞上油孔的油路不通；当转向离合器回路中的油液经 G 腔沿间隙泄漏而压力降低时，D 腔中的高压油液作用在小活塞上，小活塞压缩小弹簧而向右移动，将 D 腔通往小活塞上油孔的油路接通，D 腔中的油液便经油孔补充到 G 腔中，从而保证转向离合器回路中充满油液。因此，每次操纵转向时，转向离合器便可迅速分离，实现机械迅速转向。

④ 同步阀和制动助力器安全阀。

同步阀用来将分流阀的来油以同样的流量平均分配给左制动助力器和右制动助力器，制动助力器安全阀用来控制制动助力油路的最高油压不超过 1.7MPa，其结构如图 2-137 所示。同步阀通过阀芯上的两个油孔将分流阀来油分为流量相同的两股，分别流入左制动助力器和右制动助力器。同步阀的高压油液同时与制动助力器安全阀相通，当制动助力器的油压达到 1.7MPa 时，制动助力器安全阀的阀芯在高压油液的压力作用下压缩弹簧而向右移动，打开通往后桥箱的泄压孔，于是一部分高压油液泄入后桥箱；当高压油液油压低于 1.7MPa 时，弹簧在回位作用下使阀芯向左移动而把泄压孔堵塞，以此保持去往制动助力器的油压。

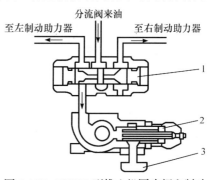

图 2-137  TY220 型推土机同步阀和制动
助力器安全阀结构

1. 同步阀；2. 制动助力器安全阀；3. 后桥箱

4. PD320Y-1 型推土机转向制动装置

PD320Y-1 型推土机转向制动装置的结构组成和工作原理与 TY220 型推土机类似，在此不再赘述。

### 2.7.4  侧传动装置

1. 功用与分类

侧传动装置位于转向离合器的外侧，是传动系中最后一个动力传动装置，因此也称为最终传动装置，其功用是再次降低转速、增大扭矩，并将动力经驱动轮传递给履带，使机械行驶。侧传动装置的传动比较大，可以减轻中央传动装置和转向离合器的载荷。

侧传动一般分为单级齿轮传动和双级齿轮传动，在履带式机械上多采用双级齿轮传动。双级齿轮传动通常有两种形式：

(1) 双级外啮合齿轮传动。双级外啮合齿轮传动一般是两级均为圆柱齿轮减速，其特点是结构简单、使用可靠，目前大多数推土机都采用这种形式。

(2) 双级行星齿轮传动。双级行星齿轮传动一般是第一级为圆柱齿轮减速，第二级为行星齿轮减速，其特点是结构尺寸小、传递动力大，但结构复杂，制造和调整的要求都比较高，目前只有在某些重型履带式推土机上采用这种形式。

下面分别介绍 TY160 型、TY220 型、PD320Y-1 型推土机侧传动装置的结构组成和工作原理。

2. TY160 型推土机侧传动装置

TY160 型推土机侧传动装置采用二级直齿轮减速，飞溅润滑，浮动油封密封，如图 2-138

所示。驱动盘 1 与转向离合器的外毂用螺钉相连，从转向离合器传来的驱动力通过驱动盘带动第一级主动齿轮 3 旋转；第一级主动齿轮与第一级从动齿轮 4 相啮合，带动第二级主动齿轮 5 旋转；第二级主动齿轮与第二级从动齿轮 21 相啮合，动力进一步传递到第二级从动齿轮，实现减速增扭的目的。第二级从动齿轮用螺栓固定在侧传动轮毂 18 上，链轮轮毂 8 压装在侧传动轮毂 18 上，因此动力从第二级从动齿轮继续传递到链轮轮毂上，并通过链轮齿块带动履带旋转，使机械行驶。齿轮罩 6 起储存润滑油的油箱作用，链轮的旋转滑动部位装有浮动油封 7 和油封座 15，以防止灰砂泥浆进入箱体内和润滑油渗漏。

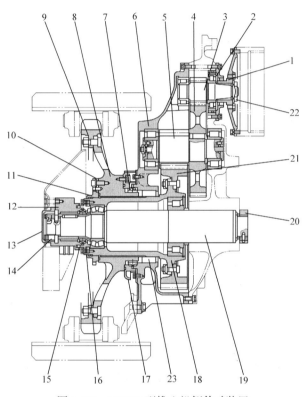

图 2-138　TY160 型推土机侧传动装置

1. 驱动盘；2. 轴承座；3. 第一级主动齿轮；4. 第一级从动齿轮；5. 第二级主动齿轮；6. 齿轮罩；7. 浮动油封；8. 链轮轮毂；9. 链轮齿块；10. 锁块；11. 链轮螺母；12. 半轴外座；13. 罩盖；14. 螺母；15. 油封座；16. 保持架；17. 挡泥板；18. 侧传动轮毂；19. 半轴；20. 螺母；21. 第二级从动齿轮；22. 螺母；23. 支撑套

### 3. TY220 型推土机侧传动装置

TY220 型推土机侧传动装置采用二级直齿轮减速，飞溅润滑，密封端面为浮动式油封，如图 2-139 所示。接盘 4 通过螺钉与转向离合器的从动毂相连，由转向离合器传递给接盘的动力通过接盘的花键传给一级主动齿轮 5，与一级主动齿轮相啮合的一级从动齿轮 1 通过三个平键将动力继续传给二级主动齿轮 11，并通过齿轮啮合传给二级从动齿圈 13，实现减速增扭。二级从动齿圈与齿圈轮毂 16 用齿圈螺栓 14 固定连接，齿圈轮毂通过花键与驱动轮轮毂 18 连接，因此动力从二级从动齿圈经齿圈轮毂传递到驱动轮轮毂，并通过驱动轮齿块带动履带旋转使机械行驶。

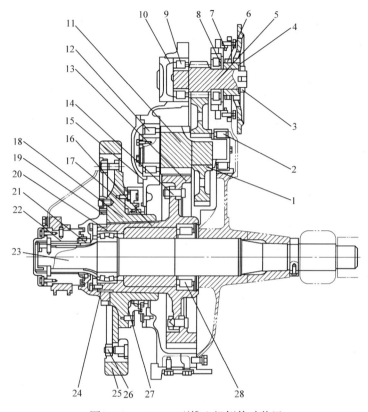

图 2-139 TY220 型推土机侧传动装置

1. 一级从动齿轮；2、8、9、12、20、28. 轴承；3. 螺母；4. 接盘；5. 一级主动齿轮；6. 油封；7、10、15、19、27. O 形
密封圈；11. 二级主动齿轮；13. 二级从动齿圈；14. 齿圈螺栓；16. 齿圈轮毂；17. 大油封；18. 驱动轮轮毂；21. 小油封；
22. 半轴支架；23. 半轴；24. 螺母；25. 驱动轮齿块；26. 驱动轮螺栓

### 4. PD320Y-1 型推土机侧传动装置

PD320Y-1 型推土机侧传动装置的结构组成和工作原理与 TY220 型推土机类似，在此不再赘述。

### 2.7.5 履带式驱动桥常见故障判断与排除

1. 中央传动装置

中央传动装置的常见故障主要有异常响声和齿轮室发热等。

1) 异常响声

异常响声主要包括齿轮异响和轴承异响。

(1) 故障现象。

机械在行驶或作业过程中，齿轮或轴承发出各种异常响声。

(2) 故障原因。

① 齿轮异响：是齿面加工精度低、啮合间隙与啮合印痕调整不当、壳体形位误差超限等引起的。调整不当使齿轮啮合间隙过小，会发出"嗡嗡"的金属挤压声；轮齿磨损、

齿面疲劳剥落或调整不当等，使其啮合间隙过大产生撞击声；啮合间隙不均或个别轮齿折断，会发出有节奏的不均匀响声；连续 2～3 个轮齿折断会停止传递动力。

② 轴承异响：是轴承磨损、安装过紧、轴承歪斜、调整不当及壳体与轴产生变形等引起的。轴承磨损或调整不当使轴承间隙增大，两锥齿轮不能保持在正确的位置，尤其是在使用转向离合器时，产生的轴向力使从动锥齿轮左右窜动，失去正常啮合，使得轴承发出杂乱的"哈啦哈啦"响声(同时齿轮也会发出异响)；调整不当使轴承间隙过小，发出较均匀的、连续的"嘤嘤"响声；壳体或轴变形等使轴承间隙不均，发出有规律的连续响声。

(3) 排除方法。

① 调整齿轮啮合间隙；

② 更换磨损轮齿；

③ 调整轴承间隙；

④ 调整或更换变形的壳体或轴，更换损坏的轴承。

2) 齿轮室发热

(1) 故障现象。

用手摸齿轮室能感觉明显的温度。

(2) 故障原因。

齿轮室发热主要是由齿轮啮合间隙过小、轴承间隙过小、轴承歪斜、滚动体间有杂物、润滑油不足或油质较差等引起的。

(3) 排除方法。

排除故障时，若齿轮有损伤，则更换齿轮；若是配合间隙不当，则调整齿轮啮合间隙或轴承间隙。

2. 转向离合器

1) 打滑

(1) 故障现象。

转向离合器一侧打滑时，机械直线行驶会自行跑偏，负载大时更为明显；两侧都打滑时，机械行驶或作业无力，而且作业中当机械阻力增大时，行驶速度会大幅降低。另外，湿式转向离合器伴随有油温升高等现象，干式转向离合器伴随有发热、冒烟等现象，严重时出现臭味等现象。

(2) 故障原因。

① 湿式转向离合器打滑的主要原因有活塞与弹簧压盘间的距离增大、弹簧有折断或变形、摩擦片磨损过甚等。

② 干式转向离合器打滑的主要原因有摩擦片有油污或磨损严重、弹簧失效或折断、操纵杆无自由行程、操纵杆与橡胶缓冲垫间有杂物等。

(3) 排除方法。

① 调整离合器踏板的自由行程；

② 清洁、修复或更换摩擦片；

③ 修复或更换压紧弹簧或压紧杠杆；

④ 紧固离合器盖各处螺母。

2) 分离不彻底

(1) 故障现象。

① 当拉动一边转向杆时，机械不能进行小转弯或转弯太慢；

② 两个转向杆全拉开时，机械不能完全停止。

(2) 故障原因。

① 湿式转向离合器分离不彻底的原因是进入转向的油压不够、连接盘和活塞以及进油管上的密封圈发生损坏，导致压力油泄露或缺油以及调整不当等。

② 干式转向离合器分离不彻底的原因有操纵杆自由行程过大、分离机构调整不当等。

(3) 排除方法。

① 检查油路油压，更换损坏的液压元件；

② 调整相应的自由行程或配合间隙。

**3. 转向制动器**

对于浮动带式制动器，常见故障是制动打滑。

1) 故障现象

机械不能急转弯或转弯时发出"吱吱"的响声。

2) 故障原因

(1) 制动器损坏；

(2) 制动带与制动衬片磨损过大或调整不当等引起打滑；

(3) 干式带式制动器主要由制动带有油污或磨损严重、铆钉外露、踏板行程过大等引起打滑，严重时还伴有冒烟和焦臭味。

3) 故障排除

(1) 更换制动衬片；

(2) 调整制动带与制动衬片的间隙；

(3) 清洁或更换制动带。

**4. 侧传动装置**

侧传动装置常见故障主要是漏油和异常响声。

1) 漏油

漏油主要原因有：

(1) 轮毂轴承间隙过大，使驱动轮摆动，加速油封损坏，造成漏油；

(2) 半轴弯曲过大，使驱动轮啮合位置偏斜，油封发生偏磨或损坏，造成漏油；

(3) 轮毂紧固螺母松动或齿罩与侧减速器壳连接螺栓松动。

排除时，应及时更换损坏的油封、调整配合间隙、紧定相应部件等。

2) 异常响声

发出异常响声主要原因是齿轮磨损严重或轮齿断裂，从而出现齿轮撞击响声，轴承损坏或松旷出现轴承"哗啦"的响声等。排除时，需要更换或紧定损坏的齿轮和轴承。

5. 制动助力器

制动助力器常见故障主要是助力失灵引起操纵沉重。

1) 故障原因

(1) 制动助力器储油室缺油或油液黏度太小，引起泵油量不足或不泵油。储油室缺油大多是由油封损坏或壳体裂纹漏油造成的。

(2) 液压泵磨损使泵油流量和压力降低，主要是齿轮径向间隙、端隙及齿侧间隙增大，内漏增加或齿轮轴两端铜套磨损，外漏增大造成的。

(3) 制动助力器零件磨损，例如，滑阀与阀套内孔配合间隙及阀套外径与顶套内孔配合间隙增大，液压油泄漏过多，致使操纵杆操纵沉重。

(4) 滤网堵塞。

2) 排除方法

(1) 制动助力器失效时，应将操纵杆的操纵力调整至正常范围；

(2) 当一侧操纵杆沉重时，重新对制动助力器进行装配调整，若难以修复，则进行更换；

(3) 当两操纵杆均沉重时，检查油路或液压泵，排除相关故障。

# 第3章 行驶系统

## 3.1 行驶系统概述

### 3.1.1 行驶系统的功用

将机械上所有部件连成一体，并把从传动系统接受的扭矩转化为驱动力，促使机械运动的一整套机构称为工程机械的行驶系统。行驶系统的主要功用是：

(1) 将发动机传来的扭矩转化为使机械行驶(或作业)的牵引力；

(2) 承受并传递各种力和力矩，保证机械正确行驶或作业；

(3) 将机械的各组成部分构成一个整体，支承全机重量；

(4) 吸收振动、缓和冲击，轮胎式行驶系统与转向系统配合，实现机械的正确转向。

### 3.1.2 行驶系统的分类

工程机械的行驶系统主要分为轮胎式行驶系统和履带式行驶系统两大类。

1. 轮胎式行驶系统特点

轮胎式行驶系统采用轮胎作为行走装置，具有良好的缓冲、减振性能，并且行驶阻力小、行驶速度高、机动性能好，尤其是随着轮胎性能的提高以及超宽基超低压轮胎的应用，轮式机械的通过性能和牵引力都比过去有了较大的提高，近年来采用轮胎式行驶系统的机械日益增多，轮式机械在工程机械中的比例也越来越大。与履带式行驶系统相比，其主要缺点是附着力小、通过性能较差。

2. 履带式行驶系统特点

履带式行驶系统采用履带作为行走装置，具有附着力大、支承面大、接地比压小、越障碍物能力强以及牵引性能和通过性能好等优点。与轮胎式行驶系统相比，其主要缺点是结构复杂、重量大、运动惯性大，而且没有像轮胎那样有吸收振动和缓和冲击的作用，使得零件易磨损、维修量大，因此机动性较差，一般行驶速度较低，并且易损坏路面，转移作业场地困难。

轮胎式行驶系统和履带式行驶系统各自都有比较突出的优点，因此两种行驶系统在工程机械上的应用都比较广泛。

## 3.2　轮胎式行驶系统

### 3.2.1　轮胎式行驶系统的组成与行驶原理

轮胎式行驶系统主要由车架 1、车桥 2、悬挂装置 3 和车轮 4 等组成，车轮安装在车桥两端，车桥通过悬挂装置与车架相连，如图 3-1 所示。

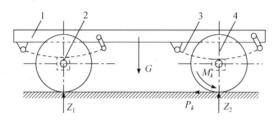

图 3-1　轮胎式行驶系统组成

1. 车架；2. 车桥；3. 悬挂装置；4. 车轮

整机重力 $G$ 通过车轮传到地面，引起地面产生作用于前轮和后轮上的垂直反力 $Z_1$ 和 $Z_2$。当发动机经传动系统传递给驱动轮一个驱动力矩 $M_k$ 时，地面产生作用于驱动轮边缘上的切向牵引力 $P_k$，推动整个机械行驶的牵引力 $P_k$ 由行驶系统来承受。当机械制动时地面产生作用于车轮边缘上与行驶方向相反的制动力，以及当机械在弯道或横坡行驶时路面与车轮间产生的侧向反力，也均由行驶系统来承受。

### 3.2.2　车架

#### 1. 功用和要求

车架又称机架，是整个机械的骨架，机械上所有的零部件都直接或间接地安装在车架上面，并保持一定的相互位置。

车架支承着机械的大部分重量，在机械行驶时，还承受着由各部件传来的力和力矩，当行驶道路崎岖不平进行作业时，还要承受更大的冲击载荷。因此，车架必须具有足够的强度和刚度，以防止受力过大时被破坏或产生过大的变形影响其正常的工作。此外，为了使机械具有良好的行驶和工作稳定性，车架应在保证必要的离地间隙下，使机械的重心位置尽量低。

#### 2. 类型和结构

工程机械种类较多，作业条件和作业方式也不相同，因此车架的结构形式也不相同，一般可分为整体式车架和铰接式车架两种类型。

1) 整体式车架

整体式车架是由两根位于两边的纵梁与若干根横梁铆接或焊接而成的一个完整的框架，其特点是刚性比较好，机械的稳定性好，在工程机械上得到了广泛应用，如 JYL200G/JYL200G 改进型挖掘机采用的就是整体式车架。采用整体式车架的工程机械采用偏转车轮转向方式。

JYL200G 型挖掘机整体式车架主要由纵梁和横梁焊接而成，如图 3-2 所示。车架的上部焊接着转台，其上装着盖板，两侧纵梁前、后均焊接有支腿座，支腿通过轴销与支腿座铰接。当挖掘机作业时，通过液压操纵，使支腿落于地面，以增大作业的稳定性，并减轻轮胎的负载。

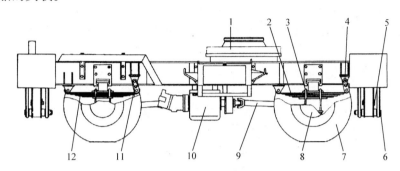

图 3-2　JYL200G 型挖掘机整体式车架

1. 转台；2. 后桥减震弹簧；3. U 形螺栓；4. 摇臂轴；5. 支腿；6. 销轴；7. 轮胎；8. 后桥总成；9. 传动轴；10. 变速器；11. 摇臂；12. 前桥减震弹簧

2) 铰接式车架

铰接式车架由前车架、后车架以及连接两个车架的铰链等组成，前车架一般用钢板焊成特殊的结构形式，用以安装作业装置、转向油缸和铰链等；后车架一般用型钢和钢板做成混合结构，用来安装发动机、传动系统、制动系统和铰链装置等；铰链需要承受车架的整个弯矩，一般做成上、下两个铰接点，并在一条直线上，以增加它的抗弯能力。铰接式车架的转向系统简单可靠，并且转弯半径小，在工程机械上得到了广泛应用，如 TLK220/TLK220A 型推土机、ZLK50/ZLK50A 型装载机和 ZL 系列装载机均采用铰接式车架。

ZL50 型装载机的铰接式车架由前车架 1 与后车架 4 在中间用上、下两个垂直铰销 3 和 8 相连而成，如图 3-3 所示，前车架和后车架可绕铰销相对偏转，从而使机械实现转向。前车架和后车架的构造与整体式车架的构造相同，也是由两根纵梁与若干根横梁铆接或焊接而成的。前车架与前桥通过两个限位块 11 刚性连接，后车架与后桥通过副车架相连，即驱动桥与副车架 6 用螺栓连接，而副车架通过两个水平销轴 7 与后车架上的两根横梁 13 铰接，后驱动桥在不平整的道路上行驶时可绕水平销轴摆动，使四轮同时着地，从而减小地形变化对车架和销轴的影响。

铰接式车架的铰链不仅承受整个车架的载荷，还要完成前车架和后车架的相对转动，其结构形式主要有三种，分别为销套式铰链、球铰式铰链和滚锥轴承式铰链。

(1) 销套式铰链：销套式铰链结构如图 3-4 所示，在前车架 6 和后车架 4 上均开有垂直销孔，销套 5 压入后车架的销孔中，销轴 1 插入销孔后，通过锁板 2 锁在前车架上，铜垫圈 3 用于避免前车架和后车架直接接触而造成磨损。销套式铰链使前车架和后车架可绕销轴相对偏转，从而使整个机械转向，其特点是结构简单、工作可靠，但上铰链和下铰链销孔的同心度要求较高，因此上铰点和下铰点距离不宜太大，目前，中、小型工程机械广泛采用这种结构形式。

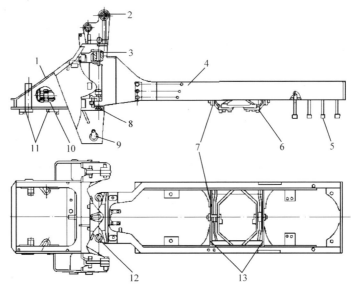

图 3-3　ZL50 型装载机铰接式车架

1. 前车架；2. 动臂铰点；3. 上铰销；4. 后车架；5. 螺栓；6. 副车架；7. 水平销轴；8. 下铰销；9. 动臂油缸铰销；10. 转向油缸前铰点；11. 限位块；12. 转向油缸后铰点；13. 横梁

(2) 球铰式铰链：球铰式铰链结构如图 3-5 所示，销轴 2 用锁板 3 锁定，在前车架 8 的销孔处装有由球头 6 和球碗 7 组成的关节轴承，增减调整垫片 9 即可调整球头与球碗的间隙，关节轴承可通过油嘴 5 定期注入黄油来润滑。关节轴承可使销轴的受力状况得到改善，同时球铰式铰链具有一定的调心功能，因此可增大上铰链和下铰链的距离，以减小销轴的受力，目前大型铰接式机械多采用这种结构形式。

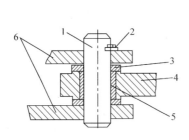

图 3-4　销套式铰链结构

1. 销轴；2. 锁板；3. 铜垫圈；4. 后车架；5. 销套；
6. 前车架

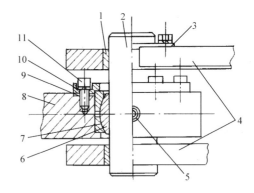

图 3-5　球铰式铰链结构

1. 销套；2. 销轴；3. 锁板；4. 后车架；5. 油嘴；6. 球头；
7. 球碗；8. 前车架；9. 调整垫片；10. 压盖；11. 螺钉

(3)滚锥轴承式铰链：滚锥轴承式铰链结构如图 3-6 所示，销轴 2 用弹性销 8 固定在后车架上，前车架 1 销孔处装有滚锥轴承 7。采用滚锥轴承使滑动摩擦变为滚动摩擦，使得前车架和后车架的偏转更加灵活轻便，但其结构较为复杂，成本也较高，目前应用较少。

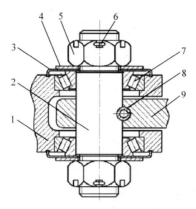

图 3-6　滚锥轴承式铰链结构

1. 前车架；2. 销轴；3. 盖；4. 垫圈；5. 螺母；6. 开口销；7. 滚锥轴承；8. 弹性销；9. 后车架

### 3.2.3　车桥

1. 功用

车桥通常是一根刚性的实心或空心梁，其两端安装着车轮，并直接或通过悬挂装置与车架相连，用以在车轮和车架之间传递各种作用力，其功用有：

(1) 与车架连接以支承机械的重量；

(2) 将车轮所受到的各种外力或力矩传递到车架；

(3) 承受路面对车轮冲击所形成的弯曲力矩和扭曲力矩。

2. 分类

根据车桥两端车轮的不同作用，轮式工程机械的车桥可分为驱动桥、转向驱动桥、转向桥和支承桥。驱动桥和转向驱动桥在传动系统章节已经介绍过，这里不再重述。支承桥仅起支承机械重量和安装车轮的作用，其结构比较简单，常用在挂车上。本节主要介绍转向桥。

3. 转向桥

转向桥除了支承机械重量，还起转向作用，一般用于整体式车架。工程机械的转向桥主要由前轴、转向节和轮毂等部分组成，如图 3-7 所示。

前轴 17 用中碳钢锻成，其断面为工字形，因此又称工字梁，目的是提高其抗弯强度。接近两端处，前轴截面略呈方形，以提高其抗扭强度。轴上有钢板座以便安装钢板弹簧，中部向下弯曲，以此降低车架及整机的重心。前轴两端各有一个加粗部分，呈拳状，其上有通孔，转向主销 14 即插入此孔内，并用带细螺纹的楔形锁销将主销固定于孔内，使之不能转动。

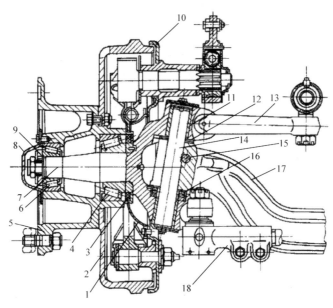

图 3-7　转向桥

1. 挡油盘；2. 制动鼓；3. 油封；4、6. 滚锥轴承；5. 轮毂；7. 转向节；8. 罩；9. 调整螺母；10. 制动底板；11. 衬套；12. 调整垫片；13. 转向节臂；14. 转向主销；15. 楔形锁销；16. 圆锥滚子推力轴承；17. 前轴；18. 横拉杆

　　转向节 7 为"Y"形(俗称羊角)，带有销孔的两耳通过转向主销与前轴相连。转向节销孔内压入青铜衬套 11，用装在上部的注油嘴加注润滑脂。在转向节的上耳装有转向节臂，与转向系统的纵拉杆相连接，下耳则装有转向梯形臂，与转向横拉杆连接。为使转向灵活轻便，在下耳与拳形部之间装有圆锥滚子推力轴承 16，在上耳下端与拳形部之间装有调整垫片 12，用以调整转向节与前轴间的轴向间隙。制动底板 10 固定于转向节凸缘外侧。

　　轮毂 5 通过两个滚锥轴承 4 和 6 支承在转向节外端的轴颈上，轴承的紧度可用外端的调整螺母 9 加以调整，然后通过锁圈及固定螺母锁紧。轮毂外圆的接盘上，用螺栓固装着车轮，内侧凸缘上固定着制动鼓 2。为防止润滑油进入制动鼓内、破坏制动器的制动性能，在内轴承的内侧装有油封 3。

　　4. 转向轮定位

　　对于以前轮为转向轮的整体式车架工程机械，为了保证其直线行驶的稳定、转向操纵的轻便以及减少行驶中轮胎的磨损，在安装时将转向轮、转向主销相对于前轴倾斜一定的角度，这种具有一定相对位置的安装称为转向轮定位，转向轮定位包括主销内倾、主销后倾、转向轮外倾和转向轮前束。

　　1) 主销内倾

　　主销在横向平面内并不垂直地面而是其上端向内倾斜一角度 $\beta$，称为主销内倾，$\beta$ 为主销内倾角，如图 3-8 所示。

　　主销内倾的功用包括：

　　(1) 使转向轮转向轻便，减轻操作人员的劳动强度。

当主销无内倾时,其延长线与地面交点 $a$ 距轮胎接触地面中心点 $b$ 的距离为 $L$,主销内倾 $\beta$ 后,其延长线与地面交点 $a'$ 距 $b$ 点的距离减小到 $L_1$,这样车轮在转向时,路面对车轮的阻力臂减小,阻力矩也减小,从而使得操纵转向轮偏转所需的转向力矩也减小,使转向轮转向轻便。同时,在转向轮受到地面冲击和制动时,还可减小转向轮传递到方向盘上的冲击力。

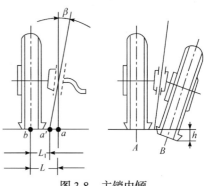

图 3-8 主销内倾

(2) 转向轮(前轮)在行驶中偏转后能够自动回正,保证机械稳定直线行驶。

当转向轮由直线行驶位置绕主销转动时,由于主销向内倾斜,车轮中垂线绕主销旋转轨迹是一个圆锥体,在车轮偏转某一角度(图 3-8 中,由位置 $A$ 转到位置 $B$,车轮偏转 $180°$)后,车轮高度(在车架不动的情况下)将下降一定数值(图 3-8 中为 $h$),即车轮将陷入路面以下,方能从 $A$ 转到 $B$。实际上这是不可能的,在道路上行驶的机械,车轮无法下降,但运动是相对的,因此路面将转向轮连同整机前部分一起向上抬起相应高度 $h$,以使车轮能够偏转过来。车轮被抬起时,必然克服前桥的重力,使前桥重心抬高。当通过方向盘施加的转向力矩消失后,前桥的重力将使车轮恢复到原来的中间直线行驶位置,即自动回正,且转向轮偏转的角度越大,前桥抬起的高度越高,转向轮的回正作用就越强。一般工程机械的内倾角 $\beta$ 不大于 $8°$,$L_1$ 为 $40\sim60\text{mm}$。

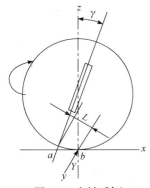

图 3-9 主销后倾

2) 主销后倾

主销在纵向平面内上端向后倾斜一角度 $\gamma$,称为主销后倾,$\gamma$ 为主销后倾角,如图 3-9 所示。

主销后倾的功用是增加机械直线行驶的稳定性,并使转向后的车轮自动回正。

当主销向后倾 $\gamma$ 时,其轴线延长线与地面交点 $a$ 位于车轮与地面接触点 $b$ 的前面,这样接触点 $b$ 到主销轴就形成了一段距离 $L$。当车轮转向时(图 3-9 中为车轮向右偏转),由于机械本身离心力的作用,在车轮与地面接触点 $b$ 处,产生地面作用于车轮的向心反作用力 $Y$,此时向心反作用力 $Y$ 形成使车轮绕主销轴线旋转的稳定力矩 $YL$,其方向与车轮偏转的方向相反。通过方向盘施加的转向力矩消失后,车轮在稳定力矩的作用下,将自动恢复到直线行驶的位置。当机械直线行驶,转向轮由于偶然受到外力作用发生偏转时,机械会立刻偏离直线行驶方向,与此同时产生一个相应的稳定力矩 $YL$,使转向轮自动回正,从而保证了机械直线行驶的稳定性。

稳定力矩作用反过来也增加了转向所需的操纵力,因此主销后倾角 $\gamma$ 不宜太大,一般在 $0°\sim3°$。采用低压轮胎时,其弹性较大,轮胎的变形使稳定力矩增大,因此 $\gamma$ 可以减小到零。此外,需要经常进行穿梭式作业或频繁倒向行驶的工程机械,其稳定力矩无稳定作用而有减小转向力矩的作用,因此 $\gamma$ 可以减小到零。

3) 转向轮外倾

转向轮安装在机械上时,上端向外倾斜与纵向垂直平面形成一微小角度 $\alpha$,称为转向轮外倾，$\alpha$ 为转向轮外倾角，如图 3-10 所示。

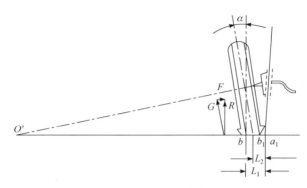

图 3-10　转向轮外倾

G 代表地面对车轮的垂直反力；R 代表地面对车轮垂直反力沿车轮方向的分力；F 代表地面对车轮垂直反力沿转向节轴方向的分力；$a_1$ 代表转向主销轴线的延长线与地面的交点；$b_1$ 代表转向轮外倾时轮胎与地面接触面的中间点；b 代表转向轮不外倾时轮胎与地面接触面的中间点；$L_1$ 代表 b 点与 $a_1$ 点之间的距离；$L_2$ 代表 $b_1$ 点与 $a_1$ 点之间的距离

　　转向轮外倾的功用是防止承载后车轮内倾所造成的轮胎过早磨损，使机械的载重负荷和路面的冲击载荷主要作用在转向节根部的大轴承上，以减轻轴端负载，从而使转向节不易折断。

　　当转向轮外倾角为零时，车桥承载后变形，转向轮会向内倾斜，此时车轮将呈"锥状体"滚动，不仅使机械难以直线行驶，还会使轮胎磨损加剧。转向轮外倾后，地面对车轮的垂直反力 G 会产生一个沿转向节轴向内的分力 F，在 F 的作用下，车轮紧压在转向节内端的大轴承上，从而减小了外端小轴承及轮毂锁紧螺母的负荷，防止车轮脱出；否则，地面的垂直反力将产生一个沿转向节轴向外的分力，从而增加转向节外端小轴承及轮毂锁紧螺母的受力，降低其使用寿命。此外，转向轮外倾还可避免在使用期间由零件的磨损及配合间隙的增大导致车轮出现严重的内倾现象。而且，转向轮外倾后，可使轮胎接触面的中间点到转向主销轴线的距离由 $L_1$ 缩小为 $L_2$，从而减小了阻止转向轮偏转的力矩，使转向操纵轻便。一般转向轮外倾角 $\alpha$ 约为 1°。

　　4) 转向轮前束

　　转向轮安装后，两转向轮的中心平面不平行，其前端略向内收缩，使两侧车轮轮辋的后端距离 A 大于前端距离 B，称为转向轮前束，其差值 $\delta(\delta=A-B)$ 为转向轮前束值，如图 3-11 所示。

　　转向轮前束的功用是消除转向轮外倾后，车轮在滚动时产生的向外滚动的趋势，可防止车轮在地面上出现半滚动、半滑动的现象，减小轮胎的磨损，保证转向轮相互平行地直线行驶。

　　如图 3-10 所示，外倾转向轮的轴线延长线与地面交角为 O′，车轮行驶时将绕 O′ 在地面上滚动，使转向轮前端有向外滚动的趋势，而车桥和转向横拉杆的约束使车轮不能向外滚动，于是车轮将出现既在地面上滚动，又向内滑拖的现象，从而造成机械行驶的稳定

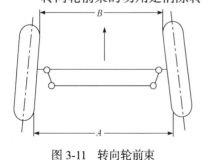

图 3-11　转向轮前束

性降低，增加了轮胎的磨损。转向轮前束克服了转向轮外倾带来的不良影响，保证了机械行驶的稳定性，减少了轮胎的磨损。通常，转向轮前束值 $\delta$ 取值在 2～12mm，其大小可通过调整转向横拉杆的长度来调整。

转向轮定位中转向轮前束可以自由调整，其余三项均在制造时已确定，大修时应按规定检查其数值，必要时校正。

### 3.2.4　悬挂装置

1. 功用与分类

悬挂装置是车架与车桥之间连接装置的总称，其功用是将路面作用于车轮上的力以及这些力所造成的力矩传递给车架，缓和并吸收车轮受到的冲击和振动，以保证机械行驶的平稳性。

轮式工程机械的悬挂装置有刚性悬挂和弹性悬挂两种类型。刚性悬挂将车架与车桥刚性连接，只适用于行驶速度较低的工程机械。弹性悬挂将车架与车桥弹性连接，能缓和并吸收车轮在不平整道路上受到的冲击和振动，适用于速度较高的工程机械。

弹性悬挂通常由弹性元件和减振装置等组成，其中弹性元件用来承受并传递垂直载荷，缓和在不平整道路上行驶时引起的冲击，减振装置用来迅速吸收和衰减车架和车身的振动，二者是并联安装的，如图 3-12 所示。

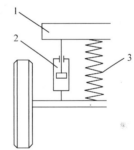

图 3-12　轮式工程机械的弹性悬挂示意图
1. 车架；2. 减振装置；3. 弹性元件

按安装形式，弹性悬挂可分为非独立悬挂和独立悬挂，其结构示意图如图 3-13 所示。非独立悬挂的两侧车轮由整体式车桥相连，车轮连同车桥一起通过悬挂装置连接在车架下面，其特点是一侧车轮上下跳动或横向摆动时，会引起另一侧车轮跳动或摆动。独立悬挂的两侧车轮单独通过悬挂装置连接在车架下面，其特点是一侧车轮的跳动或摆动不影响另一侧车轮。

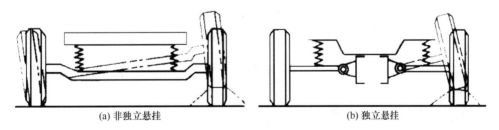

(a) 非独立悬挂　　　　　(b) 独立悬挂

图 3-13　非独立悬挂与独立悬挂结构示意图

按弹性元件的种类，弹性悬挂可分为钢板弹簧悬挂、螺旋弹簧悬挂、扭杆弹簧悬挂、空气弹簧悬挂和油气悬挂等多种形式。JYL200G/JYL200G 改进型挖掘机采用钢板弹簧悬挂，而 TLK220/TLK220A 型推土机和 ZLK50/ZLK50A 型装载机采用油气悬挂，下面分别介绍。

## 2. 钢板弹簧悬挂

轮式工程机械和汽车的悬挂装置通常用钢板弹簧作为弹性元件。如图 3-14 所示，钢板弹簧是由若干片宽度和厚度相等而长度不等的弹簧钢板依次重叠而成的，长片在上，短片在下，各片的相对位置由中心螺栓 4 和若干个弹簧夹 2 来确定，片与片之间的摩擦具有一定的衰减振动能力。

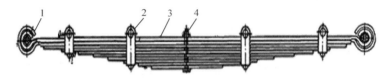

图 3-14　钢板弹簧
1. 卷耳；2. 弹簧夹；3. 弹簧主片；4. 中心螺栓

钢板弹簧与车架是纵向安装的，其中部用两个 U 形螺栓(骑马螺栓)与车桥固定。弹簧主片 3 的两端弯成卷耳 1 的形状，内装铜套或塑料、尼龙衬套，其中，前卷耳用销子与固定在车架上的支架相铰接，后卷耳通过销子与铰接在车架上可以自由摆动的吊耳相连，这样钢板弹簧变形时可以自由伸缩。

后悬挂受到的负荷变化较大，通常在后悬挂上再加装副钢板弹簧，以适应各种工况需要，如图 3-15 所示。副钢板弹簧 3 紧靠在主钢板弹簧 6 的上面，其两端与固定在车架上的托架 2 相对。当负荷不大时，仅主钢板弹簧起作用；当负荷增加到一定程度时，副钢板弹簧两端便与托架相抵，这时，主钢板弹簧和副钢板弹簧均起作用，从而使悬挂装置的刚度增大。

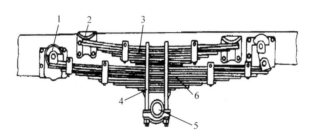

图 3-15　主钢板弹簧和副钢板弹簧
1. 支架；2. 托架；3. 副钢板弹簧；4.U 形螺栓；5. 车轴；6. 主钢板弹簧

## 3. 油气悬挂

### 1) 结构

TLK220 型推土机上采用可闭锁、可充放油的油气悬挂系统，用来传递作用在车轮和车架之间的一切力和力矩，缓和由不平整路面传给车架的冲击载荷，衰减由冲击载荷引起的承载系统振动，以保证机械的正常行驶，提高机械的平顺性、稳定性和通过性，其油气悬挂系统主要由弹性元件、减振装置、悬挂杆系、控制电路等组成，如图 3-16 所示。

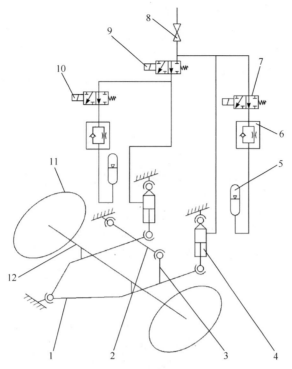

图 3-16 TLK220 型推土机油气悬挂系统

1. 角架；2. 横拉杆；3. 横拉杆支架；4. 悬挂液压缸；5. 蓄能器；6. 减振阀；7. 电磁阀(1CT)；8. 球阀；9. 电磁阀(3CT)；
10. 电磁阀(2CT)；11. 车轮；12. 后桥

2) 工作原理

当机械行驶到凹凸不平路面时，车桥会由于路面不平相对于车架上下运动。当车桥向上运动时，载荷压缩悬挂液压缸的活塞杆回缩，液压缸内的部分油液被压入蓄能器，使得蓄能器气室内的氮气被压缩，体积减小，压力升高，当压力升高到足以克服外载荷时，悬挂液压缸不再回缩，从而将一部分冲击能量吸收到蓄能器中。当车桥向下运动时，悬挂液压缸的活塞杆将会伸出，液压缸内压力降低，蓄能器中的一部分油液进入液压缸，使得蓄能器皮囊中的氮气体积增大，压力降低，当压力与外载荷平衡时，悬挂液压缸不再伸长，从而将蓄能器中的一部分能量释放。这样，机械在行驶过程中，装有油气悬挂装置的两个后驱动轮会随着路面高低做上下运动，使后车架基本保持平稳位置，同时减少了地面对后车架的冲击，从而保证了机械高速行驶时的平稳性，提高了操作手驾驶的舒适性。

3) 主要部件

(1) 弹性元件。

弹性元件包括两个悬挂液压缸和两个蓄能器，其主要作用是支承车桥以上车重，缓和路面传给车架的冲击载荷。悬挂液压缸的上端充满液压油，其液压缸行程为 195mm，额定工作压力为 16MPa。蓄能器为囊式蓄能器，型号为 NXQA-2.5/20-L，密闭性好、体积小、重量轻，皮囊内充有一定压力的氮气，公称压力为 20MPa，公称容量为 2.5L，如图 3-17 所示。

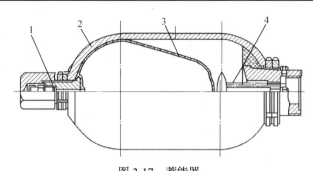

图 3-17　蓄能器
1. 充气阀；2. 壳体；3. 皮囊；4. 进油阀

(2) 减振装置。

减振装置的核心元件是减振阀，其作用是使车架的振动迅速衰减，悬挂系统中只有弹性元件而没有减振装置时，车身的振动将会延续很长时间，通过减振阀的振动阻尼力能使振动迅速衰减，从而提升机械的行驶平顺性和操纵稳定性，减振阀结构如图 3-18 所示。

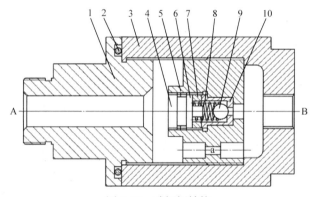

图 3-18　减振阀结构
1. 堵头；2. O 形密封圈；3. 减振阀套；4. 螺母；5. 减振阀座；6. 弹簧座；7. 垫圈；8. 弹簧；9. 钢球；10. 球座

堵头 1 上的 A 口与蓄能器相连，阀套上的 B 口与悬挂液压缸相连，阀座中心安装有由弹簧 8、钢球 9 和球座 10 组成的单向阀，阀座边缘均匀分布三个同样的阻尼孔 a。当车架在悬架上振动时，油液在悬挂液压缸和蓄能器之间流动，液压缸内的油液进出蓄能器都要经过减振阀中的阻尼孔。液压缸压缩时，液压缸内的油液从 A 口进入减振阀，经过四个阻尼孔(单向阀算其中一个)后从 B 口流向蓄能器，相对阻尼系数小；液压缸伸出时，蓄能器内的油液从 B 口进入减振阀，经过三个阻尼孔后从 A 口流向液压缸，相对阻尼系数大。阻尼孔的作用形成了对振动的阻力，使振动衰减。该减振装置具有重量轻、性能稳定、工作可靠、结构简单等特点。

(3) 悬挂杆系。

悬挂杆系包括角架、横拉杆支架、横拉杆等。悬挂液压缸只能承受垂直载荷，因此悬挂杆系用来承受垂直力以外的力和力矩。为保证杆系运动时不发生干涉，各铰接点都采用了关节轴承。

(4) 控制电路。

控制电路包括两个悬挂控制开关和一个充放油控制开关，悬挂控制开关有悬挂和闭锁两个位置，充放油控制开关有关闭和充放油两个位置，它们共同控制悬挂液压系统。如图 3-16 所示，当将悬挂控制开关推进至悬挂位置时，电磁阀 7 和 10 不通电，电磁阀在弹簧作用下处于静止位置，右位接入系统，接通悬挂液压缸和蓄能器之间的油路，而此时充放油控制开关处于关闭位置，电磁阀 9 不通电，其右位接入系统，使左悬挂液压缸和右悬挂液压缸断开，因此油液在左悬挂液压缸和右悬挂液压缸与蓄能器之间独立流动，油气悬挂起作用；当将悬挂控制开关拉出至闭锁位置时，电磁阀 7 和 10 通电，电磁阀右移，左位接入系统，切断了悬挂液压缸和蓄能器之间的油路，此时将充放油开关旋至充放油位置，电磁阀 9 通电，其左位接入系统，使左悬挂液压缸和右悬挂液压缸内的油相通，因此油液在左悬挂液压缸和右悬挂液压缸之间流动，油气悬挂不起作用，车架随车桥的摆动而摆动。

系统中的球阀 8 用于为悬挂系统打开或关闭充放油的通道。当把球阀打开，将悬挂控制开关拉出至闭锁位置、充放油开关拉出至充放油位置时，三个电磁铁均充电，悬挂液压缸与蓄能器之间断开，两悬挂液压缸之间相互接通，整个充放油路接通，此时向铲刀提升方向缓慢扳动工作装置先导阀，油泵的油就会充入液压缸中，当液压缸完全伸出时，迅速关闭球阀，然后松开工作装置先导操纵阀，使其处于中位。当把球阀打开，将悬挂控制开关推进至悬挂位置、充放油开关拉出至充放油位置时，电磁铁 1CT、3CT 断电而 2CT 通电，悬挂液压缸与蓄能器之间以及两悬挂液压缸之间均相互接通，此时，悬挂液压缸与蓄能器中的油液在车重和蓄能器内油压的作用下全部经球阀放出。

## 3.2.5　车轮

1. 功用

车轮是轮毂、轮盘、轮辋和轮胎等组成部分的统称，其功用是：
(1) 承受整个机械的重量和负荷；
(2) 传递各种力和力矩，保证车轮和路面间有足够的附着力；
(3) 轮胎和悬架共同缓和与吸收由路面不平产生的冲击和振动。

2. 轮毂

轮毂是车轮的中心，通过内轴承和外轴承安装在车桥端部或转向节上，以保证车轮在车桥两端灵活地转动，其结构如图 3-19 所示，图 3-19(a)和(b)分别为从动轮轮毂和驱动轮轮毂的结构。

轮毂传递地面作用于前桥和后桥的力和力矩，为了保证车轮工作可靠，在承受较大的载荷时有足够的使用寿命，因此轮毂 4 内的轴承 2 一般采用一对圆锥滚柱轴承，轴承间隙由调整螺母 1 进行调整，调整后用锁定装置锁定，以防止螺母松动使车轮脱出。在轴承旁边空腔内贮有润滑脂，为使润滑脂不溢出，在轮毂上装有油封 5。轮毂上制有凸缘，便于固定轮盘与制动鼓。轮盘与轮毂的同心度是由轮胎螺栓的锥面和轮盘螺栓孔的锥面来保证的。

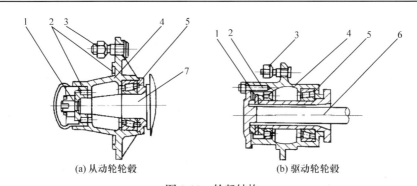

(a) 从动轮轮毂　　　　　　　　　(b) 驱动轮轮毂

图 3-19　轮毂结构

1. 调整螺母；2. 轴承；3. 螺栓；4. 轮毂；5. 油封；6. 半轴；7. 转向节

### 3. 轮盘

用于连接轮毂与轮辋的钢质元件称为轮盘，按其结构形式的不同，轮盘可分为盘式轮盘和辐式轮盘两种，使用盘式轮盘和辐式轮盘的车轮分别称为盘式车轮和辐式车轮，其中盘式车轮在工程机械上应用较广。

#### 1) 盘式轮盘

盘式轮盘为钢质圆盘，一般是经冲压制成的，与轮辋焊接或铆接成一体，并用螺栓固定在轮毂上，如图 3-20 所示。盘式轮盘被冲压成深凹形，便于和轮毂轴承的位置对正，从而保证车轮的平面位置。有些轮盘上开有较大的孔，目的是减轻轮盘质量并有利于制动鼓的散热，在对轮胎充气时也便于接近气门嘴。

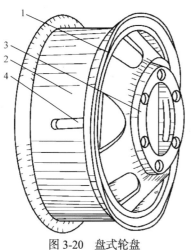

图 3-20　盘式轮盘

1. 挡圈；2. 轮盘；3. 轮辋；4. 气门嘴出口

轮盘与轮毂的连接形式有两种，即单胎和双胎，均采用螺栓连接。单胎轮盘上的六个螺栓孔加工成锥形，以便于用螺栓把轮盘固定在轮毂上时对正中心，如图 3-21(a)所示。对于后桥负载比前桥大的机械，为了不使后桥轮胎过载，后桥车轮采用双胎轮盘，即在同一个轮毂上安装两套轮盘和轮辋，如图 3-21(b)所示，轮盘的螺栓孔两面均制成锥形，内轮盘 2 靠在轮毂 4 凸缘的外端面上，用具有锥形面的特制螺母 6 固定在螺栓 3 上，外轮盘 1 紧靠着内轮盘，并用旋在特制螺母外螺纹上的螺母 5 来固定。

为防止螺母自动松脱使车轮飞出造成事故，一般左侧车轮的固定螺栓采用左螺纹，右侧车轮的固定螺栓采用右螺纹，即螺纹的拧紧方向均与车轮的转动方向一致。

#### 2) 辐式轮盘

辐式轮盘由若干可锻铸铁辐条组成，通常与轮毂铸成一体，形成一个钢制空心轮辐，如图 3-22 所示。轮辋 1 通过螺栓 4 及衬块 2 固定在轮辐 3 上，为使轮辋与轮辐很好地对中，二者均制有配合锥面。为了便于安装轮胎，轮辋做成可拆卸的，用螺栓安装在轮辐上。

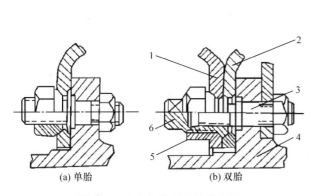

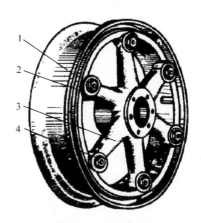

图 3-21  轮盘与轮毂的连接形式
1. 外轮盘；2. 内轮盘；3. 螺栓；4. 轮毂；5. 螺母；6. 特制螺母

图 3-22  辐式轮盘
1. 轮辋；2. 衬块；3. 轮辐；4. 螺栓

#### 4. 轮辋

轮辋用来安装固定轮胎，为了便于轮胎在轮辋上的拆装，轮胎内径略大于轮辋直径。按断面结构形式，轮辋可分为深式轮辋、平式轮辋、可拆式轮辋，如图 3-23 所示。

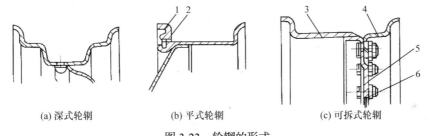

图 3-23  轮辋的形式
1. 挡圈；2. 开口锁圈；3. 轮辋内件；4. 轮辋外件；5. 轮盘；6. 紧固螺栓

(1) 深式轮辋。深式轮辋是用钢板冲压成形的整体式结构，其上带有凸肩，用来安放外胎的胎圈，凸肩部通常略有倾斜，断面中部的凹槽是为了便于轮胎的拆装，如图 3-23(a) 所示。深式轮辋结构简单、刚度大、重量轻，特别适用于小尺寸、弹性较大的轮胎，而对于尺寸较大、较硬的轮胎拆装比较困难。

(2) 平式轮辋。平式轮辋的一端制有凸缘，另一端用可拆卸的整体式挡圈作为凸缘，如图 3-23(b)所示，挡圈 1 是整体式的，开口锁圈 2 嵌入轮辋的槽内，以阻止挡圈脱出。安装轮胎时，先将轮胎套在轮辋上，然后套上挡圈，并将其向内推，直至越过轮辋上的环形槽，再将开口的弹性锁圈嵌入环形槽中。拆卸轮胎时，先放气，然后使外胎向固定端凸缘移动并撬下锁圈，再取下挡圈，即可拆下轮胎。

(3) 可拆式轮辋。可拆式轮辋做成可分开的两部分(其中一部分与轮盘制为一体)，用螺栓连接为一个整体，如图 3-23(c)所示，轮辋内件 3 通常和轮盘 5 焊接在一起，而轮辋外件 4 用紧固螺栓 6 与轮辋内件相连接，拆卸轮胎时松开紧固螺栓即可很容易将轮胎取下。

5. 轮胎

1) 轮胎的功用

轮胎是各种行走工程机械的重要弹性缓冲元件，安装在轮辋上，并与地面直接接触，其主要功用是保证车轮和路面之间具有良好的附着性能，缓和并吸收由路面不平引起的振动和冲击，并且对于采用刚性悬架的工程机械，吸振和缓冲的作用完全是依据靠轮胎来实现的。此外，工程机械的牵引性能、制动性能、稳定性能及越野性能均和轮胎的性能有直接的关系。

2) 轮胎的分类

(1) 根据断面尺寸，轮胎可分为标准轮胎、宽基轮胎和超宽基轮胎。断面高度 $H$ 与宽度 $B$ 之比($H/B$)标准轮胎为 $H/B=0.95\sim1.15$，其断面形状近似圆形；宽基轮胎和超宽基轮胎为 $H/B=0.6\sim0.8$，其断面形状近似椭圆形。宽基轮胎和超宽基轮胎比标准轮胎宽度大，从而接地面积也大，因此接地比压小，在软基路面上行驶的通过性能好，牵引力也大。另外，同样负载下宽基轮胎和超宽基轮胎使用的气压较低，因此能改善驾驶性能及行驶稳定性能。但是，宽基轮胎和超宽基轮胎增大了转向时的阻力，在硬质路面上行驶时，由于变形大，滚动阻力损失有所增加。目前，工程机械上广泛采用宽基轮胎和超宽基轮胎。

(2) 根据结构形式，轮胎可分为充气轮胎和实心轮胎。充气轮胎以其轻便、富有弹性、能缓和与吸收振动和冲击等优点，在工程机械上得到了广泛应用；实心轮胎只用于混凝土等水平路面上低速行驶的机械，如仓库、码头上使用的小型起重机械、叉车等。

充气轮胎按部件构成的不同，又可分为有内胎轮胎和无内胎轮胎。有内胎轮胎在滚动时，内胎与外胎之间、内胎与衬带的接触表面之间会因摩擦发热，增加滚动时的能量消耗。无内胎轮胎内表面上衬有一层高弹性、不透气的橡胶密封层，其结构简单、气密性好、工作可靠、质量小、使用寿命长、散热性好，目前大部分工程机械均采用无内胎轮胎。

充气轮胎按胎内压力的大小，又可分为高压轮胎、低压轮胎和超低压轮胎。高压轮胎充气压力为 0.5~0.7MPa，低压轮胎充气压力为 0.15~0.45MPa，超低压轮胎充气压力为 0.05~0.15MPa。高压轮胎吸收振动和冲击的能力较差，在工程机械上一般不用。低压轮胎具有外形尺寸大、弹性好、接地面积大、接地比压小、散热良好等优点，在软基路面上行驶时，下陷小、通过性能好，在凹凸路面或碎石路面上行驶时，能很好地吸收冲击与振动，缓冲性能好。目前，工程机械广泛采用低压轮胎。超低压轮胎的断面特别宽，适合在十分松软的路面上使用。

(3) 根据帘线的排列形式，轮胎可分为普通轮胎、子午线轮胎和带束斜交轮胎。

普通轮胎是指胎体帘布层间帘线夹角为 48°~54°的一种轮胎，其帘布层通常由成双数的多层帘布用橡胶贴合而成。这种轮胎的转向和制动性能良好，具有胎体坚固、胎壁不易损伤、生产成本低等优点，但其耐磨性能、减振性能和附着性能较差。

子午线轮胎是指胎体帘布层帘线延长到胎圈并与胎面中心线呈90°排列的一种轮胎，很像地球的子午线(经纬线)，因此而得名。这种轮胎将帘布层和缓冲层两个主要受力部件分别按不同的受力情况排列，使帘线的变形方向与轮胎的变形方向一致，从而能最大限度地发挥各自的作用，因此具有滚动阻力小、附着性能好、缓冲性能好、耐穿刺、不易爆裂、散热好、工作温度低、使用寿命长等一系列优点，但其胎壁薄、变形大，因此胎壁易产生裂口、侧向稳定性较差、生产成本高。

带束斜交轮胎是指胎体帘布层帘线延长到胎圈并与胎面中心线呈小于 90°(一般为48°~60°)夹角排列的一种轮胎，其胎体帘线排列与普通轮胎近似，而缓冲层与子午线轮胎相仿。这种轮胎的构造比较简单，比普通轮胎只多两层缓冲层，但综合了普通轮胎胎体坚固、稳定性好以及子午线轮胎耐磨性和附着性好等优点。

3) 轮胎的组成

(1) 有内胎充气轮胎。

有内胎的充气轮胎主要由外胎、内胎和衬带等组成，如图 3-24 所示。

① 外胎。外胎是一个具有一定强度的弹性外壳，起保护内胎的作用，主要由胎体、胎面和胎圈等组成，如图 3-25 所示。

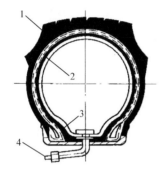

图 3-24　有内胎充气轮胎的组成
1. 外胎；2. 内胎；3. 衬带；4. 气门嘴

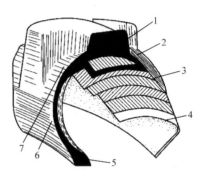

图 3-25　外胎的组成
1. 胎冠；2. 缓冲层；3. 帘布层；4. 橡胶层；5. 胎圈；6. 胎侧；7. 胎肩

胎体由帘布层和缓冲层组成，将外胎的各部分连成一体，保证外胎有足够的强度和刚度。帘布层是外胎的骨架，为轮胎提供必要的强度，承受胎内气体的压强和外载荷，保持外胎的形状和尺寸。帘布层通常由若干层涂胶的帘布按一定角度贴合而成，各层帘布之间垫有辅助的橡胶层，用以保证在变形时各层帘布之间的弹性关系；帘布是由纵向的、强韧的经线和各经线之间的少数纬线织成的，帘线可用棉线、人造丝、金属丝和尼龙线等织成。缓冲层在胎面和帘布层之间，由若干层较稀疏的挂胶布组成，用以吸收胎面传来的冲击和振动，保护帘布层，同时使胎面胶与帘布层之间接合良好。为防止在撞击、摩擦等作用下损伤胎体，在胎体外用胎面橡胶层加以保护。

胎面包括胎冠、胎侧和两者之间的胎肩三部分。胎冠经常与地面接触，是由耐磨橡胶制成的、具有一定形状的实心胶条，承受着轮胎的冲击和磨损，并保护胎体和内胎免受冲击和损伤，要求其具有良好的耐磨性能，并具有一定形状的花纹，以提高轮胎在地面上的附着力，避免轮胎纵向、横向打滑。胎侧是贴在胶体帘布两侧壁的胶层，用以保护胎体的侧面免受损伤。胎肩位于较厚的胎冠和较薄的胎侧之间，主要起局部加强的作用，可制有各种各样的花纹，以提高其散热能力。

胎圈由钢丝圈、帘布层包边和钢丝圈包布组成，轮胎充气后，钢丝圈承受张力，避免了外胎变形，从而使外胎牢固地安装在轮辋上。

② 内胎。内胎是一个环形软橡胶管,管壁上装有气门嘴,空气通过气门嘴充入内胎,使内胎保持一定的压力而具有一定的弹性。内胎对轮胎的寿命影响很大,应具有良好的弹性、耐高温性和密封性。

③ 衬带。衬带是一个带状橡胶环,它衬在内胎下面,使内胎不与轮辋及外胎的硬胎圈直接接触,以防止内胎擦伤或卡到硬胎圈与轮辋之间而夹伤。

(2) 无内胎充气轮胎。

无内胎充气轮胎的外形与有内胎充气轮胎没有区别,但内部无内胎和衬带,其外胎的内表面为一层有良好气密性的气密层,有与内胎相似的作用,气门嘴装在轮辋上,用橡胶垫密封,如图 3-26 所示。为了使轮胎胎圈与轮辋更好地贴合而不漏气,在其配合处的胶圈座有约 5°的倾斜度,并采用过盈配合。

无内胎充气轮胎与有内胎充气轮胎相比,轮胎被刺穿时漏气缓慢,因此提高了机械行驶的安全性,而且其不存在内胎和外胎之间的摩擦,并可通过轮辋直接散热,因此工作温度低、使用寿命长,且结构简单、质量小,但途中修理比较困难。

4) 轮胎的尺寸标记

轮胎的尺寸标记方法目前通用的有英制和公制两种,我国采用的是英制,如图 3-27 所示。

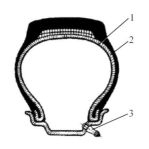

图 3-26　无内胎充气轮胎的组成

1. 自黏层;2. 橡胶密封层;3. 气门嘴

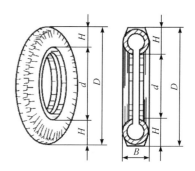

图 3-27　轮胎的尺寸标记

高压轮胎用 $D×B$ 表示,低压轮胎用 $B-d$ 表示,其中 $D$ 为轮胎外径的大小,$B$ 为轮胎的断面宽度,$d$ 为轮辋直径,所有数字的单位均为英寸(1in=2.54cm)。例如,34×7 表示轮胎外径为 34in、断面宽度为 7in 的高压轮胎;9.00-20 表示断面宽度为 9in、轮辋直径为 20in 的低压轮胎。超低压轮胎的尺寸标记方法与低压轮胎相同。宽基轮胎或超宽基轮胎与标准轮胎的尺寸标记不同,标准轮胎的断面宽度是小数点后两位,以 00 表示,如 16.00-24;宽基轮胎或超宽基轮胎的断面宽度是小数点后一位,以 5 表示,如 12.5-20。此外,有的轮胎上还标有汉语拼音字母以区别胎体帘线,其含义为:M(或无字)为棉帘线轮胎,R 为人造丝帘线轮胎,N 为尼龙帘线轮胎,G 为金属丝帘线轮胎。

此外,对于子午线轮胎,通常用专门的代号进行表示,例如,12$R$22.5 是英制规格,表示轮胎断面宽度为 12in、轮辋直径为 22.5in 的子午线宽基轮胎;295/80$R$22.5 是公制规格,表示轮胎断面宽度为 295mm、断面高度与断面宽度之比为 0.8、轮辋直径为 22.5in 的子午线宽基轮胎。

5) 轮胎的胎面花纹

轮胎的胎面花纹的主要功用是保证轮胎和道路之间具有良好的附着力。随着使用条件的不同，轮胎的胎面花纹有多种形式，如图 3-28 所示。

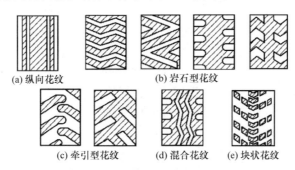

(a) 纵向花纹　　　(b) 岩石型花纹

(c) 牵引型花纹　(d) 混合花纹　(e) 块状花纹

图 3-28　轮胎的胎面花纹形式

(1) 纵向花纹是一种沿轮胎回转方向的条形、波纹形等花纹，如图 3-28(a)所示。花纹沟槽占接地面积的 18%～20%，其抗侧滑能力强、操纵稳定。

(2) 横向花纹也称越野花纹，是一种在轮胎回转方向上横向配置的花纹，在车轮平面内能产生良好的附着力，但其横向稳定性差。横向花纹又可分为无方向性的横向花纹和有方向性的横向花纹两种。

无方向性的横向花纹也称岩石型花纹，是一些横跨胎面的条形、波纹形花纹，如图 3-28(b)所示。花纹沟槽占接地面积的 30%，与有方向性的横向花纹相比，其接地幅面宽，而沟槽窄，因此耐切伤和耐磨性好，但牵引性较差。

有方向性的横向花纹也称牵引型花纹，是八字形和人字形花纹，如图 3-28(c)所示。花纹沟槽占接地面积的 50%，按指定方向行驶时(胎面中心部位花纹首先接触地面)，八字形花纹能保证在松软土地上或雪地上行驶时的附着力，并具有较好的自行除泥作用，但其耐磨性较差；人字形花纹的耐磨性和横向稳定性较八字形花纹好，但自行除泥作用和附着性能较差。

(3) 混合花纹是一种中间部分是纵向而两肩是横向的花纹，如图 3-28(d)所示。花纹沟槽占接地面积的 30%，兼有纵向花纹和横向花纹的优点，中间纵向花纹可保证操纵稳定，两肩横向花纹可提供较好的驱动力和制动力，并具有较好的耐磨性和耐切伤的性能。

(4) 块状花纹是一种由密集的小凸块组成的人字形花纹，如图 3-28(e)所示。当载荷增加时，接地面积容易增大，因此接地压力小、浮力大，适合在松软地面上使用。

此外，按花纹沟槽的深度，轮胎花纹还可分为标准槽花纹、深槽花纹和超深槽花纹，后两者的花纹槽深分别为标准槽花纹的 1.5 倍和 2.5 倍。深槽花纹的特点包括：①耐磨性大幅度提高，同一作业条件下深槽可以提高 50%，超深槽可以提高 150%；②耐切伤能力提高，由于厚度大，即使受到同样程度的切伤，对轮胎的损害也较小；③发热大，由于厚度大，内摩擦加剧，积蓄起来的热量不易散失，特别是胎肩部温度很容易升高。基于上述特点，深槽花纹轮胎适用于短距离使用的自卸车、自行式铲运机，超深槽花纹轮胎在土方运输机械中不适用，只适用于最高行驶速度为 8km/h 的推土机。

### 3.2.6  轮胎式行驶系统常见故障判断与排除

1. 车架

1) 车架变形

(1) 故障现象。

外观直接可见车架发生变形。

(2) 故障原因。

① 机械行驶和作业环境复杂、路面或工作场地不平，使车架产生扭转变形；

② 有的机械单侧陷车后晃车或在行驶时单侧车轮遇到障碍物，将使外侧纵梁加载而内侧纵梁减载，使车架发生扭转变形。

(3) 排除方法。

车架若由行车事故等造成较大的弯曲和扭斜，则眼睛即可看出。对弯曲较小不易观察的车架可用拉线法，使用角尺、直尺等量具来检验变形情况。若发现弯曲，歪扭超过允许限度，则应进行校正。当车架个别地方有不大的弯曲时，可直接在车架上用冷压校正，弯曲较大，可采用局部加热校正。若车架变形造成铆钉松动或铆钉断裂，可以重铆。

2) 车架断裂

(1) 故障现象。

外观直接可见车架裂纹。

(2) 故障原因。

① 车架在工作中受各种载荷的影响，会使纵梁产生弯曲应力和剪切应力，特别是在路面不平、超载、高速行驶、紧急制动的情况下，将使上述应力值和应力分布产生很大的变化。在应力集中的部位极易产生裂纹，如在支腿座与纵梁的焊接处易开焊而出现裂纹。

② 车架的某些局部应力集中，也会产生裂纹，如螺孔、铆钉孔等处。

③ 拆装和操纵不当使其产生细小裂纹和其他弊病，形成了应力集中，特别是在槽形断面拐弯处、纵梁与横梁连接处均易产生应力集中而出现裂纹。

④ 由于载荷的作用，在一些铆接处有时会发生铆钉剪断和铆接处开裂等损伤。

(3) 排除方法。

车架断裂时，一般需要焊修，有些部位甚至需要加固，具体措施应视裂纹的长短及所在部位而定。当裂纹较短且在受力较小部位时，可直接用焊接修复。裂缝在重要部位或裂缝较长，必须增设加强板。

2. 悬挂装置

1) 悬挂开启失效或减震效果不佳

(1) 故障现象。

将悬挂至于开启状态时，未有悬挂效果或效果不明显，机械仍有较强的刚性。

(2) 故障原因。

① 电磁阀或球阀损坏；

② 蓄能器压力不足、漏气；

③ 液压缸泄漏；

④ 悬挂限位块与车架的距离不合适；

⑤ 悬挂杆件变形或断裂。

(3) 排除方法。

① 将蓄能器充气到规定气压后，检查蓄能器气压变化，若下降速度过快，说明应检查蓄能器漏气情况；

② 拆下电磁阀和球阀，对其进行测试，若电磁阀失效或球阀泄漏，则也会造成悬挂效果较差；

③ 检查液压缸、油管和连接杆件是否损坏，若有损坏，则需要修补或更换；

④ 采用经验法或仪表法调整悬挂限位块与车架的距离达到规定值。

2) 悬挂闭锁失效

(1) 故障现象。

悬挂油缸无法闭锁，一直处于悬挂开启状态。

(2) 故障原因。

① 电磁阀或球阀损坏，造成液压油在闭锁时泄漏，无法锁紧；

② 液压缸或管路破损泄漏。

(3) 排除方法。

① 检查电磁阀内部弹簧、电磁线圈等是否正常，若有线圈烧损或弹簧断裂等情况，则应及时更换和维修；

② 观察地面是否有液压油迹，对液压缸和管路进行外观检查，发现裂缝漏油应及时更换或修补。

3. 车轮

1) 内胎漏气

(1) 故障现象。

机械车胎外形塌陷，充气后在较短时间内再次塌陷。

(2) 故障原因。

内胎使用较长时间磨损或者行驶中扎入尖锐物导致内胎漏气。

(3) 排除方法。

使用充气法找出漏气部位，采取冷补和热补的方法对漏气部位进行修补，若漏气面积较大已无修补价值，则应更换内胎。

2) 外胎裂痕

(1) 故障现象。

外观直接可见裂痕。

(2) 故障原因。

机械行驶时被岩石、玻璃片、树枝等尖锐物划伤、刺伤。

(3) 排除方法。

使用观察法找出裂痕处，一般采用预制件修补法，预制件常见的形式有蘑菇形垫、橡胶螺钉、胶黏型修补片、网形衬垫、橡胶弹簧等。

3) 轮胎异常磨损

(1) 故障现象。

外观直接可见轮胎磨损严重。

(2) 故障原因。

① 轮胎气压调整不当；

② 机械超负荷作业；

③ 操作手操作不当。

(3) 排除方法。

① 调整轮胎气压在规定范围，出车前检查轮胎气压、轮胎轮毂轴承；

② 机械避免长时间进行超负荷作业；

③ 尽量避开坏路，减少使用紧急制动，降低磨损程度。

4) 前轮摆振

(1) 故障现象。

机械行驶中前轮左右摆振、垂直颠簸，机械行驶速度受影响，操作手舒适性较差。

(2) 故障原因。

① 左轮胎和右轮胎气压和磨损不一致；

② 轮毂轴承损坏或松动；

③ 轮胎定位不准确。

(3) 排除方法。

① 调整轮胎气压；

② 更换磨损严重的轮胎；

③ 检查并调整机械前轮轮毂轴承和松紧度；

④ 检查调整机械转向轮定位。

5) 行驶方向跑偏

(1) 故障现象。

机械行驶时偏向一侧，操作手需要握紧方向盘加力于另一侧才能正常行驶。

(2) 故障原因。

① 轮胎规格不符合要求；

② 一侧轮胎磨损严重；

③ 两侧轮胎气压不一致；

④ 轮毂轴承调整不当；

⑤ 车架或后桥变形。

(3) 排除方法。

① 保证轮胎气压一致；

② 若轮胎磨损过重或损坏，则应更换；

③ 检查调整轮毂轴承；

④ 矫正车架，紧固连接螺栓。

# 3.3 履带式行驶系统

## 3.3.1 履带式行驶系统的组成与特点

履带式行驶系统主要由车架、行走装置和悬架等组成，机体安装在车架上，车架通过悬架支承在行走装置上，行走装置驱动整个机械行驶或作业。

与轮胎式行驶系统相比，履带式行驶系统有如下特点：

(1) 支承面积大，接地比压小，下陷度小，滚动阻力小，通过性能较好，适合在松软或泥泞场地进行作业；

(2) 履带支承面上有履齿，不易打滑，牵引附着性能好，有利于发挥较大牵引力；

(3) 结构复杂，重量大，运动惯性大，减振功能差，零件易损坏，行驶速度不能太高，机动性能差。

## 3.3.2 车架

1. 功用

车架(也称机架)是履带式机械的骨架，其上部用来安装发动机和传动系统，下部用来安装行走装置，并使全机成为一个整体。

2. 结构

履带式车架分为全梁式车架和半梁式车架两种，半梁式车架应用较多。

1) 全梁式车架

全梁式车架是一个整体式的焊接框架，如图 3-29 所示。两根纵梁下方安装有两根横梁，发动机安装在前梁与前横梁上，传动系统安装在后横梁与后轴上，行走装置安装在车架下方。

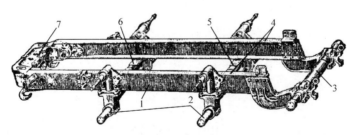

图 3-29 全梁式车架
1. 纵梁；2. 台车轴；3. 后轴；4. 纵梁；5. 前横梁；6. 前横梁；7. 前梁

全梁式车架的各部件拆装方便，但质量大，变形后各部件的相互位置会发生变化，破坏零件的正常工作，因此使用较少。

2) 半梁式车架

半梁式车架是由两根纵梁、一根横梁和后桥壳组成的框架，如图 3-30 所示。纵梁前部分固定着横梁，后部分与后桥壳焊接，相当于用后桥壳代替车架的后半部分；后桥壳用钢板焊接而成，内部分为三个室，中部为中央传动室，两侧为转向离合器室，三个室底部都设有放油口；车架后部分通过后桥壳下侧的半轴，支撑在左轮架和右轮架上。

### 3.3.3　行走装置

行走装置是履带式机械的行走机构，用来承受整机的重量并传递各种力和力矩，其有结构相同的两部分，分别装在机械的两侧，主要由支重轮、托链轮、引导轮、驱动轮、张紧缓冲装置及履带等组成，如图 3-31 所示。

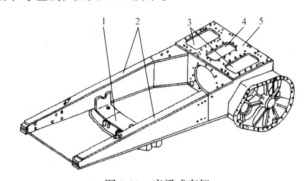

图 3-30　半梁式车架

1. 横梁；2. 纵梁；3. 转向离合器室；4. 中央传动室；5. 后桥壳

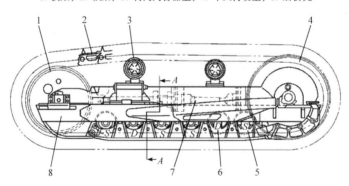

图 3-31　行走装置

1. 引导轮；2. 履带；3. 托链轮；4. 驱动轮；5. 单边支重轮；6. 双边支重轮；7. 张紧缓冲装置；8. 轮架

### 1. 支重轮

#### 1) 功用

支重轮用螺钉固定在轮架下面，用于支承机械的重量，并将重量分布在履带上，同时在履带上滚动，依靠其滚轮凸缘夹持链轨，避免履带横向滑脱，保证机械沿履带方向运动；转向时，迫使履带在地面上横向滑移。支重轮的轮缘应耐磨，轮缘的形状取决于履带的结构。当采用组合式履带时，支重轮具有轮缘侧面，对履带起导向和防止横向滑脱的作用，一般制成单边外凸缘(单边支重轮)和双边内外凸缘(双边支重轮)，并间隔安装，且单边支重轮数多于双边支重轮数，以分散机械重量、减轻滚动阻力。

2) 结构

单边支重轮只在两个轮缘的内侧或外侧带有凸边，双边支重轮在轮缘的内、外两侧都有凸边，均主要由滚轮 3、轮轴 4、轴承座 5、浮动油封 8、外盖 2 和内盖 9 等组成，如图 3-32 所示。

轮轴穿过滚轮，其中央有凸肩，凸肩的两侧装有轴承。轴承为双合金滑动轴承，由轴承座和铜衬套组成。轴承座外侧凸缘用螺钉固定在滚轮的端面，铜衬套以凸缘紧靠在轴的凸肩上，并用销钉与轴承座连接，这样整个轴承就随滚轮在轮轴上转动。浮动油封用于防止润滑油外漏和泥水污物进入，以有效的保护零件不受损坏，其结构简单、密封性能好，可保证润滑油长期在摩擦面上工作，延长了保养周期，一般每隔 6～8 个月换油一次。支重轮通过轮轴两端的端盖固定在轮架下面，轮轴外端装有注油口螺塞，可通过油道注油润滑轴承。内盖、外盖和轴两端制成平面，并在其内平面上制有梯形键槽，与轮架上的梯形键相配合，以便于固定和防止轮轴转动及轴向移动。

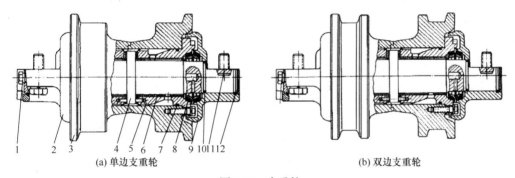

图 3-32　支重轮

1. 注油口螺塞；2. 外盖；3. 滚轮；4. 轮轴；5. 轴承座；6. 铜衬套；7、10. O 形密封圈；8. 浮动油封；9. 内盖；11. 梯形键；12. 挡圈

2. 托链轮

1) 功用

托链轮位于履带的上方区段，用来将履带上部托起，防止履带下垂过大，以减小履带在运动中产生的跳动和侧向摆动，并防止履带侧向滑落。靠近驱动轮的托链轮，还能减小因驱动轮旋转将履带沿驱动轮的切线方向甩动时所产生的履带下垂。托链轮的数目不能过多，以减少托链轮与履带之间的摩擦损失，每侧履带一般安装 1～2 个，且安装位置应有利于履带脱离驱动轮的啮合，并平稳而顺利地划过托链轮和保持履带的张紧状态。

2) 结构

托链轮受力较小，工作中受污物的侵蚀也少，因此尺寸较小、结构比较简单，主要由滚轮、轮轴、支架、油封和端盖等组成，如图 3-33 所示。

滚轮 14 通过两个锥形滚柱轴承 15 安装在轮轴 4 上，绕轮轴转动，滚轮外端用端盖 19 密封，其盖上拧有注油孔螺塞。轮轴通过支架固定在轮架上面，并用止动螺栓固定，以防止其转动。轮轴内端装有与支重轮油封结构相同的浮动油封，外端拧有锁紧螺母 16，轴承间隙可通过拧动螺母来调整。浮动油封由油封内座 11、油封外座 9、浮动油封环 12

和浮动油封胶圈 13 组成，随滚轮一起转动。

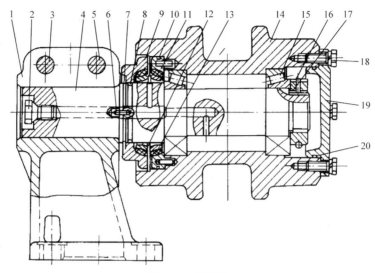

图 3-33　托链轮

1. 支架；2. 螺塞；3、5、18. 螺栓；4. 轮轴；6. 圆柱销；7. 卡环；8、10、20. O 形密封圈；9. 油封外座；11. 油封内座；12. 浮动油封环；13. 浮动油封胶圈；14. 滚轮；15. 锥形滚柱轴承；16. 锁紧螺母；17. 锁圈；19. 端盖

### 3. 引导轮

#### 1) 功用

引导轮安装在轮架前部的左支承和右支承上，用来引导履带的行驶方向，并借助张紧缓冲装置使履带保持一定的紧度，减小履带在运动中的跳动，从而减小冲击载荷以及额外的功率消耗，并防止履带脱轨。

#### 2) 结构

引导轮通常以滑块与轮架导板相连，后接张紧缓冲装置，通过纵向移动引导轮的位置，可以调整履带的松紧度，并在机械行驶过程中起缓冲作用。

引导轮主要由滚轮、轮轴、浮动油封、轴承、轴承座和滑板等组成，如图 3-34 所示。滚轮 5 通过轮轴 9 和轴承 1 安装在轴承座 10 上，可绕轮轴转动，轮轴用锥形止动螺栓固定。轴承座通过滑板 11 浮装在轮架导板 13 上，轴座外侧装有盖板 4，轴座内侧制有钩形导板 14，钩形导板的钩面钩在轮架导板上。盖板与轴座间装有调整垫片 2 和 8，并用螺栓固定为一体，与两导板保持一定的间隙，其下端被挡在轮架导板的外侧。轴承座后端固定在叉形臂 6 上，从而将整个引导轮夹持在轮架上，不能左、右、上、下移动和侧向倾斜，只可沿轮架导板前、后移动。

引导轮的直径一般比驱动轮大，其上方位置比驱动轮轮缘低，这样可以使履带在运动时顺势前滑，以减小运动的阻力。引导轮的轮面大都制成光面，中间有挡肩环作为导向，两侧的环面能制支承轨链，起支重轮的作用；中间挡肩环应有足够的高度，两侧面的斜度要小。引导轮与最近的支重轮距离越小，导向性越好。

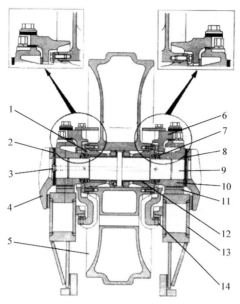

图 3-34 引导轮

1. 轴承；2、8. 调整垫片；3. 油塞；4. 盖板；5. 滚轮；6. 叉形臂；7. 浮动油封；9. 轮轴；10. 轴承座；11. 滑板；12. 衬套；13. 轮架导板；14. 钩形导板

#### 4. 驱动轮

##### 1) 功能

驱动轮通常位于轮架的后方，安装在侧传动装置的从动轴或从动轮毂上，用来卷绕履带，以保证机械行驶或作业。驱动轮常用碳素钢或低碳合金钢制成，其轮齿表面须进行热处理以提高其硬度，从而延长齿轮的使用寿命。

##### 2) 结构

驱动轮有整体式和组合式两种类型。整体式驱动轮是将齿圈和轮毂制成一体，其结构比较简单，但维修时必须拆下驱动轮，操作比较麻烦，如图 3-35(a)所示。组合式驱动轮有两种形式，一种是齿圈被制成一个整体(整体式齿圈)，用固定螺栓与轮毂相连，如图 3-35(b)所示；另一种是齿圈由若干块齿圈节组成分体式齿圈，每个齿圈节由 3～4 个固定螺栓与轮毂相连，如图 3-35(c)所示，这种组合式驱动轮的个别齿损坏时，可个别更换，能够降低成本，而且维修时不必卸下履带便可更换轮齿，操作比较方便。

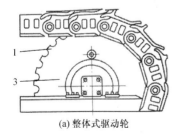
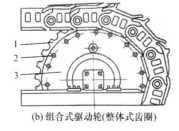

(a) 整体式驱动轮  (b) 组合式驱动轮(整体式齿圈)  (c) 组合式驱动轮(分体式齿圈)

图 3-35 驱动轮

1. 齿圈；2. 固定螺钉；3. 轮毂；4. 齿圈节

驱动轮与履带的啮合方式有节齿式啮合和节销式啮合两种，驱动轮的节齿与履带的节齿相啮合，称为节齿式啮合，多适用于采用整体式履带的重型机械；驱动轮的节齿与履带的节销相啮合，称为节销式啮合，多适用于采用组合式履带的工程机械。

5. 张紧缓冲装置

1) 功用

每条履带必须装设张紧缓冲装置，用于使履带保持有一定的紧度，减少履带的下垂和在运动时的跳动；同时，当引导轮前方遇有障碍物或履带中卡入石块等硬物而使履带过紧时，能使引导轮后移而避免履带过载，以防止损坏机件。

2) 结构

张紧缓冲装置有机械调整式张紧缓冲装置和液压调整式张紧缓冲装置两种。

(1) 机械调整式张紧缓冲装置。

机械调整式张紧缓冲装置主要由缓冲弹簧、拉紧螺杆、支架、弹簧支座、调整螺母和叉臂等组成，如图 3-36 所示。

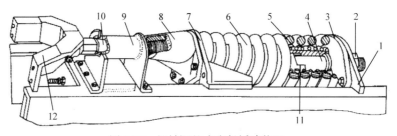

图 3-36　机械调整式张紧缓冲装置

1. 后支承座；2. 调整螺母；3. 固定支座；4. 拉紧螺杆；5. 小弹簧；6. 大弹簧；7. 活动支座；8. 弹簧支座；9. 支架；10. 调整螺杆；11. 弹簧压缩量限制管；12. 叉臂

缓冲弹簧由大弹簧 6 和小弹簧 5 组成，由拉紧螺杆 4 压在固定支座 3 和活动支座 7 之间，并用调整螺母 2 固定。固定支座焊接在轮架上，以便缓冲弹簧后端定位，活动支座浮装在轮架上，并以其下面的凸缘限位，使其不左、右摆动，而只能沿轮架前、后移动。活动支座前端固定着弹簧支座 8，弹簧支座前部拧有调整螺杆 10，调整螺杆前端穿过支架 9 后，被夹紧在叉臂 12 后端孔内，叉臂前端与引导轮相连。这样，当履带前方受到冲击时，冲击力经引导轮、叉臂、调整螺杆和活动支座，使缓冲弹簧压缩，以起到缓冲作用。

装好后的缓冲弹簧有一定的预紧力，预紧力过小，易造成弹簧变形，引起履带跳动，倒车转向时，也易使履带脱落；预紧力过大，会加速机件磨损。预紧力大小可通过拧动拉紧螺杆的固定螺母来调整。通过拧转调整螺杆使其伸长或缩短，可使履带张紧或放松，但履带机械经常在泥水中作业，螺杆容易锈蚀，因此在实际调整中操作比较困难。

(2) 液压调整式张紧缓冲装置。

液压调整式张紧缓冲装置用液压缸-活塞组合件代替了机械调整式张紧缓冲装置中的调整螺杆与弹簧支座的螺纹配合，主要由张紧螺杆、缓冲弹簧、液压缸、活塞和推杆等组成，如图 3-37 所示。

　　液压缸 3 前端通过张紧螺杆 2 与叉臂 1 连接，后端顶在弹簧前座 6 上，弹簧前座可在端盖 5 内前、后移动。液压缸内装有活塞 4，活塞固定在活塞杆 9 上，活塞杆穿过弹簧前座和缓冲弹簧 7、8 后，用调整螺母 10 固定在弹簧后座 11 上，缓冲弹簧被压在弹簧前座和后座之间，调整螺母用于调整缓冲弹簧的预紧力。在油缸的前腔上装有注油嘴 16，使用高压油枪通过注油嘴注入液压油，推动液压缸带动张紧螺杆、叉臂前移，从而使引导轮前移而张紧履带。当履带过紧时，可拧松放油螺塞 17，放出一些液压缸内的液压油，于是履带便可调松。当履带前方受到冲击时，引导轮将向后移动，带动叉臂、张紧螺杆、液压缸、弹簧向后移动对缓冲弹簧进行压缩，从而起到缓冲作用。

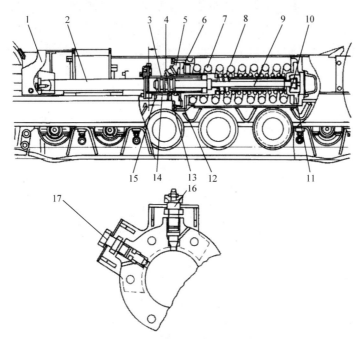

图 3-37　液压调整式张紧缓冲装置

1. 叉臂；2. 张紧螺杆；3. 液压缸；4. 活塞；5. 端盖；6. 弹簧前座；7、8. 缓冲弹簧；9. 活塞杆；10. 调整螺母；11. 弹簧后座；12. 支承；13. 支承架；14. 衬套；15. 限拉环；16. 注油嘴；17. 放油螺塞

### 6. 履带

#### 1) 功用

　　履带既是行走驱动链条，又是行走轨道，用来将整机重量传给地面，并接受驱动轮传来的扭矩，以获取足够的牵引力，使机械行驶或作业。履带经常在泥水中工作，直接和土壤、砂石等较复杂地面接触，并承受地面不平所带来的冲击和局部负荷，工作条件恶劣、受力情况不良、极易磨损，因此履带除了应具有良好的附着性能，还要有足够的强度、刚度和耐磨性。

#### 2) 结构

　　工程机械用的履带主要有整体式履带和组合式履带两种，如图 3-38 所示。

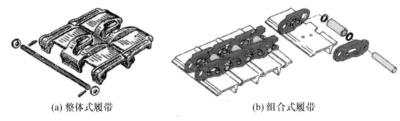

(a) 整体式履带　　　　　　　　　(b) 组合式履带

图 3-38　履带

(1) 整体式履带。

整体式履带由履带板、履带销等组成，其履带板上带啮合齿，用于直接与驱动轮啮合，使履带板本身成为支重轮等轮子的滚动轨道。整体式履带结构简单、制造方便、拆装容易、质量较轻，但履带销与销孔之间的间隙较大，泥沙容易进入，使履带销和销孔磨损加快，一旦损坏，履带板只能整块更换。因此，一般在静止作业的重型机械上应用较多。

(2) 组合式履带。

组合式履带主要由履带板、履带节、履带销和销套等组成，其结构如图 3-39 所示。每条履带都由几十块履带板和相同数量的履带节组成，各履带节之间用销轴铰接。

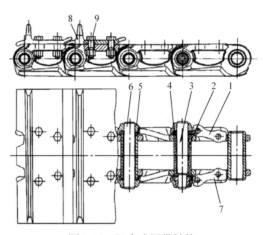

图 3-39　组合式履带结构

1. 左履带节；2. 主销套；3. 主销；4. 垫圈；5. 销套；6. 履带销；7. 右履带节；8. 履带板；9. 螺栓

履带板 8 用螺栓 9 固定在左履带节 1、右履带节 7 上，每对履带节的前销孔压配一个销套 5，然后以履带销 6 与前一对履带节的后销孔铰接。履带销与前一对履带节的后销孔为过盈配合，而与后一对履带节前销孔内的销套为间隙配合，这样，两个履带节便能相对转动，使得各对履带节通过履带销铰连成一个环形整体。履带节的内侧面为支重轮滚动的轨道，销套同时也是驱动轮驱动履带的节销。为了便于拆装，每边履带上都有一个易拆卸的主销 3。这种结构节距小，绕转性好，行走速度较快，销轴和销套的硬度高，耐磨性好，使用寿命长。为防止泥沙进入销轴与销套之间造成磨损，可采用密封润滑式履带，将履带销制成中空并充满润滑脂，在销套两端装上密封圈，润滑油经履带销径向油孔进入销轴与销套之间，起润滑作用，从而大大增加履带的寿命，并降低运行中的噪声。

主销有直销式和锥销式两种形式。直销式主销和其他履带销基本相同，只是公差和过盈配合较小，以便拆装，其结构简单，零件少，加工容易。锥销式主销两端有锥形孔并开有轴向缺口，安装后在销轴的两端压入锥形塞，使主销端部张大不能脱出。锥形塞制有内螺孔，若需要拆卸，则先用螺杆拧入螺孔中，将锥形塞拔出，再打出履带销，为防止锥形塞内螺孔锈蚀，平时应用木塞堵死。

履带板上制有履齿，其形式很多，根据各种不同的使用工况，履带板的结构与尺寸也不相同，一般有下列几种类型，如图 3-40 所示。

标准型：有矩形履齿，宽度适当，适用于一般土质地面，如图 3-40(a)所示。

钝角型：切去履齿尖角，可以较深地切入土中，如图 3-40(b)所示。

矮履齿型：矮履齿切入土中较浅，适宜在松散岩石地面，如图 3-40(c)所示。

平履板型：没有明显履齿，适用于坚硬岩石面上作业，如图 3-40(d)和(e)所示。

中央穿孔型：履齿在履带板的端部，中间凹下，如图 3-40(f)所示；履齿中部凸起，适用于雪地或冰上作业，如图 3-40(g)所示。

双履齿或三履齿型：接地面积大些，切入地面浅些，适宜于矿山作业，如图 3-40(h)所示。

岩基履板型：用于重型机械上，如图 3-40(i)所示。

三角履带板型：接地压力小，有压实表土作用，且由于张角较大，脱土容易，特别适用于湿地或沼泽地作业，即使在泥泞不堪的地面上，也有良好的浮动性，不致打滑，使机械具有较好的通过性和牵引性，如图 3-40(j)和(k)所示。

履带板用螺栓固定在履带节上，在扭紧螺栓时，要有一定的扭紧力，从而使履带板和履带节不易滑动和松动，减少螺栓被剪断的可能性。螺栓的扭紧力矩都有一定的要求，在机械说明书中有扭紧力矩的数值。一般新机械或换上新履带时，在使用一个工作日后，要将履带板螺栓逐个再扭紧一次，从而减少机械在长期使用中履带螺栓的松动。

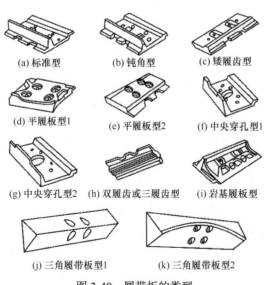

(a) 标准型　　　　(b) 钝角型　　　　(c) 矮履齿型

(d) 平履板型1　　　(e) 平履板型2　　　(f) 中央穿孔型1

(g) 中央穿孔型2　(h) 双履齿或三履齿型　(i) 岩基履板型

(j) 三角履带板型1　　　　(k) 三角履带板型2

图 3-40　履带板的类型

### 3.3.4　悬架

1. 功用

悬架是车架和行走装置的连接部件，其功用是将机体的全部重量和载荷传到支重轮上，再经支重轮传给履带，同时，在行驶与作业中的机械所受到的地面冲击也经悬架传到车架上。因此，悬架具有一定的弹性以缓和冲击力，保证机械行驶和作业过程中的平稳和驾驶员的舒适。

2. 结构

履带式机械的悬架可分为刚性悬架、半刚性悬架和弹性悬架三种类型。

1) 刚性悬架

机体的重量全部经刚性元件传递给支重轮的悬架称为刚性悬架，如图 3-41 所示，车架通过两根横轴 2 穿入轮架 1 的孔内固定，与轮架成刚性连接。

刚性悬架不能缓和地面经悬架传到车架上的冲击载荷，因此适用于不经常行走或行走速度低的机械，如挖掘机、起重机等采用的均是刚性悬架。

2) 半刚性悬架

机体的重量部分经过弹性元件而另一部分重量经刚性元件传递给支重轮的悬架称为半刚性悬架。半刚性悬架与半梁式车架、单轮架式行走装置相配合，轮架前部通过弹性元件与车架相连，后部与后半轴铰接，左轮架和右轮架可各自绕后铰接点上下摆动，使机体质量一部分经弹性元件，另一部分经后半轴传递给支重轮。弹性元件有橡胶弹簧、钢板弹簧和螺旋弹簧等类型，下面介绍橡胶弹簧半刚性悬架。

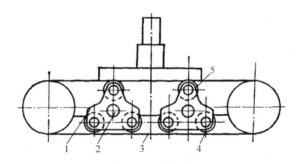

图 3-41　刚性悬架
1. 轮架；2. 横轴；3. 履带；4. 支重轮；5. 托链轮

橡胶弹簧半刚性悬架由橡胶块和平衡梁等组成，如图 3-42 所示。橡胶块 4 夹在活动支座 2 和固定支座 3 之间的楔形槽内，活动支座的顶面为弧形表面，以保证平衡梁 1 横向摆动时与活动支座有良好接触，固定支座用螺钉固定在轮架 5 上。平衡梁中部与车架横梁铰接，可绕该铰接点做横向摆动，限位面用来限制橡胶块的最大变形量。

橡胶弹簧半刚性悬架使用橡胶块作为弹性元件，其承载能力大、减振作用强、结构简单、寿命长、不需要特殊的维护、成本较低，广泛应用于履带式推土机。

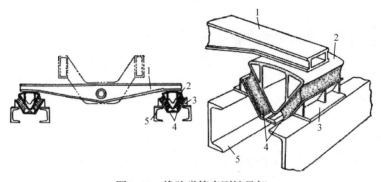

图 3-42　橡胶弹簧半刚性悬架
1. 平衡梁；2. 活动支座；3. 固定支座；4. 橡胶块；5. 轮架

3) 弹性悬架

机体的重量全部经弹性元件传递给支重轮的悬架称为弹性悬架。弹性悬架与全梁式车架、多轮架式行走装置相配合，轮架经弹性元件和车架相连，每个支重轮均可独立地上下运动，使机体重量全部经弹性元件传递给支重轮，主要用于行驶速度较高的工程机械，使其具有较好的行驶平顺性和稳定性。弹性悬架可分为平衡式和独立式两种类型，下面介绍平衡式弹性悬架。

平衡式弹性悬架的结构如图 3-43 所示，每两个支重轮与一对空心平衡臂相连，内平衡臂 4 为短臂，靠近履带的中部，外平衡臂 6 为长臂，靠近履带两端。每对空心平衡臂通过空心轴 2 互相铰接，形成一个轮架，并通过轴承安装在车架前、后横梁两端伸出的轮架轴 1 上，可绕轮架轴摆动。悬架弹簧 5 压缩在内平衡臂和外平衡臂之间，由两根旋向相反的弹簧组成。这样，每个支重轮承担的重量和受到的冲击均可由单独的悬架弹簧来支承和缓和。

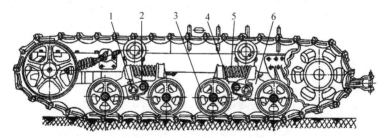

图 3-43　平衡式弹性悬架的结构
1. 轮架轴；2. 空心轴；3. 支重轮；4. 内平衡臂；5. 悬架弹簧；6. 外平衡臂

### 3.3.5　履带式行驶系统常见故障判断与排除

1. 车架

履带式机械多用半梁式车架，常见故障是焊缝开裂、半轴与侧传动装置内壁相配合的锥体孔磨损，有时纵梁变形弯曲，有时纵梁变形翘曲，其具体排除方法比较简单，不再赘述，车架故障排除后应达到以下要求：

(1) 纵梁及后桥不允许有裂纹；

(2) 两纵梁必须平行；

(3) 纵梁不允许有翘曲；

(4) 后桥安装变速器的平面磨损不应超过规定值。

2. 行走装置

1) 履带跑偏或脱落

(1) 故障现象。

机械行驶自动偏向一方，一般每行驶 100m 偏离行驶方向超过 2m，即可确定为履带跑偏，或行驶一段距离后，一侧或两侧履带脱落。

(2) 故障原因。

① 两条履带松紧调整不一致；

② 支重轮架外纵梁后端或斜撑臂变形，使轮架对称纵向中线与半轴轴线水平方向不垂直；

③ 半轴弯曲或半轴与侧传动装置内臂相配合的孔磨损松旷，造成半轴轴线与轮架对称纵向中线不垂直；

④ 驱动轮轮毂轴承间隙过大或驱动轮与轮毂花键松动；

⑤ 引导轮轴承磨损严重；

⑥ 缓冲弹簧或油缸弯曲；

⑦ 轮架连杆装置的连杆弯曲，使左台车架与右台车架不平行。

上述原因均会引起链轨分别与引导轮凸肩、支重轮边缘、驱动轮轮齿的内端面和外端面发生啃削现象，因此履带跑偏和链轨与引导轮等发生啃削是伴随产生的。

(3) 排除方法。

将机械开到平整地面，做前后运动，观察链轨与引导轮、驱动轮等开始发生啃削的位置。根据前进和后退的啃削位置不同，可以判定产生的原因与部位，并进行相应调整。

2) 磨损

主要是指支重轮、托链轮、引导轮的滚道和凸缘、轴承以及履带磨损等。

(1) 故障现象。

支重轮、托链轮、引导轮三者故障类型较为相似，常出现的损伤有滚道磨损、凸缘磨损、轴承和轴颈磨损等。任何一部分磨损严重都会引起链轨啃削。三者的轮轴或轴承也常出现磨损、脱皮、裂纹、弯曲等问题。履带常出现的损伤有链轨滚道磨损及滚道侧面啃削、履带销及套管磨损、履带板齿高磨损等。

(2) 故障原因。

机械在长时间使用或者超负荷作业时，都会造成磨损。

(3) 排除方法。

若磨损较为严重，已超过可修复范围，则应更换新品。若在有条件的修理单位，备件缺乏时，则可采取修理尺寸法进行修复。

3) 中心螺杆断裂、密封元件磨损漏油

(1) 故障现象。

可直接观察到张紧缓冲装置中的中心螺杆断裂或漏油。

(2) 故障原因。

缓冲弹簧安装不正、中心螺杆不正、工作时螺纹根部受力不均、局部应力集中减弱了螺杆的强度，而造成中心螺杆断裂。工作中受到冲击负荷，当机械操作不当，遇障碍物过度承受冲击负荷时，螺纹在螺杆的终止部位应力集中及疲劳应力的产生，也易造成中心螺杆断裂。另外，缓冲弹簧弹性减弱，变化范围增大，也是中心螺杆断裂的原因之一。此外，履带式行驶系统还易发生支重轮、引导轮、托链轮漏油，主要是密封件硬化、损坏或老旧，贴合不严，有泥沙混入导致的磨损破坏，装配不当也会在使用中加快磨损。

(3) 排除方法。

中心螺杆断裂后，应更换新螺杆，采用专用工具将缓冲弹簧压缩至标准长度，然后装复好中心螺杆；亦可将中心螺杆加长(超过弹簧自由长度)，利用螺纹关系将缓冲弹簧压缩至标准长度，最后将长出的螺纹切去。油封漏油主要修复措施为更换，装配不当时要调整安装方向。活塞组的活塞环等密封元件磨损出现漏油时应更换。检查缓冲弹簧弹力，若不符合规定技术要求，如弯曲大于 10mm 或断裂，则应更换新品。

4) 轮架变形、磨损与裂纹

(1) 故障现象。

轮架外纵梁后端与半轴外端轴承座相连接部位变形；斜撑轴承、垫板、导板磨损；轮架表面出现裂纹。

(2) 故障原因。

机械长时间使用或者受到超负荷的外力冲击时，会造成轮架钢板断裂或磨损。

(3) 排除方法。

检查轮架上述故障时，一般可通过直接观察发现故障位置，若有锈迹，则应使用钢丝刷除锈迹、污垢后对易损部位进行直观检查。轮架的变形检验与矫正应在专用平台上进行，必要时还需要对轮架进行拆解，斜撑轴承、垫板、导板磨损严重时，应更换新品。

3. 悬架

1) 故障现象

弹簧支承架出现裂纹，垫块、轴套及轴、平衡枕、弹簧钢板两端支承面磨损，钢板断裂等。

2) 故障原因

① 正常使用条件下的磨损与疲劳损伤；

② 突然受到较大阻力或承载力造成钢板断裂或磨损。

3) 排除方法

弹簧支承架裂纹，可用焊接法修复，焊接时要防止变形；弹簧支承梁安装时应注意方向，切勿装反，其四只吊耳是前高后低，以顺应车架纵梁成一水平面。垫块磨损要换新。轴套及轴磨损应更换新的轴套。弹簧钢板磨损超过规定值或断裂时应更换新品，若无新品，则可采用焊接法修复，焊接时要严格工艺要求。

# 第4章 转向系统

## 4.1 转向系统概述

### 4.1.1 转向系统的功用

工程机械在行驶和作业中，根据需要改变和恢复其行驶方向的过程，称为转向。用来控制机械转向的一整套机构，称为工程机械的转向系统。

转向系统用来使工程机械能按操作手的要求适时地改变其行驶方向，并在受到路面传来的偶然冲击而意外地偏离行驶方向时，能与行驶系统配合恢复原来的行驶方向，即保持其稳定地直线行驶。

转向系统对工程机械的性能影响很大，良好的转向性能不但是机械安全行驶的重要保证，而且对减轻操作手的劳动强度和提高工作效率具有重要的意义。

### 4.1.2 转向系统的分类

转向系统的结构形式很多，可按不同的方式进行分类。

1) 按转向方式

按转向方式分类，转向系统可分为偏转车轮式转向系统、铰接式转向系统和差速式转向系统。

(1) 偏转车轮式转向系统。

偏转车轮式转向系统根据偏转车轮的不同，又可分为偏转前轮式转向系统、偏转后轮式转向系统和偏转前后轮式转向系统三种。

① 偏转前轮式转向系统。

偏转前轮式转向系统是通过前轮偏转一定的角度来实现机械转向的，如图 4-1(a)所示，也称为前轮转向。在行驶及作业过程中，偏转前轮转向时，外侧前轮的转弯半径最大，其经过的距离也最大，操作手易于利用外侧前轮是否避过障碍物来判断整机的行驶路线，有利于行车安全。部分整体式车架的工程机械采用这种转向方式，如 JYL200G 型挖掘机。大多数工程机械的工作装置在前端采用前轮转向，不仅工作装置与转向轮之间的布置存在困难，使得车轮的偏转角受到限制，而且工作装置载荷使得前轮轮压增大、转向阻力增加，因此增加了轮胎的磨损，使得转向困难，操纵费力。

② 偏转后轮式转向系统。

偏转后轮式转向系统是通过后轮偏转一定的角度来实现机械转向的，如图 4-1(b)所示，也称为后轮转向。偏转后轮转向能够克服偏转前轮转向的弊端，但其缺点是在偏转后轮转向时，外侧后轮的转弯半径最大，大于前轮外侧的转弯半径，当前轮从有障碍的内侧通过时，后轮不一定能通过，因此转向时操作手不能以前轮的位置来判断整机的行驶路线，因此转向操纵比较困难。目前，偏转后轮式转向系统主要应用于叉车、小型翻斗车等工程机械。

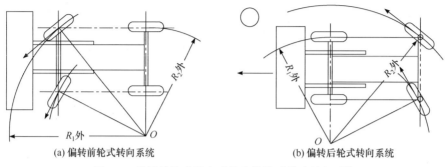

(a) 偏转前轮式转向系统　　　　　(b) 偏转后轮式转向系统

图 4-1　偏转前轮式转向系统和偏转后轮式转向系统

③ 偏转前后轮式转向系统。

偏转前后轮式转向系统是通过前后轮同时偏转一定的角度来实现机械转向的，如图 4-2(a)所示，也称为偏转全轮式转向。这种转向方式操纵灵活，可使轴距较大的工程机械具有较小的转弯半径，也可以使前后轮偏转方向一致而形成斜行转向，斜行转向能够使机械缩短转向路程及时间，易于迅速靠近或离开作业面，如图 4-2(b)所示。偏转前后轮式转向又可使机械实现单独前轮转向、单独后轮转向等，共可形成四种转向方式，其转向方式的变换是通过换向器达到的。

另外，对于在横坡上工作的工程机械，采用斜行转向可以提高其作业时的稳定性，对于有较宽工作装置的装备，在工作时往往作用力不对称使装备行驶方向跑偏，采用斜行转向能减少或消除这种现象，如 PY180 型平地机。

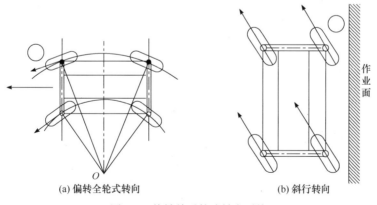

(a) 偏转全轮式转向　　　　　(b) 斜行转向

图 4-2　偏转前后轮式转向系统

(2) 铰接式转向系统。

在很多大、中型工程机械上，为了增大机械的牵引力，提高其通过性能及作业效率，采用全轮驱动和分段式车架，用垂直销轴将前后独立的两车架从中间铰接组合起来，这类机械若仍采用偏转车轮式转向系统，则其转向系统的结构将变得很复杂。因此，这类工程机械采用铰接式转向系统，如图 4-3 所示。铰接式转向系统是通过两转向油缸推动前车架和后车架绕铰接销轴转过一定角度而实现机械转向的,该系统大量应用在推土机、装载机、压路机、平地机等铰接式车架的工程机械上。

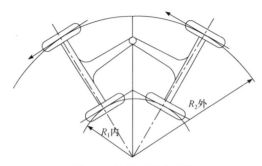

图 4-3　铰接式转向系统

铰接式转向系统具有以下优点:

① 车身曲折角度较大(可达 35°~40°),因此能够获得较小的转弯半径,使机械能在较狭小的地方通过,机动性能好。

② 不需要结构复杂的转向驱动桥,简化了传动系统的结构。

③ 不需要转向梯形机构,能够保证各车轮轮轴线的水平投影线交于一点,结构简单,转向时轮胎基本无侧滑。

④ 工作装置装在分段的车架上,例如,铰接式装载机铲斗装在前车架上,转向时可以随车架一起左右摆动,有利于作业时使工作装置迅速对准作业面,作业机动灵活,从而减少循环路程及时间,提高作业效率。

⑤ 车身轴距较大,行车时纵向颠簸小,可以减轻操作手的疲劳。

铰接式转向系统的缺点是没有前轮定位,其直线行驶稳定性较差,在外阻力不平衡时,常出现左右摇摆的现象,转向稳定性也较差。

(3) 差速式转向系统。

差速式转向系统是通过使机械左、右两侧驱动轮以不同速度旋转而实现转向的,一般在履带式工程机械上应用较多。当履带式工程机械的转向离合器接合时,由中央传动装置传来的扭矩通过转向离合器传给两侧驱动轮,此时机械直线行驶。当操作手将右侧转向离合器分离时,传至右侧驱动轮的扭矩被切断,右侧履带减速,此时机械以较大转弯半径向右侧转向,如图 4-4(a)所示。如果切断传至右侧驱动轮的扭矩后,再对右侧驱动轮加以制动,就可使转弯半径减小,甚至以右侧履带为中心实现原地转向,如图 4-4(b)所示。

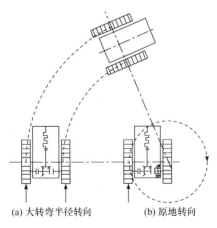

(a) 大转弯半径转向　　　(b) 原地转向

图 4-4　差速式转向系统

采用差速式转向系统的工程机械在转向时轮胎有明显的侧滑及纵滑现象,并且转弯半径越小,打滑越严重,增加了轮胎的磨损。因此,差速式转向系统在轮式机械中很少采用,目前采用差速式转向系统的只有滑移式装载机。

2) 按操纵方式

按操纵方式分类，转向系统可分为机械式转向系统、液压助力式转向系统和全液压式转向系统。

(1) 机械式转向系统。

机械式转向系统以操作手的作用力作为转向能源，主要用于中、小型偏转车轮式转向系统的工程机械，转向轮的偏转完全借助于操作手在方向盘上施加的力，通过一系列传动机构后，使转向轮克服转向阻力而实现转向，阻力越大，所需施加的力也就越大，其中所有的传力元件都是由机械零件构成的，又称为人力转向。

机械式转向系统的优点是结构简单、制造方便、工作可靠，其缺点是转向沉重，操纵较费力。

(2) 液压助力式转向系统。

液压助力式转向系统是在机械式转向系统的基础上，增设了一套液压助力系统。在转向时，转动方向盘的操纵力已不作为直接迫使车轮偏转的力，而是使控制阀进行工作的力，车轮偏转所需的力则由转向油缸产生。

液压助力式转向系统的主要优点是操纵轻便、转向灵活、工作可靠、可利用油液阻尼作用吸收及缓和路面冲击，目前被广泛应用于重型轮式工程机械上，其缺点是结构复杂、制造成本高。

(3) 全液压式转向系统。

全液压式转向系统取消了方向盘和转向轮之间的机械连接，只通过液压油管连接，两根油管将转向器的压力油按转向要求输送到转向油缸相应的油腔，以实现机械转向。全液压式转向系统又可分为全液压式偏转车轮转向系统(如 JYL200G/JYL200G 改进型挖掘机)和全液压式铰接转向系统(如 TLK220/TLK220A 型推土机、ZLK50/ZLK50A 型装载机、ZL50/ZL50G 型装载机)，常用在操作手远离前轮或在作业中操作手与车架的位置发生变化(如挖掘机)的机械上。

全液压式转向系统的优点是整个系统在机械上布置灵活方便、体积小、重量轻、操作省力，其缺点是驾驶员无路感，转向后不能自动回正，发动机熄火后手动转向费力，液压元件加工精度、密封性要求高，成本比较贵。全液压式转向系统具有的优点比较突出，因此目前广泛应用于 TLK 系列推土机、ZLK 系列装载机、YZ 系列压路机、PY 系列平地机等工程机械上。

## 4.2 液压助力式转向系统

液压助力式转向系统分为液压助力式偏转车轮转向系统和液压助力式铰接转向系统，前者通过液压助力系统使转向车轮发生偏转实现转向，后者通过液压助力系统使前后车架发生偏转实现转向。

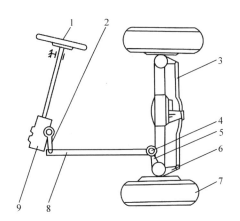

图 4-5　液压助力式偏转车轮转向系统
1. 方向盘；2. 转向垂臂；3. 转向横拉杆；4. 转向助力器；
5. 转向节臂；6. 转向梯形臂；7. 转向轮；
8. 转向纵拉杆；9. 转向器

### 4.2.1　液压助力式偏转车轮转向系统

#### 1. 组成与工作原理

##### 1) 组成

液压助力式偏转车轮转向系统主要由方向盘、转向器、转向传动机构和液压助力系统等组成，如图 4-5 所示。

方向盘 1 与转向器 9 连接在一起，转向器通过转向垂臂 2、转向纵拉杆 8、转向节臂 5、转向梯形臂 6 和转向横拉杆 3 等组成的转向传动机构以及转向助力器 4 与车轮相连，转向助力器与转向主油泵、转向辅助油泵、组合阀和油箱等组成液压助力系统。

##### 2) 工作原理

直线行驶时，方向盘不转动，转向助力器不起作用，转向传动机构不带动车轮转动，机械保持直线行驶。

转向时，转动方向盘使转向器偏转一定角度，带动转向助力器起助力作用，与转向传动机构一起带动车轮偏转一定角度，机械实现转向。当转向助力器失效时，仍可通过加大在方向盘上的操纵力矩来实现机械转向。

#### 2. 转向器

##### 1) 功用

转向器的功用是将施加在方向盘上的作用力矩放大(速度降低)，并通过转向传动机构，使机械准确地转向。液压助力式偏转车轮转向系统中通常使用球面蜗杆滚轮式转向器。

##### 2) 结构

球面蜗杆滚轮式转向器主要由球面蜗杆、滚轮、滚轮架、转向器壳体等组成，如图 4-6 所示。

球面蜗杆 4 与方向盘 14 的空心转向轴焊接在一起，球面蜗杆两端通过滚锥轴承 9 支承，转向器壳体 10 的底部通过螺钉固定有端盖 1，在端盖与壳体间装有调整垫片 2，可通过增减垫片来调整滚锥轴承的间隙。滚轮 6 通过两滚针轴承 7 支承在滚轮轴 5 上，滚轮轴装于滚轮架 17 上，两滚针轴承间有隔套 24，滚轮与滚轮架间装有耐磨垫圈 8，滚轮的球面表面上制有三道环状齿，并与蜗杆齿相啮合，组成啮合传动副，其优点是同时啮合工作的齿数多、承载能力大、传动效率高。滚轮架与转向垂臂轴制成一体，转向垂臂轴通过两滚针轴承 16、18 支承在转向器壳体和侧盖 23 上。转向垂臂轴的一端伸出壳体外和转向垂臂相连接，轴承外端装有油封 15 和护罩。侧盖上装有调整螺钉 20 和锁紧螺

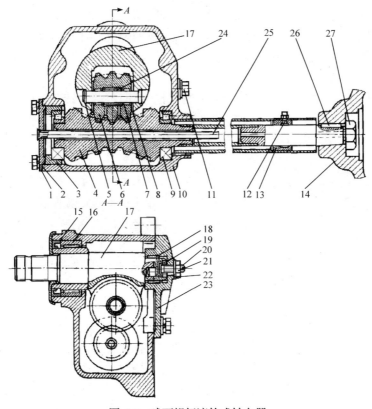

图 4-6　球面蜗杆滚轮式转向器

1. 端盖；2. 调整垫片；3. 轴承套；4. 球面蜗杆；5. 滚轮轴；6. 滚轮；7. 滚针轴承；8. 耐磨垫圈；9. 滚锥轴承；10. 转向器壳体；11. 螺塞；12. 油杯；13. 衬套；14. 方向盘；15. 油封；16. 滚锥轴承；17. 滚轮架；18. 滚针轴承；19. 挡圈；20. 调整螺钉；21. 锁紧螺母；22. 垫片；23. 侧盖；24. 隔套；25. 导线管；26. 平键；27. 螺母

母 21，调整螺钉拧入侧盖孔中，其端部伸入转向垂臂轴端部内孔中，并用挡圈 19 和卡环限位。滚轮和球面蜗杆装配后，在转向垂臂轴的轴线方向上有一定的偏心距，因此通过旋入或旋出调整螺钉，即可改变转向垂臂轴的轴向位置，使滚轮接近或离开球面蜗杆，从而调整滚轮与球面蜗杆之间的啮合间隙。

3) 工作原理

转向时，方向盘转动一定角度，通过空心转向轴带动球面蜗杆旋转，球面蜗杆在啮合作用下使滚轮在绕滚轮轴自转的同时，又沿球面蜗杆的螺旋线滚动(公转)，从而带动滚轮架及转向垂臂轴摆动，转向垂臂轴继续通过转向传动机构以及转向助力器使转向轮偏转一定角度，机械实现转向。方向盘转动一个较小的角度，即可通过球面蜗杆与滚轮的啮合传动使转向垂臂轴转动一个较大的角度，从而实现将施加在方向盘上的转向力矩放大，速度降低。

3. 转向传动机构

1) 功用

转向传动机构用于将经转向器放大了的转向力矩传递给转向轮，使车轮偏转，达到转向的目的，并承受转向轮在不平的道路上行驶时所带来的振动和冲击，并把这一冲击传递到转向器。因此，转向传动机构除了具有足够的强度，还具有吸振和缓冲的作用，并能自动补偿各连接处磨损后造成的间隙。

2) 组成

转向传动机构主要由转向垂臂、转向纵拉杆、转向节臂、转向梯形臂、转向横拉杆和转向梯形机构等组成。机械在转向时，各部件的相对运动不在同一平面内，因此各部件之间的连接均采用球铰连接，以防产生运动干涉。

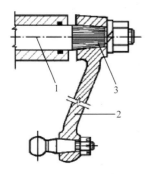

图 4-7　转向垂臂
1. 转向垂臂轴；2. 转向垂臂；3. 细齿锥形花键

(1) 转向垂臂。

转向垂臂大端通过细齿锥形花键套装在转向垂臂轴上，外端用槽形螺母锁紧；小端与转向纵拉杆相连，其上的锥孔用来连接转向纵拉杆的球头销，如图 4-7 所示。为了保证转向垂臂自中间位置向两边的摆角范围大致相等，转向垂臂和转向垂臂轴端面上均标有刻线，两者对正安装。

(2) 转向纵拉杆。

转向纵拉杆两端安装有带锥形销的球头销，球头销两侧装有球头碗，组成球铰，在螺塞和弹簧的作用下，球头碗与球头销靠紧，两个锥形销分别与转向垂臂和转向助力器相连。转向纵拉杆的后球头销用螺纹与杆身连接，以便于调节转向纵拉杆的安装长度，其调节要求是：当方向盘处于直线行驶位置，转向螺杆和转向垂臂处于中间位置时，两转向轮应位于直线行驶位置。两端弹簧用于自动补偿球头销磨损后产生的间隙，受到拉或压冲击时起缓冲作用，以减轻对转向器的冲击载荷。转动螺塞可以调节弹簧预紧力，最大预紧力由弹簧座加以限制，弹簧座可以起到限制弹簧过载的作用，并防止弹簧折断后球头销从管孔中脱出。转向纵拉杆的结构如图 4-8 所示。

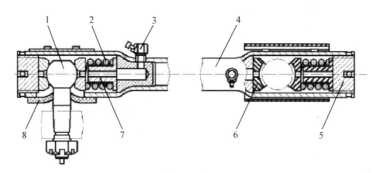

图 4-8　转向纵拉杆的结构
1. 球头销；2. 弹簧；3. 油嘴；4. 杆身；5. 调整螺塞；6. 球头碗；7. 弹簧座；8. 防尘罩

(3) 转向节臂。

转向节臂大端套装在转向主销上，并用螺钉固定在转向节的上方，小端用锥孔与转向助力器相连。当转向节臂绕转向桥上的转向主销转动时，带动转向轮偏转。

(4) 转向梯形臂。

转向梯形臂共有两个,其大端分别套装在左转向主销和右转向主销上,并用螺钉固定在左转向节和右转向节的下方,小端用锥孔与转向横拉杆的两端相连。

(5) 转向横拉杆。

转向横拉杆的结构与转向纵拉杆类似,两端的锥形销连接左转向梯形臂和右转向梯形臂并用螺母固定,球形销与杆身采用螺纹连接,并用夹紧螺栓紧固,通过调节螺纹可改变转向桥两侧车轮的相对偏转角度,即调整转向桥的前束。为消除球头销和球头碗之间磨损后产生的间隙,在挡板和橡胶垫圈之间装有调整垫片,这样,因磨损产生的间隙较小时可由橡胶垫圈自动消除,间隙大时可通过增加调整垫片来消除。转向横拉杆的结构如图 4-9 所示。

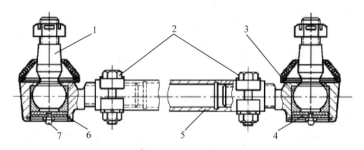

图 4-9 转向横拉杆的结构

1. 球头销;2. 夹紧螺栓;3. 球头碗;4. 挡板;5. 杆身;6. 橡胶垫圈;7. 黄油嘴

(6) 转向梯形机构。

左转向梯形臂、右转向梯形臂和横拉杆、转向桥壳体构成转向梯形机构,其作用是保证转向时内侧转向车轮转角大于外侧转向车轮转角,使得所有车轮行驶的轨迹中心相交于一点,从而防止机械转弯时产生轮胎滑磨现象,减少轮胎磨损,延长使用寿命,并能保证机械转向准确、灵活。

4. 液压助力系统

液压助力系统由转向助力器 1、主油泵 6、辅助油泵 7、组合阀 9 和油箱 8 等组成,用于提供转向助力,如图 4-10 所示。

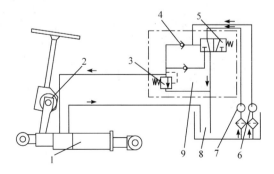

图 4-10 液压助力系统

1. 转向助力器;2. 转向器;3. 安全阀;4. 单向阀;5. 辅助油路控制阀;6. 主油泵;7. 辅助油泵;8. 油箱;9. 组合阀

1) 油路途径

液压助力系统的油路分为主油路和辅助油路。

(1) 主油路。

主油路在发动机正常工作时起作用。当机械转向时，转动方向盘使转向助力器处于工作位置，此时从主油泵出来的高压油经组合阀的单向阀进入转向助力器，产生转向助力作用，供机械转向，此时辅助油泵出来的高压油经组合阀上的辅助油路控制阀流回油箱，辅助油路不起作用。当机械直线行驶时，方向盘不动，转向助力器处于中位，高压油进入转向助力器后直接流回油箱，不产生转向助力作用。主油泵为齿轮泵，由变矩器齿轮箱内的驱动齿轮带动。

(2) 辅助油路。

当主油泵损坏、发动机熄火或机械被向前牵引时，主油泵不工作，辅助油路起作用。此时，当机械转向时，从辅助油泵出来的高压油经组合阀上的辅助油路控制阀、单向阀进入转向助力器，产生转向助力作用，供机械转向。辅助油泵也为齿轮泵，由变速器上的齿轮轴带动。

2) 组合阀

(1) 功用。

组合阀用于控制辅助油泵参加转向系统工作的时机以及限制系统最高压力，以保证液压助力系统正常可靠地工作。

(2) 结构。

组合阀用螺钉固定在油箱上，主要由阀体、安全阀、辅助油路控制阀和两个单向阀等组成，如图4-11所示。阀体上有四个油孔，F孔通主油泵，G孔通辅助油泵，E孔通转向助力器，O孔通油箱，D为安全阀油腔。上、下两个单向阀结构相同，均由阀芯、单

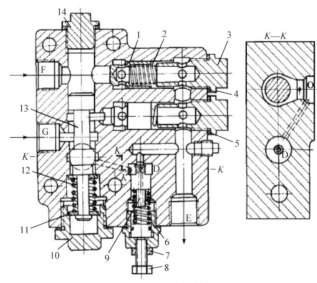

图 4-11　组合阀结构

1. 阀芯；2. 单向阀弹簧；3. 定位螺塞；4、5. 垫片；6. 安全阀弹簧；7. 锁紧螺母；8. 调整螺钉；9. 安全阀阀杆；10. 压盖；11. 弹簧座；12. 辅助油路控制阀弹簧；13. 阀杆；14. 螺塞

向阀弹簧和定位螺塞组成，阀芯为锥形直通式，被单向阀弹簧紧压在阀座上。安全阀由阀杆、安全阀弹簧、弹簧座、压盖、调整螺钉等组成，通过斜油道与阀体上 O 孔相通，阀杆为锥形，在安全阀弹簧的作用下紧压在阀座上，弹簧的张力可由拧在压盖上的调整螺钉调节。辅助油路控制阀主要由阀杆、辅助油路控制阀弹簧、弹簧座、压盖等组成；阀杆装在阀体圆孔内，在圆孔内中部有三道油槽，上油槽通下单向阀，中油槽通阀体上 G 孔，下油槽通阀体上 O 孔；辅助油路控制阀弹簧装在阀杆的下端，由压盖压紧，在压盖与阀体间装有调整垫片，以便调整弹簧的预紧力。

(3) 工作原理。

当发动机正常工作时，从主油泵来的高压油由 F 孔进入辅助油路控制阀上腔，推动上单向阀阀芯压缩单向阀弹簧右移打开主油路，使高压油经上单向阀从 E 孔进入转向助力器，产生转向助力作用；同时，进入辅助油路控制阀上腔的高压油推动控制阀阀杆压缩辅助油路控制阀弹簧下移，封闭 G 孔经上油槽通向下单向阀的油路，同时打开 G 孔经下油槽通往 O 孔去油箱的油路，从而使辅助油泵卸载。

当主油泵损坏、发动机熄火或机械被向前拖动时，因主油泵不工作，由 F 孔进入辅助油路控制阀上腔的油液压力消失，当油压低于控制阀弹簧预紧力时，控制阀阀杆在弹簧作用下上移，封闭下油槽，同时连通中油槽、上油槽，从而使从辅助油泵来的高压油经 G 孔、下单向阀、E 孔进入转向助力器，产生转向助力作用。

当转向系统油压超过安全阀最高压力时，高压油推动安全阀阀芯压缩安全阀弹簧下移，带动阀杆离开阀座，使得通往转向助力器的油路经斜油道与 O 孔相通，从而将多余的高压油经斜油道由 O 孔泄回油箱，实现对系统最高压力的限制。

3) 转向助力器

(1) 功用。

转向助力器的功用是在机械转向时，通过转动方向盘带动转向器接通内部的高压油路，借助高压油产生转向助力作用，使转向轻便、灵活、准确、可靠。

(2) 结构。

转向助力器主要由球铰、随动阀和油缸三部分组成，如图 4-12 所示。

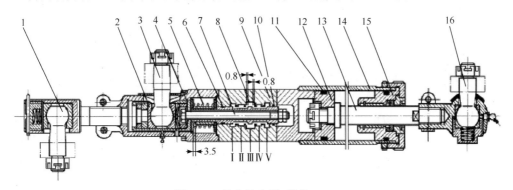

图 4-12 转向助力器 (单位：mm)

1. 转向节臂球铰；2. 球销座；3. 主动球铰；4. 滑套；5. 回位弹簧；6、11. O 形密封圈；7. 螺栓；8. 阀杆；9. 阀体；10. O 形密封圈及挡圈；12. 活塞；13. 活塞杆；14. 缸体；15. 导向套；16. 固定球铰

① 球铰。球铰包括转向节臂球铰、主动球铰和固定球铰，各球铰结构基本相同，均由球头销、球头碗、螺塞和弹簧等组成。

转向节臂球铰的球头销、球头碗安装在转向节臂接头的空腔内，由弹簧和螺塞限位，转向节臂接头和传动套以螺纹连接，并用螺母固定，球铰上的锥形销与转向节臂连接。主动球铰的球头销、球头碗装在滑套内，滑套又装在传动套内，滑套的下部制有轴向地槽，拧在传动套上的导向螺钉端部伸入地槽内，使滑套只能左右滑动而不能转动；球头碗右侧装有碟形弹簧和间隔套，左侧有调整螺母，用于调整球头销与球头碗之间由磨损产生的间隙，并用固定螺母紧固。固定球铰与车架连接在一起，球销接头通过螺纹与随动阀活塞杆连接。各球铰上均装有油嘴和防尘罩，用于注入润滑油润滑球头销和球头碗的表面，并防止灰尘进入球铰内。

② 随动阀。随动阀由阀体、阀杆、回位弹簧和限位套等组成。

阀体上有三个孔，其中进油孔通油泵，回油孔通油箱，出油孔通油缸右腔。阀体内圆有五道油环槽，槽Ⅰ和槽Ⅴ经暗油道相通并经阀体上回油孔通油箱，槽Ⅲ经进油孔通油泵，槽Ⅱ经出油孔通油缸右腔，槽Ⅳ经暗油道通油缸左腔。阀杆装在阀体内，其上有两道环槽，在环槽的肩部制成斜面，以使进入油缸的流量随阀杆的移动而逐渐增加。为防止漏油，在阀杆和阀体上各装有一道密封圈。限位套装在阀杆的左端，与挡圈之间留有 3.5mm 的间隙，以限制阀杆在阀体内每次移动的距离不超过 3.5mm。回位弹簧套装在限位套上。阀杆、限位套、回位弹簧、挡圈和滑套用螺杆串联在一起，并用螺母固定限位。

③ 油缸。油缸主要由缸体、活塞、活塞杆、导向套和密封圈等组成。

缸体与随动阀阀体固定连接，缸体内装有活塞，其上的环槽内装有 O 形橡胶圈和尼龙环，活塞和活塞杆通过螺母固定在一起，两者之间装有橡胶密封圈。缸体端部通过导向套和衬套支承着活塞杆，其上拧有压紧螺母，导向套与缸体、活塞杆之间以及压紧螺母和活塞杆之间均装有密封圈。

(3) 工作原理。

① 直线行驶。

方向盘不动，阀杆在回位弹簧的作用下位于中间位置，槽Ⅲ通过阀体和阀杆间的锥面间隙(0.8mm)与左右两侧的槽Ⅱ和槽Ⅳ相通，此时由槽Ⅲ来的高压油分别经槽Ⅱ流到槽Ⅰ和经槽Ⅳ流到槽Ⅴ，并从回油孔流回油箱。槽Ⅱ和槽Ⅳ与油缸两腔相通，此时均通油箱，因此油缸两腔无油压差，缸体不动，机械直线行驶。

② 向左转弯。

方向盘向左移动，通过转向器使主动球铰的球头销向左移动一定距离$\delta$(0.8mm<$\delta$<3.5mm)，并由滑套拉动随动阀阀杆也向左移动$\delta$，使阀杆由中间位置进入工作装置，槽Ⅲ与槽Ⅳ相通而槽Ⅲ与槽Ⅱ封闭。此时从槽Ⅲ来的高压油经槽Ⅳ进入油缸左腔，而油缸右腔内的油液由槽Ⅱ经槽Ⅰ流回油箱，活塞通过活塞杆固定在车架上不能移动，因此进入左腔的高压油推动缸体、阀体向左移动，并通过转向节臂球铰带动转向节臂和梯形机构，使转向车轮向左偏转一个角度，实现机械向左转向。

当缸体、阀体的移动距离和阀杆的移动距离相等时，阀杆又处于中间位置，此时油泵和油缸左、右两腔的油液均与油箱相通，油缸两腔无油压差，缸体和阀体停止移动，机械停止转向。继续转动方向盘使阀杆再向左移动一定距离，进入左腔的高压油又推动缸体、阀体向左移动相同距离，并使转向车轮继续向左转向后，又使阀杆处于中间位置并停止转向。

由上可知，阀杆的位移引起了阀体、缸体的位移，而阀体、缸体的位移反过来消除了阀杆相对阀体、缸体的位移(负反馈)，这样，当不断转动方向盘时，机械就不断转向；当停止转动方向盘时，机械亦停止转向，这就是液压助力系统的随动作用。

③ 向右转弯。

向右转弯原理与向左转弯原理相同，只是转动的方向相反。

④ 发生道路冲击。

当转向轮和道路发生冲击向右偏转时，转向轮将使转向节臂球铰向右移动，进而带动阀体连同缸体向右移动，操作手握住方向盘不放，因此主动球铰不移动，随动阀阀杆也不移动。阀杆不动，阀体向右移动使得阀杆由中间位置进入工作位置，此时从槽Ⅲ来的高压油经槽Ⅳ进入油缸左腔，推动缸体、阀体向左移动，使得阀杆又回到中间位置，从而自动克服道路冲击，使转向轮不能向右偏转。当转向轮和道路发生冲击向左偏转时的原理与上述相同，只是方向相反。

⑤ 转向轮自动回正。

当操作手转动方向盘使机械向右转向后，松开方向盘，转向轮的稳定力矩经转向节臂传到转向节臂球铰，使其向左移动，并带动传动套、阀体、缸体向左移动，与此同时，传动套通过挡圈、回位弹簧推动阀杆并带动滑套同阀体、缸体一起移动。回位弹簧的预紧力大于随动阀到方向盘之间各传动副中摩擦力之和，因此回位弹簧不产生变形，阀杆始终保持在中间位置。此时，缸体、阀体、阀杆、滑套、回位弹簧便一起向左移动，并带动方向盘回转，于是，转向轮便在稳定力矩的作用下自动回到直线行驶的位置。机械向左转向的自动回正原理与上述相同，只是方向相反。

由上述可知，回位弹簧不仅关系到转向的可靠性，而且对行驶的稳定性也有影响，其功用是：在阀杆受到小于其预紧力作用的条件下，保持阀杆处于中间位置，以保证机械稳定地直线行驶；当转向或发生冲击时，回位弹簧则被压缩，呈工作状态，使车轮自动回正。

⑥ 手动转向。

当液压助力系统出现故障，转向系统仍可工作时，转向助力器仅起一个连杆作用。转向时，主动球铰直接带动转向节臂球铰，通过转向节臂、转向梯形机构，使车轮发生偏转。液压助力转向在理论上是完全可以实现手动转向的，但对于重型工程机械，因转动方向盘十分费力，实际操作中无法实现手动转向，只有小型机械由于阻力小，手动转向才有可能实现。

### 4.2.2 液压助力式铰接转向系统

1. 组成与工作原理

1) 组成

液压助力式铰接转向系统主要由方向盘 5、转向器及随动阀 11、左转向油缸 13、右转向油缸 1、反馈杆 2、主油泵 10、辅助油泵 8 和流量转换阀 9 等组成，如图 4-13 所示。

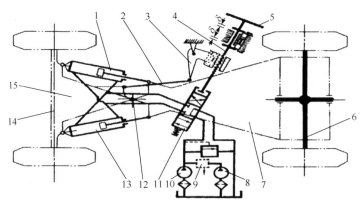

图 4-13　液压助力式铰接转向系统

1. 右转向油缸；2. 反馈杆；3. 转向垂臂；4. 转向轴；5. 方向盘；6. 后桥；7. 后车架；8. 辅助油泵；9. 流量转换阀；10. 主油泵；11. 转向器及随动阀；12. 铰销；13. 左转向油缸；14. 前桥；15. 前车架

　　机械的前车架和后车架之间用铰销相连，彼此可绕铰销相对偏转；两个转向油缸对称安装在前车架和后车架的两侧，通过液压油路与转向器和随动阀相连；转向器和随动阀固定在一起，与方向盘的转向轴相连，并通过螺钉固定在后车架上。

　　2) 工作原理

　　机械直线行驶时，方向盘不动，随动阀处于中间位置，油泵出来的高压油经随动阀直接流回油箱，转向油缸不动作，机械不转向。

　　机械转向时，转动方向盘使随动阀处于工作位置，油泵出来的高压油经随动阀进入左转向油缸、右转向油缸的不同工作腔，推动活塞杆伸出或缩回，使左转向油缸、右转向油缸相对铰接点产生相同方向的转向力矩，驱动前车架和后车架绕铰销相对偏转而实现机械转向。

　　2. 转向油缸及反馈杆

　　1) 转向油缸

　　转向油缸为单杆双作用式，缸体的端部与前车架铰接，活塞杆的伸出端与后车架铰接，两个转向油缸结构相同，主要由缸体 8、缸盖 9、活塞 7、活塞杆 2 和 O 形密封圈 1 等组成，如图 4-14 所示。

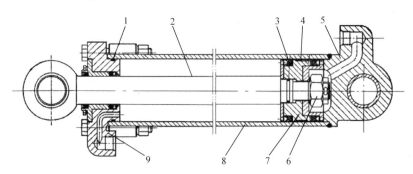

图 4-14　转向油缸

1. O 形密封圈；2. 活塞杆；3. 密封圈；4. 尼龙环；5. 缸头；6. 固定螺母；7. 活塞；8. 缸体；9. 缸盖

左转向油缸的小腔和大腔分别与右转向油缸的大腔和小腔用油管相连，在压力油的作用下，左转向油缸和右转向油缸一个推一个拉，使前车架与后车架相对转动，实现转向。

2) 反馈杆

反馈杆用于将前车架的偏转程度传给转向器，使随动阀随动，从而消除阀杆与阀体之间产生的相对位置偏差，主要由接头 1、摇臂 5、螺杆 8、弹簧筒 3 和弹簧 9 等组成，如图 4-15 所示。

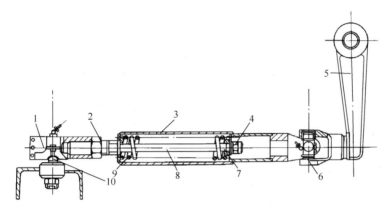

图 4-15　反馈杆

1. 接头；2. 锁紧螺母；3. 弹簧筒；4. 螺母；5. 摇臂；6. 十字轴；7. 弹簧座；8. 螺杆；9. 弹簧；10. 球铰

反馈杆前端通过球铰及螺母与前车架铰接，后端通过摇臂与转向器扇形齿轮轴连接，内部装有弹簧并套装在螺杆上，当反馈杆受到冲击时起到缓冲作用。螺杆的左端通过螺纹和接头连接，通过拧转接头可调整反馈杆的长度。

3. 转向器及随动阀

1) 功用

转向器与随动阀制为一体，其功用是将施加在方向盘上的作用力矩放大(速度降低)，并通过转向油缸使机械准确地转向。液压助力式铰接转向系统中通用循环球式转向器。

2) 结构

循环球式转向器主要由螺杆 13、螺母 3、扇形齿轮 4 及循环钢球等组成；螺杆通过两个滚针轴承支承在转向器壳体上，上端通过转向轴与方向盘连接，下端套装有随动阀阀杆。螺母通过钢球与螺杆啮合，钢球装在螺杆与螺母组成的螺旋形槽内，螺母外缘一侧制成齿条并与扇形齿轮啮合，扇形齿轮与扇形齿轮轴制成一体，在转向器壳体一侧有加油口，转向器及随动阀结构如图 4-16 所示。

随动阀主要由阀体 6、阀杆 7、定中弹簧 8、柱塞 9 及止推轴承等组成。阀体用螺钉固定在转向器壳体上，上、中、下阀体通过螺杆固定在一起，阀体上有与转向油缸两腔、油泵、油箱相通的四个孔。阀体内圆有七道油环槽，从上往下数，槽一、槽四、槽七经暗油道相通后通油箱，槽二、槽六通转向油缸，槽三、槽五通油泵。阀杆是中空的，套装在螺杆下端的延长部分上；阀杆的上端通过挡板、止推轴承顶在螺杆的凸肩上进行限

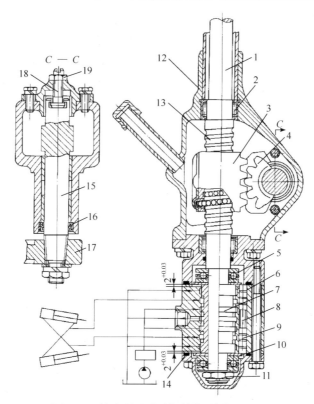

图 4-16　转向器及随动阀结构(单位：mm)

1. 转向轴；2. 滚针轴承；3. 螺母；4. 扇形齿轮；5. 止推轴承；6. 阀体；7. 阀杆；8. 定中弹簧；9. 柱塞；10. 挡板；11. 固定螺母；12. 转向器壳体；13. 螺杆；14. O 形密封圈；15. 扇形齿轮轴；16. 油封；17. 摇臂；18. 调整螺钉；19. 锁紧螺母

位，下端则由锁紧螺母压紧的挡板、止推轴承进行限位。阀杆在阀体内上、下各有 2mm 的轴向移动量，最大移动量由两端的挡板和止推轴承限位，其中间位置是靠定中弹簧将柱塞压紧在阀体的定位端面上，并与两挡板刚好接触来保证的。

转向器的滚针轴承、钢球、螺母、扇形齿轮轴是用齿轮油润滑的，而随动阀中的止推轴承、柱塞是通过液压油润滑的，为防止转向器内的齿轮油和随动阀内的液压油互相串通，在上阀体的内圆装有 O 形密封圈，将随动阀与转向器的两腔分开。

3) 工作原理

(1) 直线行驶。

方向盘不动，阀杆在定中弹簧和柱塞的作用下处于中间位置，从油泵来的高压油经过槽三、槽五进入槽四，然后流回油箱。槽二、槽六被阀杆的凸肩封闭，既不和高压油槽三、槽五相通，又不和回油槽一、槽七相通，因此转向油缸两腔均处于封闭状态，前车架和后车架不相对偏转，机械直线行驶，此时的油路途径示意图如图 4-17 所示。

(2) 转向行驶。

转动方向盘时，螺母经齿扇及轴、反馈杆与前车架相连，而此时因阀杆在中间位置，转向油缸油路未接通，因此前车架不动，螺母也不动，转动方向盘就迫使螺杆带动阀杆一起沿轴线移动。当向右转动方向盘时，螺杆和阀杆便一起向下移动，通过上挡板压紧

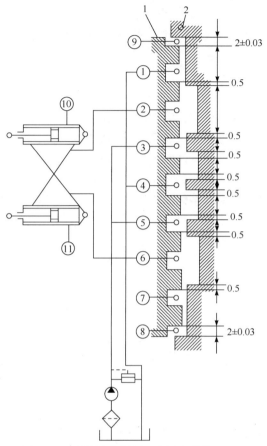

图 4-17 随动阀油路途径示意图(单位: mm)
1. 阀体; 2. 阀杆

柱塞克服定中弹簧的张力, 直到挡板碰到阀体上定位端面。此时, 槽三和槽二相通, 槽六和槽七相通, 油泵来的高压油进入槽三、槽二并经油管分别进入右转向油缸小腔和左转向油缸大腔, 而右转向油缸大腔和左转向油缸小腔的油液经油管、槽六、槽七流回油箱, 因此高压油同时使右转向油缸两销轴距离缩短和左转向液压缸两销轴距离伸长, 前车架和后车架相对向右偏转, 机械向右转弯。

车架偏转后, 反馈杆向后移动, 通过摇臂使扇形齿轮带动螺母、螺杆和阀杆上移, 因此方向盘可以连续转动。当方向盘停止转动时, 反馈杆经扇形齿轮带动螺母、螺杆及阀杆上移, 直至阀杆重新回到中间位置, 从而将转向油缸的进油和回油通路切断, 机械停止转向, 这就是随动阀的随动作用。只有继续转动方向盘, 再次将油路接通, 机械才能继续转向。可见, 这里的负反馈联系是靠反馈杆、扇形齿轮和螺母等来实现的。

当向左转动方向盘时, 工作原理与上述向右转动方向盘相同, 只是油路及方向正好相反。

为保证阀杆在中间位置时转向油缸封闭得更好, 使前车架和后车架不能相对转动并且具有一定的刚性, 因此阀杆凸肩两侧都具有一定的覆盖量(约 0.5mm), 只有当阀杆移动距离大于覆盖量后, 随动阀才开始起作用。这样的随动阀较没有覆盖量的随动阀在操纵灵敏度上要差一些，即前车架和后车架的转动总是比方向盘的转动要滞后一段很短的时间，而且方向盘停止转动一段很短的时间后，前车架和后车架的相对转动才能停止。

### 4. 油泵及流量转换阀

#### 1) 油泵

当发动机转速变化时，为了保持转向液压系统的流量稳定，在系统中设有转向主油泵和转向辅助油泵。转向主油泵为齿轮泵，只向转向液压系统供油；辅助油泵和工作泵为双联齿轮泵，在发动机转速很低时只向转向液压系统供油，中等转速时同时向转向液压系统和工作装置液压系统供油，转速很高时只向工作装置液压系统供油。这种形式的布置可保证在发动机整个转速范围内转向液压系统的流量相对稳定，整个转向液压系统如图 4-18 所示。

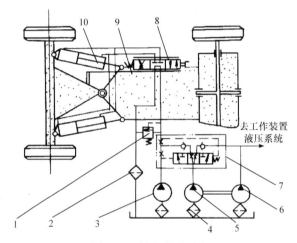

图 4-18　转向液压系统

1. 溢流阀；2. 散热器；3. 主油泵；4. 滤油器；5. 辅助油泵；6. 工作泵；7. 流量转换阀；8. 转向器及随动阀；9. 反馈杆；10. 转向油缸

#### 2) 流量转换阀

(1) 功用。

流量转换阀也称为双泵单路稳流阀，其功用是根据发动机的转速不同，自动将辅助油泵的流量供给转向液压系统或工作装置液压系统，使得进入转向液压系统的流量总体保持稳定。

(2) 结构。

流量转换阀主要由阀体 9、滑阀 2、滑阀弹簧 6 和单向阀 3 等组成，如图 4-19 所示。

阀体上有六个口，$P_1$ 口接主油泵，$P_2$ 口接辅助油泵，A 口接转向液压系统，B 口接工作装置液压系统，D 口和工作油泵相通，C 口和溢流阀相通。中空的滑阀装在阀体内，将阀体上通孔分成左、右两个空腔，滑阀上有四排径向油孔。滑阀弹簧一端顶在滑阀上，另一端顶在弹簧座上，弹簧座由拧在阀体右端的螺塞限位。两个单向阀的结构基本相同，分别装在滑阀的左、右空腔内，均由阀芯、弹簧、弹簧座组成；阀芯在单向阀弹簧的作用下紧压在阀座上，单向阀弹簧一端顶在阀芯上，另一端支承在弹簧座上，弹簧座通过螺纹拧在滑阀的端头螺纹孔内。滑阀左端经油道与 $P_1$ 口相通，右端经油道 d 与 A 口相通，并经节流孔 b、a 也与 $P_1$ 口相通。

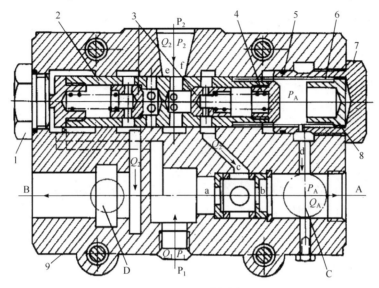

图 4-19 流量转换阀

1. 螺塞；2. 滑阀；3. 单向阀；4. 单向阀弹簧；5. 密封圈；6. 滑阀弹簧；7. 螺塞；8. 弹簧座；9. 阀体

(3) 工作原理。

设主油泵流量为 $Q_1$，入口压力为 $P_1$，经过节流孔 a、b 后的油压降为 $P_A$，则滑阀左端油压为 $P_1$，右端油压为 $P_A$，辅助油泵流量为 $Q_2$。

① 当发动机转速低于 600r/min 时，$Q_1$ 很小，因而通过节流孔 a、b 后的压降很小，即 $P_A$ 与 $P_1$ 相差不多，滑阀在其弹簧的作用下靠向左端，此时从 $P_2$ 口来的辅助油泵高压油打开右单向阀经节流孔 c 和 b 流到 A 口，此时 $P_2$ 和 B 口间的通道未被打开，因此辅助油泵的流量 $Q_2$ 全部从 A 口进入转向液压系统，进入转向系统的流量 $Q_A = Q_1 + Q_2$。

② 当发动机转速在 600~1100r/min 时，随着发动机转速的增加，$Q_1$ 增大，通过节流孔 a、b 后的压力差 $(P_1 - P_A)$ 增大，压力差作用于滑阀左端，克服滑阀弹簧的预紧力使之右移，将 $P_2$ 与 B 口接通，此时辅助油泵的流量 $Q_2$ 分为两部分，一部分经阀口 f 流到 A 口(流量 $Q_{2f}$)进入转向液压系统，另一部分经阀口 e 流到 B 口(流量 $Q_{2e}$)进入工作装置液压系统。随着发动机转速不断增加，压力差 $(P_1 - P_A)$ 不断增大，滑阀右移的距离也继续增大，从而使阀口 f 逐渐关小，阀口 e 逐渐开大，使得辅助油泵经 A 口进入转向液压系统的流量 $Q_{2f}$ 随着转速的增大而减小，而经 B 口进入工作装置液压系统的流量 $Q_{2e}$ $(Q_{2e} = Q_2 - Q_{2f})$ 随着转速的增加而增大。此时，随着发动机转速的增加，$Q_1$ 增大而 $Q_{2f}$ 减小，因此进入转向液压系统的流量 $Q_A = Q_1 + Q_{2f}$ 可基本保持不变。

③ 当发动机转速超过 1100r/min 时，压力差 $(P_1 - P_A)$ 使滑阀向右移动，直到阀口 f 完全关闭，此时辅助油泵的流量 $Q_2$ 完全经 B 口进入工作装置液压系统，使得只有主油泵的流量进入转向液压系统。因此，通过流量转换阀使得在发动机整个转速变化范围内，进入转向液压系统的流量变化不大。

### 4.2.3 液压助力式转向系统常见故障判断与排除

1. 方向盘自由行程过大

1) 故障现象
转动方向盘时车轮转向有滞后，反应不灵敏。

2) 故障原因
(1) 齿条螺母与扇形齿轮间隙过大；
(2) 随动杆、万向节间隙过大或调整不当；
(3) 转向杆端部锁紧螺母松动；
(4) 转向油缸固定销轴及孔配合间隙过大。

3) 排除方法
(1) 调整齿条螺母、扇形齿轮以及随动杆、万向节之间的间隙；
(2) 紧定转向杆端部锁紧螺母；
(3) 调整转向油缸固定销轴及孔之间的配合间隙。

2. 转向沉重

1) 故障现象
转动方向盘阻力明显增加，方向盘由慢转到快转、有负荷到无负荷或小油门到大油门时较为明显。

2) 故障原因
机械系统：
(1) 扇形齿轮与齿条螺母啮合间隙过小；
(2) 随动杆的球头螺母锁得过紧；
(3) 转向螺杆端部的螺母锁得过紧；
(4) 转向杆的齿条螺母与螺杆的滚珠卡死。
液压系统：
(1) 转向齿轮泵烧伤、效率过低、磨损导致流量不足；
(2) 转向液压缸油封损坏，恒流阀的调压阀门无法完全封闭；
(3) 转向机入口处的单向阀锥弹簧损坏，使系统压力上不去或液流量供应不足；
(4) 转向阀严重内漏，液压管路破损漏油。
若在修理以后发现转向沉重，则原因可能是装配不当使各摩擦副配合间隙过小，若在使用中发现转向沉重，则多是机件缺油、变形或者损坏等造成的。

3) 排除方法
排除时，可拆下直拉杆，转动方向盘，若转动过紧，则故障在转向器本身；若转动轻松，则故障在传动机构或液压系统，然后按照相应方法进行排除。

3. 转向力矩不均

1) 故障现象
转向时，一边转向操纵轻，一边转向操纵沉重。

2) 故障原因

(1) 转向阀上、下两端弹簧压力不同;

(2) 柱塞卡死的情况不同;

(3) 转向液压缸一腔漏油,另一腔完好。

3) 排除方法

(1) 检查转向阀滚柱与阀体的配合间隙,标准间隙为 0.03～0.04mm,弹簧长度应一致,且不能断裂或变形;

(2) 更换液压缸密封件。

# 4.3 全液压式转向系统

全液压式转向系统分为全液压式偏转车轮转向系统和全液压式铰接转向系统,前者通过液压系统使转向车轮发生偏转实现转向,后者通过液压系统使前车架和后车架发生偏转实现转向。

## 4.3.1 全液压式偏转车轮转向系统

全液压式偏转车轮转向系统通过一个转向油缸控制转向轮偏转实现机械转向,JYL200G/JYL200G 改进型挖掘机均采用这种形式的转向系统,下面以 JYL200G 型挖掘机转向系统为例进行介绍。

1. 组成与工作原理

1) 组成

JYL200G 型挖掘机全液压式偏转车轮转向系统主要由方向盘 6、全液压转向器 7、转向油缸 2、转向油泵 9、压力流量控制阀 8 及油箱 10 等组成,如图 4-20 所示。

方向盘与全液压转向器连在一起,全液压转向器通过油管与转向油缸大油腔、小油腔相连,转向油缸与转向节臂一端相连,转向节臂另一端固定在转向主销上。

2) 工作原理

JYL200G 型挖掘机全液压式偏转车轮转向系统的工作原理示意图如图 4-21 所示。

(1) 直线行驶。

当直线行驶时,方向盘不转动,转阀处于图 4-21 所示的中立位置,摆线齿轮马达的进油口、出油口及转向油缸的大、小两腔均被封闭,转向油泵出来的高压油经转阀直接流回油箱,此时转向油缸不动作,转向轮不偏转,机械保持直线行驶。

(2) 左转向。

当左转向行驶时,方向盘向左转动,带动转阀的阀芯相对阀套转动,使转阀由中间位置移到图 4-21 所示的左侧油路位置,此时转向油泵出来的高压油经转阀进入计量马达,再经转阀进入转向油缸大腔,转向油缸小腔的油液则经转阀流回油箱,高压油推动转向油缸活塞杆伸出,使转向轮向左偏转,机械向左转向。当方向盘停止转动时,转阀的

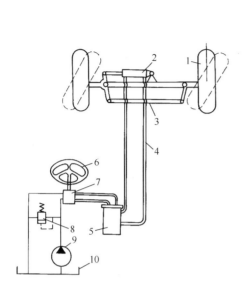

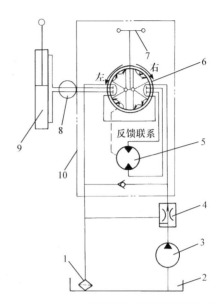

图 4-20　JYL200G 型挖掘机全液压式偏转车轮转
向系统

1. 车轮；2. 转向油缸；3. 转向横拉杆；4. 油管；5. 中央
回转接头；6. 方向盘；7. 全液压转向器；8. 压力流量控制阀；
9. 转向油泵；10. 油箱

图 4-21　JYL200G 型挖掘机全液压式偏转车轮转
向系统工作原理示意图

1. 滤清器；2. 油箱；3. 转向油泵；4. 压力流量控制阀；5. 摆
线齿轮马达；6. 转阀；7. 方向盘；8. 中央回转接头；9. 转
向油缸；10. 转向器总成

阀芯立即停止转动，阀套的随动作用使转阀回到中立位置，通往转向油缸的油路被切断，且转向油泵被卸载，则转向轮停止向左偏转，机械即可向左保持某个转弯半径行驶；若需要继续向左转向，则再向左转动方向盘即可实现；当行驶中需要向左急转弯时，将方向盘快速而又连续不停地向左转动，机械即可向左急转弯(直至最小转弯半径)行驶。

(3) 右转向。

当右转向行驶时，方向盘向右转动，带动转阀由中立位置移到图 4-21 所示的右侧油路位置，转向过程与上述左转向基本相同，只是转向油缸的进油口、出油口和转向轮偏转的方向相反。

(4) 手动转向。

当发动机熄火时，油泵停止供油，转动方向盘的同时带动传动轴及计量马达转子转动，这时摆线齿轮马达成为手动齿轮油泵，向转向油缸供油，实现手动转向。此时，油液从油箱出来经单向阀、计量马达、转阀进入转向油缸，使转向车轮向左或向右偏转实现机械转向。

2. 压力流量控制阀

1) 功用

压力流量控制阀一方面起节流作用，能够节制转向油泵高转速下进入转向油缸的流量，使得机械高速行驶时转向不会"发飘"，加上采用排量较大的转向油泵，使得机械低速行驶时转向不会"发沉"而迟滞，从而改善了转向的平稳性；另一方面起限压作用，当转向系统压力达到 10MPa 时，阀芯开始溢流，相当于安全阀，从而保护了转向系统的安全。

2) 结构

压力流量控制阀主要由阀体 6、阀套 10、阀芯 3、限位套 4、弹簧等部件组成，如图 4-22 所示。

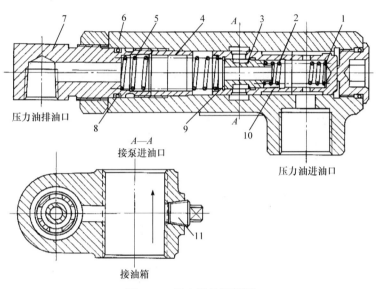

图 4-22 压力流量控制阀

1. 调整垫片；2. 小弹簧；3. 阀芯；4. 限位套；5. 大弹簧；6. 阀体；7. 出油管接头；8. O 形密封圈；9. 卡环；10. 阀套；
11. 螺塞

阀体制为中空，其中部有一道环槽，此槽通过径向孔与油泵进油道相通；阀体右端开有一径向孔，并旋有进油管接头。阀套制有中心轴向孔，其外表面有两道环槽和三个台阶，右端环槽为进油环槽，通过两个径向节流小孔与阀套中心轴向孔相通；左端环槽为回油环槽，制有四个径向孔；阀套装在阀体内，可做轴向移动，其外表面左端的两个台阶与阀体相配合，切断进油和回油通道，右端台阶与阀体有间隙。小弹簧装在阀套中心轴向孔内，一端通过调整垫片抵在阀套上，另一端在阀芯的凸台上。阀芯制为中空，其外表面有两个台阶和一道环槽，并且右端台阶直径略小于左端台阶直径；阀芯装在阀套中心轴向孔内，左端用卡环定位，可在阀套内做轴向运动。限位套装在阀体内，以限制阀套运动距离。大弹簧一端抵在阀套上，另一端在出油管接头内台阶上。阀体右端旋有螺塞进行封闭，左端装有出油管接头，为了防止漏油，两端均装有 O 形密封圈。

3) 工作原理

(1) 当发动机转速在 1100r/min 以下(转向油泵流量为 13.8L/min 以内)时，高压油经转向油泵出油口→阀套右端环槽→节流孔→阀套中心轴向孔→阀芯中孔→阀套中心轴向孔→出油管接头→转向器，供转向油缸工作。此时，压力流量控制阀只起一个连通油道的作用，转向油泵出来的高压油全部供转向油缸工作，从而解决了发动机在低速运转时转向"发沉"而迟滞的问题。

(2) 当发动机转速超过 1100r/min(流量超过 13.8L/min)时，节流孔起明显的节流作用，使得阀套右端和左端产生的压力差克服大弹簧的压力,推动阀套左移(1mm),压缩大弹簧,将阀套进油环槽与阀体中部环槽连通,一部分高压油从阀套中部环槽流到阀体环槽,经径向孔回流到转向油泵进油道。此时,压力流量控制阀起节流作用,转向油泵出来的高压油只有一部分供转向油缸工作,从而保证了机械高速行驶时转向的平稳,较好地解决了在高速行驶转向时容易"发飘"的问题。当发动机转速低于1100r/min 时,阀套在大弹簧的作用下又回到原来位置。

(3) 当系统压力超过 10MPa 时,作用在阀芯左端面和右端面上的压力差克服小弹簧的压力,推动阀芯向右移动,压缩小弹簧,将阀套中心轴向孔与阀套中部环槽连通,一部分高压油从阀套中心轴向孔流入阀套中部环槽,再到阀体环槽,经径向孔回流到转向油泵进油道。此时,压力流量控制阀起安全阀作用,从而保证系统在额定压力内安全工作。当系统压力回降到 10MPa 以下时,阀芯在小弹簧的作用下又回到原来位置。

### 3. 全液压转向器

#### 1) 功用

JYL200G 型挖掘机采用 BZZl-E400A 型全液压转向器,用于控制转向油缸的动作,实现液压转向,当转向油泵停止供油时,实现手动转向。

#### 2) 结构

全液压转向器由方向盘操纵,通过螺钉固定在转向支架上,由转阀和摆线齿轮马达组成,如图 4-23 所示。

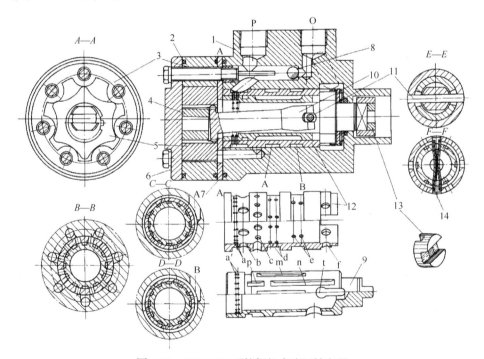

图 4-23 JYL200G 型挖掘机全液压转向器

1. 阀体;2. 密封圈;3. 定子;4. 隔套;5. 转子;6. 端盖;7. 配油盘;8. 单向阀;9. 阀芯;10. 传动轴;11. 轴销;12. 阀套;13. 十字连接块;14. 钢片弹簧

(1) 转阀。

转阀由阀体 1、阀套 12 和阀芯 9 等组成,用于控制转向液压油路的开闭和方向。阀套和阀芯相互配合,两者用轴销连接,一起装在阀体内;阀芯上销孔比阀套上销孔大,因此阀芯可相对阀套左、右各转动 8°左右。弹簧片组穿入阀芯的长孔和阀套的缺口中(图 4-23 中 F—F 视图),保证阀芯处于中间位置。阀芯通过端部榫头经十字连接块与方向盘转向轴相连。

阀体上有四个油口,P 口和油泵相通,O 口和油箱相通,A、B 口分别和转向油缸的小、大两腔相通,在进油口 P 和回油口 O 之间装有单向阀。阀体内圆沿圆周均布七个油孔(图 4-23 中 B—B 视图),分别通往摆线齿轮马达的七个工作腔。

阀套外表面上有四道环槽,环槽 I 上有六个孔 f 与阀体上回油口 O 相通;环槽 II 上有两排(每排六个)共 12 个孔 e 始终与阀体上 B 孔相通;环槽上 III 有两排(每排六个)共 12 个孔 d,始终与阀体上 A 口相通;环槽 IV 上有六个孔 b 和两排密集小孔 a 始终与阀体上的 P 口相通。凸肩上的 12 个孔 c,按排列顺序可分为单数与双数,若单数中某几个孔与摆线马达的进油腔相通,则双数中便有几个孔与摆线齿轮马达的排油腔相通。

阀芯上有 p、m、n 三种轴向切槽,每种槽各有六条。端部圆周上有两排密集小孔 a′与阀芯内腔中心孔相通。当阀芯处于中间位置时,其上的三种轴向切槽均被阀套封闭,端部的两排小孔 a′与阀套上两排小孔 a 对应重合。当阀芯处于左转向或右转向工作时,p 槽将阀套上孔 b 与孔 c 的单数或双数孔连通,m 槽将阀套的双排孔 d 或孔 e 与孔 c 的双数或单数孔连通,n 槽将阀套的双排孔 d 或孔 e 与孔 f 连通。阀芯上孔 t 将阀芯内中心孔与回油口连通。

(2) 摆线齿轮马达。

摆线齿轮马达由定子 3、转子 5、配油盘 7、端盖 6、传动轴 10 等组成,用于控制进入转向油缸油量的多少,从而控制转向角度的大小。端盖、定子及配油盘用螺钉固定在转阀阀体上,转子装在定子内,传动轴一端和转子相连,另一端通过轴销和阀套相连。

定子内圆有七个齿,转子外圆有六个齿,转子以偏心距 e 为半径,围绕定子中心转动。由图 4-24 可以看出,两者相差一个齿,当转子以左图所示的位置为始点,绕定子的轴线顺时针方向沿定子的各齿转动一周时,转子同时绕自身轴线以逆时针方向转动一个齿(图中带黑点的齿运动规律)。若转子绕定子的轴线转六周,则转子绕自身轴线以相反的方向转过六个齿,即转子绕自身轴线旋转一周。把转子绕定子轴线的转动称为公转,绕自身轴线的转动称为自转,其运动规律是:转子自转一周的同时绕定子公转六周,即转子的公转转速是其自转转速的六倍,且两者的旋转方向相反。

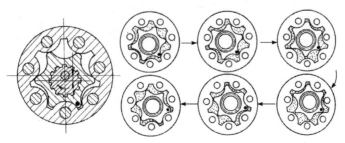

图 4-24　摆线齿轮马达工作原理

　　摆线齿轮马达的齿面形状保证了转子曲线上的每一点均可成为啮合点，因此定子与转子之间在任何时候都形成七个相互隔开的油腔。这七个油腔的容积随着转子的转动而变化，转子公转一周，从七个油腔中各排油一次，转子自转一周，油从6×7=42个油腔中排油。因此，这种摆线齿轮马达体积小、排量大，可按转角大小成正比例供给转向油缸油量，只要方向盘转动一个较小的角度便会供油较多，以适应手动转向的需要。摆线齿轮马达的配油是通过配油盘和阀体上均布的七个油孔及阀套上的油孔 c 来实现的，当压力油通过配油盘进入摆线齿轮马达七个腔中的某几个相邻的油腔时，另外几个相邻的油腔则向外排油。

　　摆线齿轮马达转子的自转轴线是不固定的，因此与其相连接的传动轴，一端制为圆弧形渐开花键，插在转子的花键孔中，另一端以岔口和轴销相连，因此转子的转动与阀套同步(呈刚性连接)，当转子转动时，通过传动轴和轴销带动阀套一起转动。

　　3) 工作原理

　　为了看清阀套和阀芯上各孔和槽的配合关系，沿它们的配合面展开，如图 4-25～图 4-27 所示(各图中只画出了半周展开平面图)，圈中虚线为阀芯上各孔和槽的位置，粗实线为阀套上各孔和槽的位置。为了说明其工作原理，在各图中还取了几个剖面图。

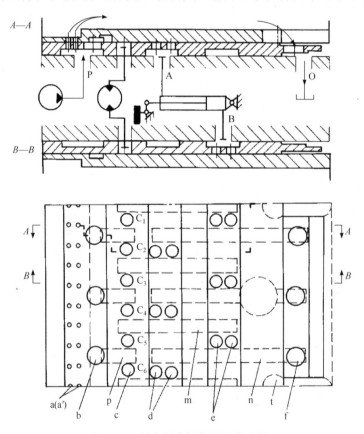

图 4-25　转向阀中间位置油路途径

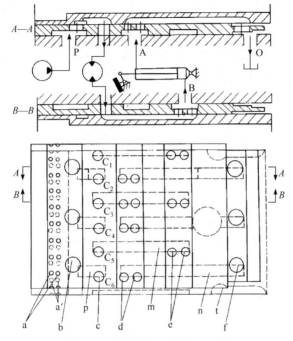

图 4-26 转向阀左转向油路途径

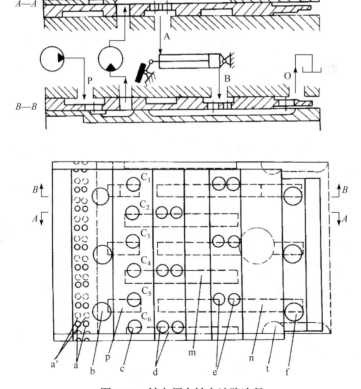

图 4-27 转向阀右转向油路途径

(1) 中间位置。

方向盘不动，阀芯和阀套在钢片弹簧的作用下处于图 4-25 所示的相对位置，此时阀芯上 p、m、n 三种轴向切槽均被阀套封闭，端部的两排小孔 a′ 与阀套上两排小孔 a 对应重合。由转向油泵来的油液从阀体上 P 口→阀套和阀芯相互重合的 a 和 a 孔→阀芯中心→阀芯 t 孔→阀套 f 孔→阀体 O 口→回油箱。此时阀套上的 12 个 c 孔均被封闭，摆线齿轮马达既不进油，也不回油，转子不转动，而阀套上的两排 d 孔和两排 e 孔也均被阀芯封闭，无工作油流动，因此转向油缸不动作，转向轮保持在直线或某个转弯半径的行驶状态。

(2) 左转向。

方向盘向左转动，阀芯随方向盘逆时针旋转，阀套因和摆线齿轮马达转子相连暂时不转。如图 4-26 所示，此时，阀套和阀芯的 a 和 a′ 孔错开，阀芯上的 p 槽和阀套上的 b 孔及双号孔 $C_2$、$C_4$、$C_6$、$C_8$、$C_{10}$、$C_{12}$ 连通；m 槽和阀套上的双排 e 孔及单号孔 $C_1$、$C_3$、$C_5$、$C_7$、$C_9$、$C_{11}$ 连通；n 槽和阀套的双排 d 孔及 f 孔连通。此时的油路途径为：油泵来的压力油从 P 口→阀套 b 孔→阀芯 p 槽→阀套双号孔 $C_2$、$C_4$、$C_6$、$C_8$、$C_{10}$、$C_{12}$ 其中相邻的三个或四个孔→阀体上七个孔中相邻的三个或四个孔→配油盘上三个或四个相邻孔→摆线齿轮马达的三个或四个油腔；摆线齿轮马达另外四个或三个相邻油腔的油液，经配油盘上四个或三个相邻孔→阀体上七个孔中其余相邻的四个或三个孔→阀套单号孔 $C_1$、$C_3$、$C_5$、$C_7$、$C_9$、$C_{11}$ 其中相邻的四个或三个孔→阀芯 m 槽→阀套双排 e 孔→阀体 B 口→中央回转接头→转向油缸大腔，推动活塞移动，使车轮向左偏转；从转向油缸小腔出来的油经中央回转接头→阀体 A 口→阀套双排 d 孔→阀芯 n 槽→阀套 f 孔→阀体 O 口，从而回到油箱。

在向左转动方向盘时，由于阀芯的转动使 $C_2$、$C_4$、$C_6$、$C_8$、$C_{10}$、$C_{12}$ 通高压油，摆线齿轮马达在此高压油作用下转动，摆线齿轮马达的转动又通过传动轴和轴销使阀套转动，其转动情况如图 4-28 所示。图 4-28(a) 为 $C_1$~$C_{12}$ 各孔所在剖面展开图，图 4-28(b) 为摆线齿轮马达的轴向投影图。图 4-28(a) 中 1~7 为阀体上与摆线齿轮马达各腔相通的油孔，号码与图 4-28(b) 中摆线齿轮马达各腔号码一一对应；$C_1$~$C_{12}$ 为阀套上的各配油孔，其中带横线部分与阀的进油口 P 相通，带点部分与回油口 O 相通；图中 I~Ⅶ 表示阀套(图 4-28(a)) 及马达的转子(图 4-28(b)) 不同的转动角度。

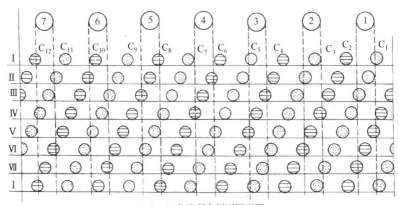

(a) $C_1$~$C_{12}$ 各孔所在剖面展开图

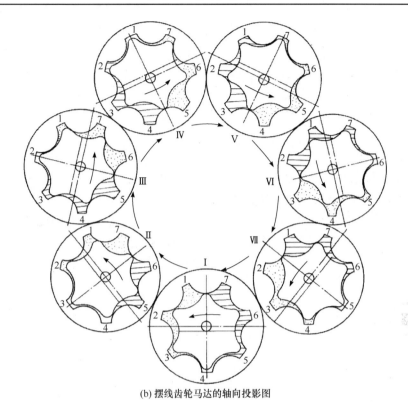

(b) 摆线齿轮马达的轴向投影图

图 4-28　摆线齿轮马达进回油及带动阀套转动情况

在位置 Ⅰ 时，向左转动阀芯可使孔 $C_1 \sim C_{12}$ 双号孔通高压油，但只能经阀套上的双号孔 $C_8$、$C_{10}$、$C_{12}$ 进入摆线齿轮马达的工作腔 5、6、7，马达转子便在 5、6、7 腔中高压油的作用下向左转动至位置 Ⅱ，并带动阀套也转动至位置 Ⅱ。此时若继续向左转动阀芯，仍会使 $C_1 \sim C_{12}$ 双号孔通高压油，并且只能经双号孔 $C_6$、$C_8$、$C_{10}$ 进入马达的工作腔 4、5、6，摆线齿轮马达转子便在 4、5、6 腔中高压油的作用下继续向左转动至位置 Ⅲ，并带动阀套也转至位置 Ⅲ。如此连续转动，从位置 Ⅰ，Ⅱ，Ⅲ，…，Ⅶ，再转到位置 Ⅰ 时，马达转子转过一个齿即 1/6 周，阀套转过两个孔，也是 1/6 周。在马达转动过程中，排油腔中的油不断经 $C_1 \sim C_{12}$ 单号孔的某些孔进入油缸。方向盘每转过一个角度，摆线齿轮马达、阀套都转过一相应的角度，进入摆线齿轮马达和从摆线齿轮马达排出油的体积也是一定的，从而保证流进转向油缸的流量与方向盘转角成正比。

综上所述，转向的过程为：转动方向盘，通过十字连接块带动阀芯转过一个角度(同时压缩钢片弹簧)，使阀芯与阀套之间产生相对角位移，即位置差(相互错开 8°)，改变了阀芯与阀套各孔与槽的配合关系，于是有了上述压力油的流动过程，使车轮转向。使车轮转向的压力油经过摆线齿轮马达，因此摆线齿轮马达转子做相应的转动，同时它又通过传动轴和轴销使阀套转动，其转动方向与阀芯转动方向相同，从而使它们的位置误差被消除，于是各孔、槽的配合关系又恢复到图 4-25 所示的中立位置，压力油便不再经摆线齿轮马达进入转向油缸，使车轮不再继续偏转，这就是反馈过程。进入转向油缸的油必先经过摆线齿轮马达，因此方向盘开始转动，立即就有反馈，即转动方向盘后，车轮稍转动一个很小的角度就停止，若想继续转向，则必须继续转动方向盘。

(3) 右转向。

方向盘向右转动，阀芯与阀套的相对位置如图 4-27 所示，其转向过程与上述向左转向的情形相同，只是流向不同，转向油缸与摆线齿轮马达进口和出口液流方向正好与图 4-26 所示方向相反。

(4) 手动转向。

当发动机因故不能工作或转向油泵损坏时，可利用手动转向。其过程为：转动方向盘时，通过连接块使阀芯转动，其油液流动途径与图 4-26 和图 4-27 相同，只是摆线齿轮马达油腔的油不是从油泵来的，而是从回油口 O 经单向阀进来的，这时摆线齿轮马达实际上起泵的作用，即方向盘的转动通过阀芯、轴销、传动轴，带动摆线齿轮马达转子旋转，排出的高压油经中央回转接头进入转向油缸使机械转向。

### 4. 转向油缸

转向油缸是将转向系统的液体压力能转换为机械能，通过转向臂和转向横拉杆使车轮转向，其结构如图 4-29 所示。

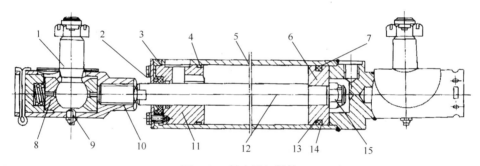

图 4-29　转向油缸结构

1. 球头销；2. 端盖；3. 弹性挡圈；4. 密封圈；5. 缸体；6. 活塞；7. 活塞环；8. 球头碗；9. 油嘴；10. 传动套；11. 导向套；12. 活塞杆；13. 密封环；14. 垫圈；15. 固定螺母

活塞 6 套装在活塞杆 12 的右端，左面抵在活塞杆凸肩上，右面用固定螺母 15 和销子固定。活塞与缸体 5 之间用活塞环 7、密封环 13 和垫圈 14 进行密封，导向套 11 用弹性挡圈 3 与缸体固定。油缸两端通过球铰分别将活塞杆 12 与转向臂铰接、缸体 5 与前桥壳铰接。球铰的球头销 1 与球头碗 8 配合，装在传动套 10 内，为消除球头磨损后产生的间隙，在球铰外侧装有补偿弹簧，转动螺塞可以调节弹簧的预紧力，调好后用开口销加以固定，为了润滑和防止尘土侵入，装有油嘴 9 和防尘罩。

向左转向时，高压油进入转向油缸大腔(无杆腔)，推动活塞和活塞杆向左移动，使左转向臂和左转向轮以转向节为活动支点向左偏转，此时，通过转向横拉杆使右转向轮同时向左偏转，实现机械向左转向。向右转向时，高压油进入转向油缸小腔(有杆腔)，推动活塞和活塞杆向右移动，通过转向臂和转向梯形机构使车轮向右偏转，实现机械向右转向。

### 4.3.2　全液压式铰接转向系统

全液压式铰接转向系统通过两个转向油缸控制前车架和后车架发生偏转实现机械转向，TLK220/TLK220A 型推土机和 ZLK50/ZLK50A 型装载机、ZL50/ZL50G 型装载机均采用这种形式转向系统，下面分别进行介绍。

**1. TLK220/TLK220A 型推土机转向系统**

1) 组成与工作原理

(1) 组成。

TLK220/TLK220A 型推土机的转向系统和 ZLK50/ZLK50A 型装载机的转向系统结构相同，主要由转向油泵 9、单路稳定分流阀 8、全液压转向器 2、左转向油缸 12、右转向油缸 1 等组成，如图 4-30 所示。

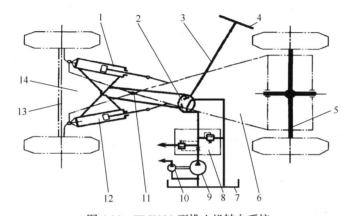

图 4-30　TLK220 型推土机转向系统

1. 右转向油缸；2. 全液压转向器；3. 转向轴；4. 方向盘；5. 后桥；6. 后车架；7. 油箱；8. 单路稳定分流阀；9. 转向油泵；10. 辅助油泵；11. 铰销；12. 左转向油缸；13. 前桥；14. 前车架

机械的前车架和后车架之间用铰销相连，彼此可绕铰销相对偏转；左转向油缸、右转向油缸对称安装在前车架、后车架的两侧，通过液压油路与全液压转向器相连；全液压转向器与方向盘相连。

(2) 工作原理。

TLK220 型推土机转向系统的工作原理示意图如图 4-31 所示。

机械直线行驶时，方向盘处于中间位置，双联齿轮泵中转向油泵提供的高压油经单路稳定分流阀流到全液压转向器，从全液压转向器回油口经冷却器直接回流到油箱，转向油缸的两腔处于封闭状态，转向油缸不动作，机械不转向。

机械左转向行驶时，向左转动方向盘使全液压转向器与左转向油缸、右转向油缸之前的油路接通，从转向油泵出来的高压油经全液压转向器进入左转向油缸小腔和右转向油缸大腔，推动左转向油缸活塞杆缩回而右转向油缸活塞杆伸出，使前车架向左偏转，从而实现机械左转向。

机械右转向行驶时，向右转动方向盘使全液压转向器与左转向油缸、右转向油缸之前的油路接通，从转向油泵出来的高压油经全液压转向器进入左转向油缸大腔和右转向油缸小腔，推动左转向油缸活塞杆伸出而右转向油缸活塞杆缩回，使前车架向右偏转，从而实现机械右转向。

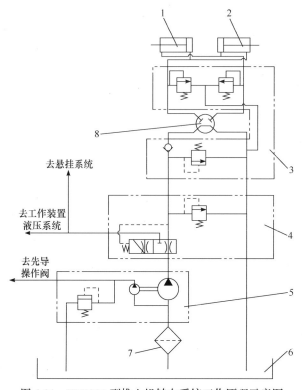

图 4-31　TLK220 型推土机转向系统工作原理示意图

1. 左转向油缸；2. 右转向油缸；3. FKAR-153017 型阀块；4. 单路稳定分流阀；5. 双联齿轮泵；6. 油箱；7. 滤油器；8. 全液压转向器

全液压转向器具有液压随动作用，即方向盘转动一个角度，机械则出现一个相应成比例的转向角度，方向盘停止转动，机械做等半径的圆周运动，若方向盘回到中间位置，则机械也恢复到直线行驶状态。

2) 单路稳定分流阀

(1) 功用。

TLK220 型推土机转向系统采用 IWFL-F25-60 型单路稳定分流阀，其功用是将转向油泵提供的高压油稳定地以 60L/min 的流量供给全液压转向器，以保证转向系统流量恒定，使得机械高速行驶时转向不会"发飘"，加上采用排量较大的转向油泵，使得机械低速行驶时转向不会"发沉"而迟滞，从而改善了转向性能。

(2) 结构。

单路稳定分流阀主要由阀体 1、阀芯 2、节流片 3、弹簧 4 和推杆 6 等组成，如图 4-32 所示。

阀体上有四个油口，P 口与转向油泵相通，A 口与工作装置液压系统相通，B 口与全液压转向器相通，O 口与油箱相通；阀体内制有上、下两道轴向孔，彼此之间以暗油道

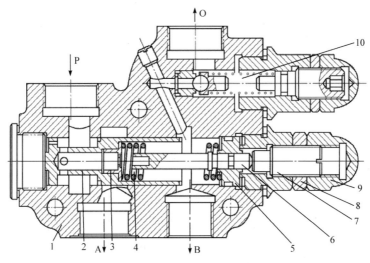

图 4-32　IWFL-F25-60 型单路稳定分流阀

1. 阀体；2. 阀芯；3. 节流片；4. 弹簧；5. 调节座；6. 推杆；7. 调节杆；8. 螺母；9. 螺帽；10. 压力调节阀

相通。阀芯装在阀体下部轴向孔内，可在阀套内做轴向运动；阀芯外表面有两个台阶和一道环槽，左端台阶上开有轴向节流孔，右端台阶与阀体相配合以切断进油和出油通道，中间环槽为进油环槽，通过油道与阀体上 P 口相通；阀芯开有左端径向孔和轴向孔，轴向孔内右端装有节流片，节流片上开有节流孔，阀芯右端还装有弹簧、调节座和推杆。压力调节阀装在阀体上部轴向孔内，通过油道与阀体上 O 口相通。

(3) 工作原理。

当发动机转速小于 800r/min 时，转向油泵流量小，转向油泵出来的高压油经阀体 P 口、阀芯环槽和阀芯左端台阶上的轴向节流孔到达阀芯左端，同时经阀芯环槽、阀芯左端径向孔、阀芯轴向孔和阀芯右端节流片上的节流孔到达阀芯右端弹簧腔；转向油泵流量小，节流孔节流作用很小，阀芯两端压力差小，不足以克服弹簧的预紧力，因此阀芯不动。此时，从转向油泵出来的高压油经阀体 P 口、阀芯环槽、阀芯左端径向孔、阀芯轴向孔、节流片上的节流孔、阀芯右端弹簧腔、阀体 B 口全部流入全液压转向器，供转向油缸工作。此时，单路稳定分流阀只起一个连通油道的作用，转向油泵出来的高压油全部供转向油缸工作，从而解决了发动机在低速行驶时转向"发沉"而迟滞的问题。

当发动机转速大于 800r/min 时，转向油泵流量增大，转向油泵出来的高压油经节流孔时节流作用增强，阀芯两端压力差增大，克服弹簧的预紧力，推动阀芯右移，使 P 口和 A 口连通；转向油泵来油一部分经阀体 P 口、阀芯环槽、阀体 A 口直接流入工作装置液压系统，另一部分来油仍从 B 口流入全液压转向器，供转向油缸工作。此时，单路稳定分流阀起节流作用，转向油泵出来的高压油只有一部分供转向油缸工作，从而解决了高速行驶时转向容易"发飘"的问题。当转速低于 800r/min 时，阀芯在弹簧的作用下又回到原来位置。

当系统压力超过 14MPa 时，高压油液经暗油道进入阀体上部轴向孔的左端，压缩压力调节阀弹簧推动阀芯右移，使阀体上部轴向孔与阀体 O 口连通，一部分高压油经阀芯右端弹簧腔、阀体上部轴向孔、阀体 O 孔流回油箱。此时，单路稳定分流阀起安全阀作用, 保证系统在额定压力内安全工作。当系统压力回降到 14MPa 以下时, 压力调节阀阀芯在弹簧的作用下又回到原来位置, 从而切断流回油箱的油路。

3) 全液压转向器和阀块

(1) 全液压转向器。

TLK220 型推土机转向系统采用 BZZl-1000 型全液压转向器, 转子排量为 1000mL/r, 油泵供油时方向盘操纵力矩小于等于 49N·m, 方向盘的自由转角左右不超过 9°, 用于控制转向油缸的动作, 实现液压转向, 当转向油泵停止供油时, 实现手动转向。其结构和工作原理与 JYL200G 型挖掘机转向系统的全液压转向器基本相同, 在此不再赘述。

(2) 阀块。

与全液压转向器紧紧连在一起的是 FKAR-153017 型阀块, 其内有单向阀、溢流阀和双向缓冲阀, 其结构如图 4-33 所示。单向阀防止油液倒流, 不使方向盘自由偏转, 避免转向失灵。溢流阀是限制油路最高压力不超过 14MPa, 防止系统过载。双向缓冲阀是保护液压转向系统免受外界反作用力经过油缸传来的高压油冲击, 确保油路安全, 调定压力为 17MPa, 不得任意调整。阀块上有四个连接油孔, 分别接进油管、回油管、右转向油缸、左转向油缸。

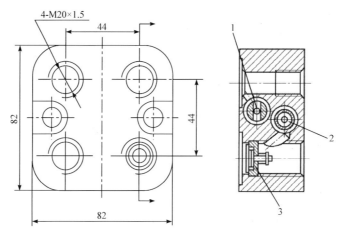

图 4-33 FKAR-153017 型阀块结构(单位: mm)
1. 双向缓冲阀; 2. 溢流阀; 3. 单向阀

4) 转向油泵与转向油缸

(1) 转向油泵。

TLK220 型推土机转向系统中的液压油泵为双联齿轮泵, 转向油泵用 3100 一联, 其排量为 100mL/r, 额定压力为 16MPa, 最高压力为 20MPa, 额定转速为 2000r/min。双联齿轮泵上 1010 一联为辅助油泵, 接工作装置先导液压系统。

(2) 转向油缸。

TLK220 型推土机转向系统的两个转向油缸结构相同, 主要由缸体 8、缸盖 9、活塞 7、活塞杆 2 和 O 形密封圈 1 等组成, 如图 4-34 所示。

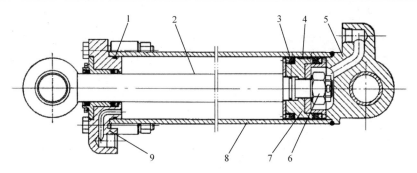

图 4-34  转向油缸

1. O 形密封圈；2. 活塞杆；3. 密封圈；4. 尼龙环；5. 缸头；6. 固定螺母；7. 活塞；8. 缸体；9. 缸盖

转向油缸为单杆双作用式活塞缸，缸体的端部与前车架铰接，活塞杆的伸出端与后车架铰接，在活塞上有尼龙环和孔用密封圈，在缸盖处有轴用密封圈和防尘圈，其余固定密封均采用 O 形密封圈，活塞杆经热处理并镀硬铬；左转向油缸的小腔和大腔分别与右转向油缸的大腔和小腔用油管相连。

向左转向时，从全液压转向器出来的高压油进入右转向油缸无杆腔(大腔)和左转向油缸有杆腔(小腔)，推动右转向油缸活塞杆伸出而左转向油缸活塞杆缩回，使前车架相对后车架向左偏转，从而实现机械向左转向。向右转向时，油液的流向与上述情形相反。

**2. ZL50/ZL50G 型装载机转向系统**

1) 组成与工作原理

(1) 组成。

柳工 ZL50 与 ZL50G 型装载机的转向系统结构基本相同，主要由转向油泵 5、全液压转向器 6、减压阀 7、流量放大阀 2 和转向油缸 1 等组成，转向液压系统油路由先导油路与主油路组成，其中，减压阀和全液压转向器位于先导油路，其余部件位于主油路，如图 4-35 所示。

该转向系统采用了流量放大系统，流量放大是指通过全液压转向器和流量放大阀，可保证先导油路的流量变化与主油路中进入转向油缸的流量变化具有一定的比例，达到低压小流量控制高压大流量的目的，具有操纵平稳轻便、转向半径小、系统功率利用充分、可靠性好等优点。

(2) 工作原理。

方向盘不转动时，全液压转向器通向流量放大阀的两个油口被封闭，流量放大阀的主阀杆在复位弹簧的作用下保持在中间位置，转向油泵与转向油缸之间的油路被断开，转向油泵排出的高压油经流量放大阀中的溢流阀直接流回油箱，转向油缸没有油液流动，机械不转向。

方向盘转动时，全液压转向器通向流量放大阀的两个油口被接通，转向油泵排出的小部分高压油作为先导油液经全液压转向器进入流量放大阀，推动阀杆移动，接通转向油泵通向转向油缸的油路，转向油泵排出的大部分高压油经流量放大阀进入转向油缸，实现机械转向。方向盘停止转动后，全液压转向器通向流量放大阀的两个油口被断开，

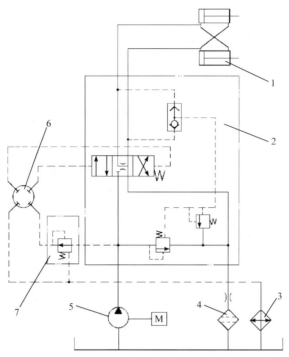

图 4-35　ZL50G 型装载机转向系统

1. 转向油缸；2. 流量放大阀；3. 散热器；4. 滤油器；5. 转向油泵；6. 全液压转向器；7. 减压阀

流量放大阀中的先导油液经节流小孔和暗油道回油箱，阀杆两端的油压趋于平衡，流量放大阀杆在复位弹簧的作用下回到中间位置，切断转向油泵通向转向油缸的油路，机械停止转向。因此，转向系统的反馈作用是通过全液压转向器和流量放大阀共同完成的，通过方向盘的连续转动与反馈作用，可实现机械的转向。

当转向阻力过大或直线行驶车轮遇到较大障碍迫使车轮发生偏转时，将使转向油缸某腔油压增大，当油压增大到流量放大阀中先导安全阀的调定压力(12MPa)时，该腔转向油缸的高压油经梭阀和油道进入先导安全阀，将先导安全阀开启并溢流回油箱，从而限制转向油缸某腔的压力不再继续升高，保护转向系统的安全。

全液压转向器受方向盘操纵，其排出的油量与方向盘的转角成正比，而流量放大阀主阀杆的位移(阀口的开度)又与全液压转向器排出的油量成正比，因此经流量放大阀进入转向油缸的流量也与方向盘的转角成正比，即控制方向盘的转角大小，实现控制进入转向油缸的流量。流量放大阀采用了压力补偿，因此进入转向油缸的流量基本与负荷无关。

2) 流量放大阀

(1) 功用。

流量放大阀的功用是利用小流量的先导油液控制大流量的高压油液进入转向油缸。

(2) 结构。

流量放大阀主要由阀杆 12、梭阀 16、溢流阀 18、先导安全阀 19 等部件组成，如图 4-36 所示。

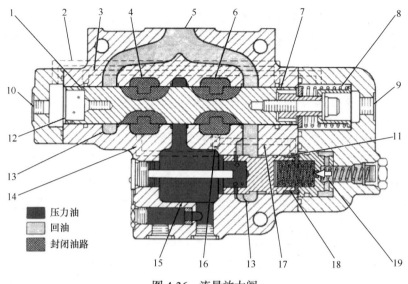

图 4-36　流量放大阀

1、7. 计量节流孔；2、3、14、17. 通道；4. 左转向出口；5. 出口腔(接油箱)；6. 右转向出口；8. 复位弹簧；9、10. 先导
进出油口；11. 节流孔；12. 阀杆；13. 回油通道；15. 进口腔(接转向油泵出口)；16. 梭阀；18. 溢流阀；19. 先导安全阀

(3) 工作原理。

当方向盘不转动时，全液压转向器停止向流量放大阀提供先导油液。此时，流量放大阀阀杆两端的油液通过通道 2 和通道 3 相连，阀杆在复位弹簧的作用下保持在中间位置，一方面将从转向油泵的来油封住，使得进口腔 15 中的压力增加，推动溢流阀 18 右移，打开进口腔经回油通道 13 通往出口腔 5 的油路，转向油泵来油直接从进口腔经回油通道、出口腔流回油箱；另一方面将与转向油缸相连的左转向出口、右转向出口 4、6 封闭，转向油缸不动作，此时封闭腔左转向出口、右转向出口内的油压通过梭阀作用于先导安全阀，当外力使油压超过先导安全阀的调定压力时，将打开先导安全阀直接溢流回油箱，以保证系统压力不超过调定压力。

当方向盘向右转动时，全液压转向器通向流量放大阀的两个油口被接通，先导油液经全液压转向器进入阀杆的先导进出油口 9 推动阀杆左移，打开进口腔与右转向出口、出口腔与左转向出口的连接油路，此时转向油泵来油从进口腔、阀杆上的狭槽到达右转向出口，分别进入左转向油缸的无杆腔和右转向油缸的有杆腔，同时转向油缸另一端的油液经左转向出口、回油通道和出口腔流回油箱，实现机械转向。此时，右转向出口中油液的油压打开梭阀 16，作用于溢流阀和先导安全阀 19，若转向阻力增加，则油压将推动溢流阀左移，使得进油口和出油口压力差基本恒定。因此，进入转向油缸的油液流量大小只受方向盘的转动速度控制，若转动得慢，则阀杆移动少，进入转向油缸的流量小，相反，若转动得快，则阀杆移动多，进入转向油缸的流量大，即进入转向油缸油液流量的大小只与转向快慢有关而与转向阻力变化无关。若右转向出口中油液的压力超过先导安全阀的调定压力，则先导安全阀将打开，使溢流阀弹簧腔内的压力下降，进口腔内的油液将推动溢流阀右移，将节流小孔开大，使得整个油路的压力下降，当转向阻力下降时，溢流阀和先导安全阀将在弹簧的作用下回到原来位置。

### 4.3.3　全液压式转向系统常见故障判断与排除

1. 方向盘自由行程过大

1) 故障现象
转动方向盘时车轮转向有滞后，反应不灵敏。

2) 故障原因
(1) 转向杆系松动，行程间隙累加值增大；
(2) 转向器间隙过大；
(3) 铰接式转向中齿条与扇形齿轮、反馈杆十字轴万向节的间隙过大；
(4) 转向泵流量不足或阀调整不当，存在漏油情况，导致转向力矩不足。

3) 排除方法
(1) 检查转向杆系中各螺钉、螺母松紧情况并紧固，调整或消除间隙；
(2) 检查转向器间隙，调整至规定值；
(3) 测量转向泵流量，对溢流阀检查调整压力，找出管路漏油点进行检修。

2. 转向沉重

1) 故障现象
转动方向盘感觉阻力明显增加，方向盘由慢转到快转、有负荷到无负荷或小油门到大油门时较为明显。

2) 故障原因
(1) 转向器出现故障或转向杆系润滑不良；
(2) 液压油不够、质量不好或油泵吸空；
(3) 转向泵损坏；
(4) 油路漏损严重、压力阀调整压力过低或失灵。

3) 排除方法
(1) 检查液压油、润滑油质量，不符合的应当添加或更换；
(2) 对转向器和转向泵进行检查，排除内部故障或更换；
(3) 检查压力阀压力，重新调整。

3. 转向失灵

1) 故障现象
行驶或作业时车轮不能自动回正，振摆明显，出现自动转向、跑偏或不能转向。

2) 故障原因
(1) 左轮胎和右轮胎气压不一致；
(2) 转向器装错或摆线齿轮马达表面损伤严重；
(3) 油管破裂或接头松脱漏油；
(4) 液压缸漏油严重。

3) 排除方法

(1) 检测左轮胎和右轮胎气压，调整到一致，并使气压处在规定范围内；

(2) 检查转向器和摆线齿轮马达油封，若损坏，则进行修复；

(3) 检查油管、液压缸漏油点进行修复。

4. 转向摆动

1) 故障现象

行驶或作业中转向轮两侧不受控制地摆动。

2) 故障原因

(1) 偏转车轮转向的转向节主销轴承松动或损坏；

(2) 转向杆系各铰接处松动。

3) 排除方法

(1) 对转向节主销轴承进行紧固或更换；

(2) 紧固转向杆系各铰接处。

# 第5章 制 动 系 统

## 5.1 制动系统概述

### 5.1.1 制动系统的功用

使行驶中的机械减速或停车，使下坡行驶的机械速度保持稳定，以及使已停驶的机械可靠地保持原地不动的作用称为制动。用来控制机械制动的一整套机构，称为工程机械的制动系统。

制动系统用来对行驶和作业中的工程机械施加可控制的阻力，根据需要强制其减速或停车；用于控制机械下长坡时的行驶速度保持稳定；使已停驶的机械可靠地停留在原地；履带式机械还可用来单边制动，以实现快速转向。

制动系统是提高工程机械行驶速度和作业效率的重要前提条件，其工作性能的好坏直接关系到行驶和作业的安全。为确保工程机械在安全条件下行驶或作业，其制动系统应满足下列要求：

(1) 性能良好，具有足够的制动力矩，制动时制动力能迅速、平稳地增大，解除制动时能迅速、彻底地解除制动。

(2) 制动稳定，制动时不允许有明显的"跑偏"和"甩尾"现象，在任何情况下不发生自行制动。

(3) 操纵轻便，以减轻驾驶员的劳动强度。

### 5.1.2 制动系统的组成

工程机械的制动系统包括脚制动装置、手制动装置和辅助制动装置。由操作手通过脚踏板操纵的一套制动装置，称为脚制动装置，主要用于机械行驶中制动减速或制动停车，又称为行车制动装置，该制动装置中制动器作用在车轮上，因此也称为车轮制动装置。由操作手通过制动手柄操纵的一套制动装置，称为手制动装置，主要用于坡道停车或机械停驶后，使其可靠地保持在原地，又称为停车制动装置，该装置中制动器作用在传动轴上，因此也称为中央制动装置。辅助制动装置一般是装在传动轴上的液力制动或装在发动机排气管上的排气制动，以便机械下长坡时作为辅助制动，用以稳定车速。上述三种制动装置中，脚制动装置和手制动装置是每台机械必须具备的。

无论是脚制动装置还是手制动装置，整个制动系统一般由制动器和制动传动机构两部分组成。制动器是用来直接产生制动力矩，使车轮转速降低或停止的部件，目前各类工程机械绝大多数采用的是摩擦式制动器。摩擦式制动器可分为蹄式制动器、盘式制动器和带式制动器三种，其中，蹄式制动器在行车制动和停车制动中均有采用，盘式制动器多用于行车制动，带式制动器多用于履带式机械的制动。制动传动机构是将制动力源产生的作用力传递给制动器，使制动器产生制动力矩的机构，根据其所用制动力源及传力介质的不同，可分为机械式制动传动机构、液压式制动传动机构、气压式制动传动机构和气液式制动传动机构等几种形式，其中液压式制动传动机构和气液式制动传动机构在工程机械中应用较为广泛。

## 5.2　制　动　器

### 5.2.1　制动器的功用与分类

#### 1. 功用

制动器是用来直接产生制动力矩，以阻碍机械运动或运动趋势的部件。对于目前工程机械上普遍采用的摩擦式制动器，从能量转换的角度来看，是将机械原来的动能、势能(机械下坡时)转变为热能散失掉，从而使机械减速或停车。

#### 2. 分类

1) 按作用位置不同

按作用位置不同分类，制动器可分为车轮制动器和中央制动器。

车轮制动器的制动力矩直接作用于车轮上，多用于行车制动，有的也作为停车制动。中央制动器的制动力矩直接作用于传动轴上，一般只用于停车制动。

2) 按结构形式不同

按结构形式不同分类，制动器可分为带式制动器、蹄式制动器和盘式制动器。

带式制动器的主要工作部件是制动带和制动鼓，其优点是结构简单、静止制动力矩大、便于安装和调整；缺点是制动带刚度小、制动效能低、制动不够平顺且操纵比较费力，因此不适用于高速制动用。

蹄式制动器的主要工作部件是制动鼓和制动蹄，其优点是制动力矩大、制动效能好、有较好的密封性能；缺点是散热性能差、制动效能不够稳定、制动器的调整比较烦琐。

盘式制动器的主要工作部件是制动盘和摩擦盘(片)，其优点是结构紧凑、摩擦片磨损均匀、制动性能稳定、制动平顺性较好；缺点是对摩擦材料的要求较高、结构复杂。

### 5.2.2　带式制动器

带式制动器通过制动带抱紧在制动鼓上，对车轮产生制动作用，在履带式机械上应用较多，有些压路机和轮式机械的停车制动器也采用带式制动器。

#### 1. 类型

根据操纵形式不同，带式制动器可分为单端拉紧带式制动器、双端拉紧带式制动器和浮动带式制动器，如图 5-1 所示。

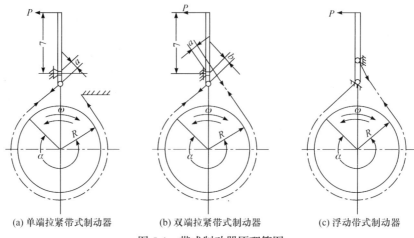

(a) 单端拉紧带式制动器   (b) 双端拉紧带式制动器   (c) 浮动带式制动器

图 5-1   带式制动器原理简图

单端拉紧带式制动器(图 5-1(a))，其制动带一端为固定端，另一端为拉紧端。制动时，制动带向一个方向收紧，当制动鼓顺时针方向旋转时，带与鼓之间的摩擦力将制动带进一步拉紧而起到增力的作用，使制动力增强，制动操纵省力，而当制动鼓反向旋转时，制动力减弱，制动操纵费力。

双端拉紧带式制动器(图 5-1(b))，其制动带两端同为拉紧端，无论制动鼓向哪个方向旋转，制动力矩都相同。轮式机械的手制动器多采用这种形式的制动器。

浮动带式制动器(图 5-1(c))，其本质上是拉紧端和固定端不确定的单端拉紧带式制动器，无论制动鼓向哪个方向旋转，带与鼓之间的摩擦力都将使制动带拉紧而起到增力作用，使制动力增强，制动操纵省力。因此，浮动带式制动器适用于作业时需要经常变换前进、倒退方向的机械上。

下面以双端拉紧带式制动器为例阐述带式制动器的结构及工作原理。

2. 双端拉紧带式制动器

1) 结构

双端拉紧带式制动器主要由制动带 3、制动鼓 4、拉紧螺栓 5、弹簧 10、调整螺钉 1 等组成，如图 5-2 所示。

制动带 3 内圆铆有摩擦片，抱在制动鼓 4 上，制动鼓用螺钉固定在驱动盘上，随驱动盘一起转动。制动带上装有调整螺钉 1 和调整弹簧 2，使制动带上摩擦片与制动鼓之间保持 0.4～0.5mm 的距离；制动带接口处通过拉紧螺栓 5 和回位弹簧 9 连接在一起。

2) 工作原理

当拉动手制动操纵杆时，通过操纵机构带动拉紧螺栓，使制动带两端同时向中间收拢拉紧，从而将制动鼓抱紧而实现制动。

当将手制动操纵杆置于原位时，制动带的收紧力随之消失，在回位弹簧的作用下，制动带离开制动鼓，使二者之间保持 0.4～0.5mm 的制动间隙，制动解除。

双端拉紧带式制动器制动时，制动带两端是从两个方向同时拉紧，因此无论制动鼓是顺时针转动还是逆时针转动，均可以用同样的操纵力，获得相同的制动效果，其实际所需要的操纵力虽然比操纵单端拉紧带式制动器有增力作用时要费力，但是比无增力作用时要省力。

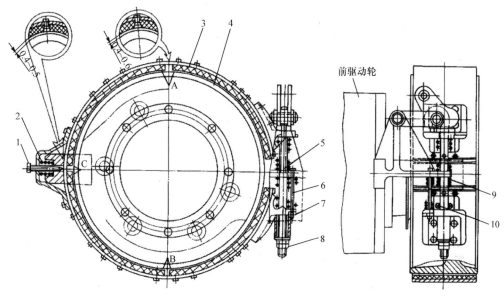

图 5-2 双端拉紧带式制动器(单位：mm)

1. 调整螺钉；2. 调整弹簧；3. 制动带；4. 制动鼓；5. 拉紧螺栓；6. 螺栓；7、8. 调整螺母；9. 回位弹簧；10. 弹簧

### 5.2.3 蹄式制动器

蹄式制动器通过制动蹄压紧在制动鼓上，对车轮(或传动轴)产生制动作用，主要应用于轮式机械的行车制动和停车制动，常见的形式有液压张开式蹄式制动器和凸轮张开式蹄式制动器。

#### 1. 液压张开式蹄式制动器

1) 结构

液压张开式蹄式制动器主要由左蹄 1、右蹄 2、制动鼓 5、制动油缸 7 和回位弹簧 8 等组成，如图 5-3 所示。制动鼓用螺栓固定在车轮轮毂上，随车轮一起转动。制动蹄一端通过铰支点与制动底板相连，另一端与制动油缸的活塞相连，可在活塞作用下绕铰支点向两侧转动。制动底板通过螺钉固定在驱动桥壳上。为了使制动蹄在解除制动后迅速回位，在两制动蹄的端部之间装有两个回位弹簧。

当机械前进时，制动鼓沿逆时针方向旋转(图 5-3 中箭头)，此时左蹄张开，转动方向与制动鼓的旋转方向相同，具有这种属性的制动蹄称为领蹄(转紧蹄)，而右蹄张开时转动方向与制动鼓的旋转方向相反，具有这种属性的制动蹄称为从蹄(转松蹄)。当机械倒驶时，制动鼓反向旋转，左蹄变成从蹄，而右蹄变成领蹄。

2) 工作原理

制动时，左、右两蹄下端铰接在铰支点上，上端由制动油缸通过油压向两侧推开，使领蹄和从蹄在相等的张力 $F_S$ 的作用下紧紧压在制动鼓上产生摩擦力而进行制动。解除制动时，制动油缸油压消失，左、右两蹄在回位弹簧作用下复位，摩擦力矩消失，制动解除。

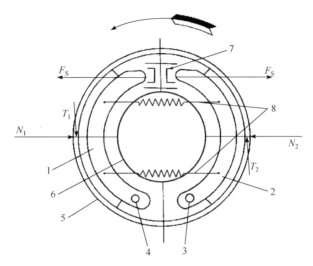

图 5-3　液压张开式蹄式制动器示意图
1. 左蹄；2. 右蹄；3、4. 铰支点；5. 制动鼓；6. 制动器底板；7. 制动油缸；8. 回位弹簧

　　液压张开式蹄式制动器在制动时，旋转着的制动鼓对左、右两制动蹄分别作用着法向反力 $N_1$ 和 $N_2$，以及相应的切向反力(摩擦力)$T_1$ 和 $T_2$。领蹄上的切向反力 $T_1$ 和张力 $F_S$ 绕同一铰支点的力矩是同向的，因此切向反力 $T_1$ 的作用结果是使领蹄在制动鼓上压得更紧，即法向反力 $N_1$ 变得更大，则摩擦力 $T_1$ 也更大。这种摩擦力帮助制动蹄进一步压紧制动鼓而产生更大摩擦力的趋势，称为增势作用。与此相反，切向反力(摩擦力)$T_2$ 有使从蹄离开制动鼓的倾向，即有使 $N_2$ 和 $T_2$ 本身减小的趋势，称为减势作用。

　　由此可见，虽然领蹄和从蹄所受张力 $F_S$ 相等，但所受制动鼓法向反力 $N_1$ 和 $N_2$ 不相等，因此两制动蹄对制动鼓所施加的制动力矩也不相等。通常，领蹄制动力矩为从蹄制动力矩的 2～2.5 倍。因此，在两蹄摩擦片工作面积相等的情况下，领蹄摩擦片上的单位面积压力较大，磨损更为严重，而且制动鼓所受来自两蹄的法向反力 $N_1$ 和 $N_2$ 也不平衡，$N_1$ 和 $N_2$ 的数量差只能由车轮的轮毂轴承的反力来平衡，这就对轮毂造成了附加径向载荷，使其寿命缩短。制动鼓所受来自两蹄的法向力不能互相平衡的制动器称为非平衡式制动器，反之，称为平衡式制动器。

### 2. 凸轮张开式蹄式制动器

#### 1) 结构

　　凸轮张开式蹄式制动器主要由制动蹄 1 和 2、制动鼓 5、凸轮 7、回位弹簧 8 和摩擦片 9 等组成，如图 5-4 所示。制动鼓用螺栓固定在车轮轮毂上，随车轮一起转动。摩擦片用铆钉铆接在制动蹄上，制动蹄一端通过支撑销与制动器底板相连，并可绕支撑销转动，另一端叉孔内安装着滚轮，用以减小摩擦与磨损。为了使制动蹄在解除制动后迅速回位，在两制动蹄的端部之间装有两个回位弹簧。凸轮与轴制为一体，夹装在两制动蹄的滚轮之间，轴支承在制动底板的轴孔和驱动桥壳的支承座孔内，并在支承座上设有油嘴，以便于润滑凸轮轴。制动器底板通过螺钉也固定在驱动桥壳上。

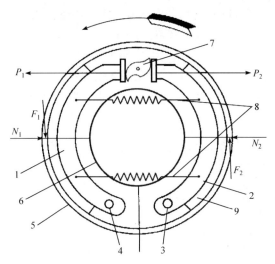

图 5-4 凸轮张开式蹄式制动器示意图

1、2. 制动蹄；3、4. 支撑销；5. 制动鼓；6. 制动器底板；7. 凸轮；8. 回位弹簧；9. 摩擦片

2) 工作原理

制动时，操纵凸轮沿顺时针转动，顶动制动蹄端两滚轮使两制动蹄绕支撑销向外张开与制动鼓压紧，产生制动力矩使机械减速或停车。解除制动时，凸轮返回复位，不顶压制动蹄端滚轮，制动蹄在回位弹簧的作用下复位，摩擦力矩消失，制动解除。

凸轮张开式蹄式制动器的凸轮中心是固定的，凸轮只能转动不能移动，因此无论凸轮转到任何角度，顶开两蹄的距离都是相等的。刚开始使用时，若制动鼓为逆时针旋转，则左制动蹄为紧蹄，右制动蹄为松蹄，制动鼓受到来自两蹄的法向反力 $N_1 > N_2$，此时凸轮张开式蹄式制动器为非平衡式制动器。使用一段时间后，受力大的紧蹄必然磨损快，而凸轮顶开两蹄的距离相等，则制动鼓受到来自紧蹄的法向反力 $N_1$ 逐渐减小，最终使得两蹄对制动鼓的法向反力 $N_1 = N_2$，此时凸轮张开式蹄式制动器由最初的非平衡式制动器变为平衡式制动器。

### 5.2.4 盘式制动器

盘式制动器是通过旋转元件与固定元件之间的摩擦力，对车轮产生制动作用，在工程机械上得到了广泛的应用。根据其结构的不同，盘式制动器可分为全盘式制动器和钳盘式制动器。全盘式制动器的固定元件是端面上制有摩擦衬面的圆盘形摩擦盘；钳盘式制动器的固定元件是位于制动盘两侧一对或数对面积不大的摩擦片，这些摩擦片及其压紧装置均装在类似夹钳形的支架上，称为制动钳。两种类型制动器的旋转元件都是以端面为工作表面的圆盘，称为制动盘。

1. 全盘式制动器

1) 结构

全盘式制动器分为旋转和固定两部分，其旋转部分由带齿槽的主动鼓 9 和两片主动摩擦盘 3 组成，固定部分由带缺口的固定盘 1 和两片从动摩擦盘 2 组成，如图 5-5 所示。固定盘通过螺栓固定在不转动的支承轴座 4 上，从动摩擦盘外齿卡在固定盘缺口内，可以轴向移动，但不能转动。主动鼓用螺钉固定在轮毂 12 上，随车轮一起旋转，带内齿的主动摩擦盘装在主动鼓的外齿上，不仅可以轴向移动，还可以随主动鼓一起转动。主动摩擦盘和从动摩擦盘交替安装在固定盘和支承轴座之间。四个制动分泵 8 通过螺钉固定在支承轴座上，分泵活塞抵在从动摩擦盘上，制动时通过分泵活塞的移动将压紧主动摩擦盘和从动摩擦盘。

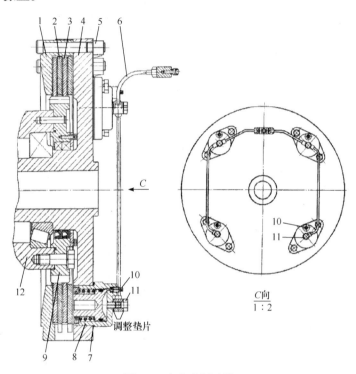

图 5-5　全盘式制动器

1. 固定盘；2. 从动摩擦盘；3. 主动摩擦盘；4. 支承轴座；5. 螺栓；6. 油管；7. 调整垫片；8. 制动分泵；9. 主动鼓；10. 放气螺钉；11. 油管接头；12. 轮毂

2）工作原理

制动时，高压油通过油管进入分泵活塞顶部的油室，推动活塞移动，使主动摩擦盘与从动摩擦盘压紧而产生摩擦力矩，实现车轮制动。

解除制动时，高压油的压力降低，分泵活塞在回位弹簧的作用下恢复到原位，主动摩擦盘与从动摩擦盘间的压力消失，实现制动解除。

**2. 钳盘式制动器**

1）结构

钳盘式制动器主要由制动盘 7 和制动钳 1 组成，如图 5-6 所示。

制动盘通过螺钉固定在轮毂 14 上，可随车轮一起转动。制动钳为整体式，通过螺钉固定在桥壳 13 的凸缘盘上，并对称地置于制动盘两侧。每个制动钳上制有四个分泵油缸，经油管 10 及制动钳上的内油道互相连通，油缸内装有活塞 5，缸壁上制有梯形截面的环槽，槽内嵌有矩形密封圈 2，活塞与缸体之间装有防尘圈 3，其中一侧泵缸的端部用螺钉固定有端盖 6。为排除进入泵缸中的空气，制动钳上装有放气嘴 9。摩擦片 4 装在制动盘与活塞之间，并由装在制动钳上的轴销 8 支承，可在轴销上滑动。为防止轴销移动和转动，制动钳上装有止动螺钉 12，用于将轴销固定。

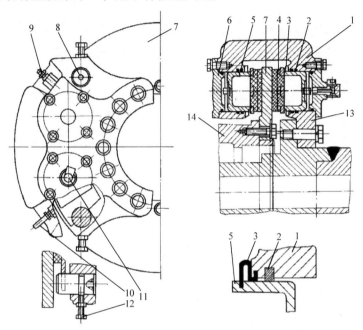

图 5-6　钳盘式制动器

1. 制动钳；2. 矩形密封圈；3. 防尘圈；4. 摩擦片；5. 活塞；6. 端盖；7. 制动盘；8. 轴销；9. 放气嘴；10. 油管；11. 进油管接头；12. 止动螺钉；13. 桥壳；14. 轮毂

2) 工作原理

不制动时，摩擦片、活塞与制动盘之间的间隙约为 0.2mm，因此制动盘可以随车轮一起自由转动。

制动时，制动油液经油管和内油道进入每个制动钳上的四个分泵中，分泵油缸活塞在油压作用下向外移动，将摩擦片压紧到制动盘上而产生制动力矩，使车轮制动。

钳盘式制动器内没有类似于弹簧零件的回位装置，解除制动时活塞是靠液压缸内的密封圈实现回位的。不制动时如图 5-7(a)所示，矩形密封圈安装在制动钳上分泵油缸的环槽内，其外圆面与活塞外表面紧密接触，此时矩形密封圈起密封作用。制动时，活塞向外移动，矩形密封圈的刃边在活塞摩擦力的作用下产生微量的弹性变形，如图 5-7(b)所示。解除制动时，分泵油缸中的制动油液压力消失，活塞靠矩形密封圈的弹力自动回位，并恢复原有的制动间隙，如图 5-7(a)所示，使摩擦片与制动盘脱离接触，制动解除，此时矩形密封圈起使活塞自动回位的作用。

若摩擦片与制动盘的间隙因磨损变大，则制动时矩形密封圈变形达到极限(矩形密封圈极限变形量与正常的制动间隙相等)后不再继续变形，而活塞仍可在油压的作用下，克

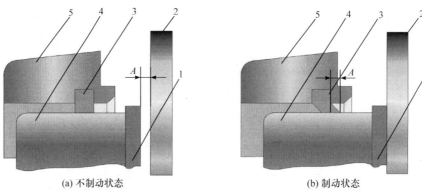

图 5-7　钳盘式制动器矩形密封圈工作原理
1. 摩擦片；2. 制动盘；3. 矩形密封圈；4. 活塞；5. 制动钳

服密封圈的摩擦力继续移动，直到摩擦片压紧制动盘。但解除制动时，矩形密封圈所能将活塞拉回的距离与摩擦片磨损之前是相等的，即制动器间隙仍然保持标准值，此时矩形密封圈起自动调整制动间隙的作用。

### 5.2.5　制动器常见故障判断与排除

1. 蹄式制动器

1) 制动失灵

(1) 故障现象。

踩下制动踏板，机械不能立即减速或停车。

(2) 故障原因。

① 制动器间隙过大；

② 摩擦片上有油污；

③ 制动器内进水；

④ 摩擦片铆钉外露或磨损过甚；

⑤ 制动鼓失圆或产生沟槽。

(3) 排除方法。

① 调整制动器间隙，清除内部水渍，检查圆度，不符合应当检修；

② 清理摩擦片表面油污，去除外露铆钉，磨损过甚的应当更换摩擦片。

2) 制动解除不彻底

(1) 故障现象。

机械行驶无力，工作时间稍长，制动鼓发热异常。

(2) 故障原因。

① 制动器间隙过小；

② 回位弹簧脱落、过软或折断；

③ 凸轮或分泵活塞卡住；

④ 运动件连接处卡死。

(3) 排除方法。

① 调整制动器间隙；

② 检查回位弹簧，若有断裂、强度不合适，则应更换；

③ 检查凸轮与分泵活塞、各连接处有无卡死现象，有则进行锈污清理，彻底消除卡死因素。

### 2. 盘式制动器

1) 制动不灵

(1) 故障现象。

踩下制动踏板，机械不能立即减速或停车。

(2) 故障原因。

① 制动器间隙过大；

② 摩擦片表面有油污或水渍；

③ 摩擦片磨损过甚；

④ 制动分泵漏油。

(3) 排除方法。

① 调整制动器间隙，清理摩擦片表面油污、水渍，磨损过甚的应当更换摩擦片；

② 检查制动分泵各密封处，对漏油点进行封堵。

2) 制动解除不彻底

(1) 故障现象。

机械行驶无力，工作时间稍长，制动盘过热。

(2) 故障原因。

① 制动器间隙过小；

② 制动分泵活塞不能回位。

(3) 排除方法。

① 调整制动器间隙；

② 检查活塞矩形密封圈，若有断裂或破损，则应更换；

③ 拆卸分泵检查活塞有无卡死现象，有则消除卡死因素。

3) 制动时车轮跳动

(1) 故障现象。

制动时车轮跳动主要表现为机械制动时跳跃前进，机身前后抖动。

(2) 故障原因。

① 主要是制动盘工作表面磨损不均匀；

② 制动盘变形；

③ 同一车轮各分泵压力不一致或出现卡滞现象等。

(3) 排除方法。

① 拆下制动盘，对表面进行处理，确保磨损一致，无法修复时则更换；

② 矫正制动盘；

③ 逐个测量分泵压力，调节至一致，出现卡滞则拆开分泵，清理异物。

# 5.3　制动传动机构

## 5.3.1　制动传动机构的功用与分类

### 1. 功用

制动传动机构用于将操作手施加的作用力或其他力源的作用力传给制动器，使制动器产生制动力矩，从而使机械制动。

### 2. 分类

根据所用制动力源及传力介质的不同，制动传动机构可分为机械式制动传动机构、液压式制动传动机构、气压式制动传动机构和气液式制动传动机构等几种。

(1) 机械式制动传动机构是利用制动踏板或操纵杆、拉杆、杠杆、钢丝绳、摇臂和凸轮等机械零部件作为传力介质，将操作手施加的作用力传给制动器，产生制动力矩。机械式制动传动机构结构简单、制造方便、工作可靠，但其所需要的操纵力较大，远距离控制困难，因此在机械上常作为停车制动装置的制动传动机构。

(2) 液压式制动传动机构是利用专用的油液作为传力介质，将操作手施加的作用力转变为油液的压力传给制动器，产生制动力矩。机械式制动传动机构结构简单紧凑、工作可靠、制动柔和、润滑良好，但制动力矩较小，制动效能稍差。

(3) 气压式制动传动机构是利用压缩空气作为传力介质，将发动机带动空气压缩机产生的气体压力作用于制动器上，产生制动力矩。气压式制动传动机构工作可靠、操纵轻便省力、制动效能好、便于挂车的制动操纵，但辅助设备多，结构复杂，零件的结构尺寸和重量比液压式制动传动机构大，工作滞后现象比液压式制动传动机构严重。

(4) 气液式制动传动机构是在液压式制动传动机构的基础上增设了一套压缩空气系统，具有气压式制动传动机构和液压式制动传动机构的综合优点。采用一套气压或液压回路的制动传动机构称为单管路制动传动机构，单管路制动系统中只要一处漏气(油)，整个系统就会失效。采用两套彼此独立的气压或液压回路的制动传动机构称为双管路制动传动机构，双管路制动系统中即使其中一套制动管路失效，还能利用另一套制动管路获得一定的制动力，从而大大提高了制动系统的可靠性。目前，工程机械上常用的是双管路气液式制动传动机构。

## 5.3.2　液压式制动传动机构

液压式制动传动机构是利用专用的油液作为传力介质，将操作手施加于制动踏板上的力转变为液体的压力，并将其放大后传给制动器，产生制动力矩，使机械制动。目前，PY160 型平地机和 JYL200G 型挖掘机均采用液压式制动传动机构，下面分别进行介绍。

1. PY160 型平地机液压式制动传动机构

1) 组成

PY160 型平地机液压式制动传动机构主要由制动总泵 7、制动分泵 3、制动踏板 6 及油管 5 和 8 等组成，如图 5-8 所示。制动踏板通过推杆作用在制动总泵的活塞上，从制动总泵输出的高压油液经油管到达各个制动分泵，制动分泵的活塞与制动蹄一端相连。

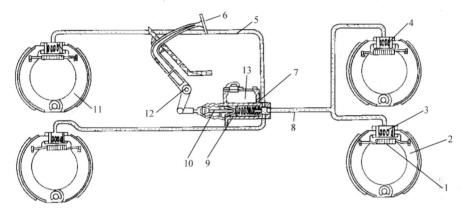

图 5-8　PY160 型平地机液压式制动传动机构示意图

1. 回位弹簧；2、11. 制动蹄；3. 制动分泵；4. 分泵活塞；5、8. 油管；6. 制动踏板；7. 制动总泵；9. 总泵活塞；10. 推杆；12. 轴销；13. 储液室

2) 工作过程

当踏下制动踏板时，踏板力经推杆推动制动总泵活塞向后移动，制动总泵内的油液在活塞的作用下，以一定压力经各条油管到达各个分泵，推动分泵活塞向两侧移动，使得制动蹄压紧制动鼓，从而产生制动力矩使车轮制动。当松开制动踏板后，作用在推杆上的踏板力消失，总泵活塞在弹簧的作用下回位，总泵和各个分泵内的油液压力降低，作用在各个分泵活塞上的推力消失，制动蹄在回位弹簧的作用下回位，分泵的油液便流回总泵而消除制动作用。

管路油压和制动器产生的制动力矩是与踏板力呈线性关系的，若轮胎与路面的附着力足够，则机械所受到的制动力也与踏板力呈线性关系，制动系统的这项性能称为制动踏板感(或称路感)，操作手可因此直接感觉到机械制动强度，以便及时加以必要的控制和调节。

制动系统中若有空气侵入，则将严重影响制动油液压力的升高，甚至使液压系统完全失效，因此在结构上必须采取措施以防空气侵入，并便于将已侵入的空气排出。

3) 主要部件

(1) 制动总泵。

① 结构。制动总泵上部为储液室，下部为活塞缸，总体结构如图 5-9 所示。储液室 1 上有盖，盖上有通大气的通气孔 14 和挡片，储液室内制动液液面应保持在距加液口 10～15mm。活塞缸 7 上有回油孔 3(孔径 6mm)和补偿孔 2(孔径 0.7mm)与储液室相通，右端出油口经油管与制动分泵相通。推杆 13 的一端与制动踏板臂铰接，带球头的另一端抵在活

塞 11 的凹部。活塞中部较细，装在活塞缸内，与缸筒形成环形油室，活塞左端装有橡胶密封圈，活塞右端面周围有六个头部小孔 10，被铆在活塞右端面上的弹性星形阀 9 盖住。星形阀右侧有皮碗 8，皮碗圆周上有一道环形凹槽和六条纵槽。回位弹簧 6 左侧小端抵紧皮碗，并将活塞推靠在锁圈 12 上，因此弹性星形阀形成单向阀门(制动液只能由环形油室流向活塞右方而不能反向流动)，回位弹簧右侧大端装着复式阀门，并与出油口抵紧。

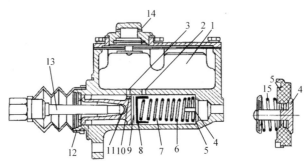

图 5-9　制动总泵总体结构

1. 储液室；2. 补偿孔；3. 回油孔；4. 单向出油阀；5. 单向回油阀；6. 回位弹簧；7. 活塞缸；8. 皮碗；9. 星形阀；10. 头部小孔；11. 活塞；12. 锁圈；13. 推杆；14. 通气孔；15. 小弹簧

　　活塞向左移动到极限位置时，被支承环挡住，而支承环是用锁圈 12 固定的。活塞缸右端的出油孔被组合阀关闭，组合阀是由单向回油阀 5、单向出油阀 4 和小弹簧 15 组成的。单向回油阀是一个带有金属托片的橡胶环，被回位弹簧顶压在活塞缸右端的突缘上。单向出油阀在小弹簧 15 的作用下，紧贴在单向回油阀上。组合阀的设置使总泵活塞右移时，允许油液由总泵流向分泵(经出油阀)；总泵活塞左移时，允许油液由分泵流回总泵(经回油阀)；总泵活塞不动时，则切断总泵与分泵间的通路(出油阀和回油阀均关闭)。

　　② 工作原理。制动总泵的工作原理如图 5-10 所示。

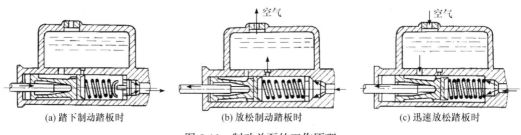

(a) 踏下制动踏板时　　　　　(b) 放松制动踏板时　　　　　(c) 迅速放松踏板时

图 5-10　制动总泵的工作原理

　　踏下制动踏板时，推杆推动总泵活塞向右移动，如图 5-10(a)所示，回位弹簧被压缩，皮碗关闭了补偿孔，总泵缸内的制动液产生压力，推开出油阀经管道流向各个分泵，产生和制动踏板所加压力成正比的压力，使分泵活塞向外张开，推动制动蹄压紧制动鼓，产生制动作用。

　　放松制动踏板时，推杆作用在总泵活塞上的推力消失，总泵活塞借回位弹簧的张力而回行，活塞工作腔容积增大，制动液压力降低，制动蹄在回位弹簧的作用下回位，使分泵内的制动液经管道推开回油阀流回活塞缸内，制动作用解除。若是两脚制动，则当回流的制动液超过活塞缸内的容量时，制动液便经补偿孔回流至储油室，如图 5-10(b)所示。当踏板完全放松后，总泵活塞回位弹簧具有一定的初张力，当制动分泵内的制动液油压降低到不能克服此初张力时，回油阀关闭，制动液停止回流。此时，制动分泵和管道内的油压略高于大气压，以防止空气侵入，影响制动效果。

迅速放松踏板和缓慢放松踏板尽管都能解除制动，但总泵的工作情况有所不同。迅速放松踏板时，活塞在回位弹簧的作用下迅速左移，活塞缸右室容积扩大，油压迅速降低，此时各分泵制动液受管道阻力的影响来不及立即流回活塞缸右室，产生真空，出现了活塞缸右室压力低、左室压力高的情况。于是，活塞右端部的弹性星形阀使活塞与皮碗分开，储液室中的制动液经回油孔、环形油室，穿过活塞顶部六个小孔，经过皮碗边缘进入活塞缸右室，补充右室中的制动液，如图 5-10(c)所示。在使用中遇到紧急情况需要两脚制动时，可踏下制动踏板后迅速放松，再迅速踏下，使制动分泵里的制动液在第一次迅速放松踏板还来不及回流至总泵时，第二次又踏下踏板，总泵里得到补充的制动液又压送到分泵，使得分泵油液增多，提高了制动强度。当两脚制动后放松踏板，多余的制动液经补偿孔回流至储液室。此外，补偿孔还可以起温度变化时的补偿作用。

(2) 制动分泵。

制动分泵(也称为制动轮缸)主要由缸体 1、活塞 2、皮碗 3、弹簧 4 和顶块 5 等组成，如图 5-11 所示。

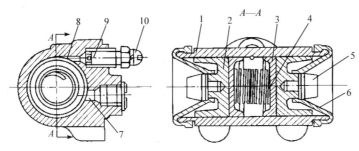

图 5-11　制动分泵
1. 缸体；2. 活塞；3. 皮碗；4. 弹簧；5. 顶块；6. 防护罩；7. 进油孔；8. 放气孔；9. 放气阀；10. 防护螺钉

缸体用螺栓固定在制动器底板上，缸体内有两个活塞，二者之间的内腔由两个皮碗密封，弹簧将皮碗顶压在两侧活塞上，以防止漏油，并使活塞和制动蹄互相靠紧，以使制动灵敏。活塞上插有顶块并与两制动蹄抵紧。缸体上设有进油孔和放气阀，放气阀通过径向放气孔与缸体油腔相通，其上拧有防护螺钉。为防止尘土和泥水侵入分泵中，缸体两端装有防护罩。

制动时，制动液经油管接头从进油孔进入分泵缸体，通过油压作用推动活塞向外移动，并经顶块推动制动蹄压紧制动鼓，产生制动作用。解除制动时，分泵缸体内制动液的压力降低，制动蹄在回位弹簧的作用下回位，推动分泵活塞向内移动，使分泵缸体内的制动液回流至总泵内，制动作用解除。

需要放气时，先拧下放气阀防护螺钉，再连续踏下制动踏板，对分泵油缸内的空气进行加压，然后踩住制动踏板不放，将放气阀旋出少许，空气即可排出。空气排尽后，将放气阀旋闭，并拧上防护螺钉。

### 2. JYL200G 型挖掘机液压式制动传动机构

#### 1) 组成

JYL200G 型挖掘机液压式制动传动机构包括行车制动和停车制动两部分，二者由同一个伺服齿轮泵提供制动力源，如图 5-12 所示。行车制动采用双管路液压制动，由伺服齿轮泵 1、蓄能器 2、行走制动阀 3、制动阀 11、中央回转接头 5 和前轮制动油缸、后轮制动油缸 7、8、9、10 等组成。停车制动采用强力弹簧制动，液压分离的形式，由伺服齿轮泵 1、停车制动阀 4 和停车制动油缸 6 等组成。

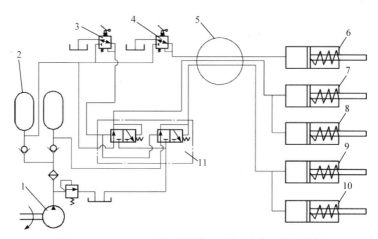

图 5-12　JYL200G 型挖掘机液压式制动传动机构简图

1. 伺服齿轮泵；2. 蓄能器；3. 行走制动阀；4. 停车制动阀；5. 中央回转接头；6. 停车制动油缸；7、8. 前轮制动油缸；
9、10. 后轮制动油缸；11. 制动阀

#### 2) 工作过程

(1) 行车制动。

挖掘机在行驶过程中，发动机正常工作，伺服齿轮泵提供的制动油液储存在蓄能器内。制动时，踏下制动踏板，接通行走制动阀与蓄能器之间的通路，蓄能器内的液压油经行走制动阀到达制动阀的控制口，推动制动阀阀杆移动，接通制动阀通往前轮制动油缸和后轮制动油缸的油路，此时蓄能器内的液压油经制动阀、中央回转接头后分别进入前轮制动油缸和后轮制动油缸，使活塞杆伸出，推动凸轮轴旋转产生制动力作用在制动蹄上，使制动蹄压紧制动鼓，从而使车轮制动。松开制动踏板后，接通行走制动阀与油箱之间的通路，换向阀的控制口也接通油箱，于是换向阀阀杆在弹簧的作用下回位，切断了蓄能器与前轮制动油缸和后轮制动油缸之间的通路，并同时接通前轮制动油缸和后轮制动油缸与油箱之间的通路，此时，前轮制动油缸和后轮制动油缸内的液压油经制动阀流回油箱，松开制动蹄，从而制动解除。

(2) 停车制动。

停车制动时，放下停车制动手柄，接通停车制动阀与油箱之间的通路，停车制动油缸内的液压油经中央回转接头、停车制动阀后流回油箱，此时，停车制动蹄在强力弹簧作用下使变速箱输出轴制动。解除停车制动时，拉起停车制动手柄，接通停车制动阀与

蓄能器之间的通路，蓄能器内的液压油经停车制动阀、中央回转接头后进入停车制动油缸，压缩强力制动弹簧，解除变速箱输出轴的制动状态。此时，踏下行走先导阀，挖掘机即可行走。

　　3) 主要总成部件

　　(1) 制动油缸。

　　车轮制动油缸主要由缸筒 1、缸盖 11、活塞 14、活塞杆 13、弹簧 12 和接头 9 等部件组成，如图 5-13 所示。缸筒左端油口通过管路与制动阀相连，右端接头与制动器凸轮轴上的连杆相连。

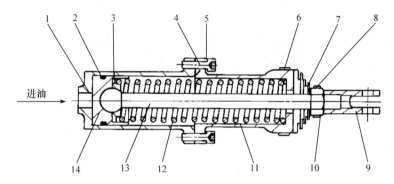

图 5-13　车轮制动油缸

1. 缸筒；2. O 形密封圈；3. 弹簧座；4. 螺钉；5. 垫圈；6、8. 卡箍；7. 防尘圈；9. 接头；10. 螺母；11. 缸盖；12. 弹簧；13. 活塞杆；14. 活塞

　　当踏下制动踏板时，蓄能器内的制动液经制动阀从缸筒左端油口进入油缸，在油压作用下压缩弹簧，推动活塞向右移动，带动活塞杆向外伸出，并通过接头推动制动器凸轮轴转动，使制动蹄向外张开压紧制动鼓，从而产生制动力矩，使车轮减速或制动。当松开制动踏板时，缸筒左侧的液压油回流至油箱，作用在活塞上的油压作用消失，活塞在弹簧作用下回位，带动活塞杆左移，使制动器凸轮轴回位，制动蹄在回位弹簧的作用下离开制动鼓，制动作用解除。

　　停车制动油缸的结构与车轮制动油缸基本相同，如图 5-14 所示。

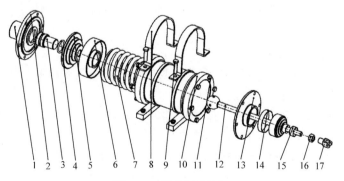

图 5-14　停车制动油缸

1. 缸筒；2. 缸盖；3. 活塞；4. O 形密封圈；5. 弹簧座；6. 导向套；7. 弹簧；8. 卡箍；9、11. 螺栓；10. 弹簧筒；12. 活塞杆；13. 弹簧筒盖；14. 喉箍；15. 轴套；16. 螺母；17. 接头

停车制动时，缸筒左侧没有来油，通过弹簧作用带动活塞杆运行，使制动蹄压紧制动鼓产生制动作用；解除停车制动时，液压油从缸筒左侧进入油缸，压缩弹簧使活塞杆回位，制动蹄在回位弹簧的作用下回位而解除制动。

(2) 蓄能器。

蓄能器是一种将液压油的压力能储存在耐压容器里，待需要时再将其释放出来的一种储能装置。JYL200G 型挖掘机液压式制动传动机构采用的是充气加载式蓄能器，主要由充气阀 1、壳体 2、皮囊 3、进油阀 4 等组成，如图 5-15 所示。加载用的气体为氮气，由皮囊将油气隔离，因此液压油不易被氧化。

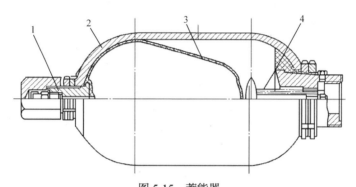

图 5-15　蓄能器
1. 充气阀；2. 壳体；3. 皮囊；4. 进油阀

当发动机正常工作时，从伺服齿轮泵出来的高压油通过进油阀进入蓄能器，压缩气室内的氮气，使其体积减小，气体压力升高，当气体压力达到安全阀开启压力时，气体不再被压缩，从伺服齿轮泵出来的高压油经安全阀直接回油箱，这样就将一部分液压油的压力能吸收到蓄能器中了；当制动时，油路刚一接通，管道内油的压力降低，蓄能器中的一部分液压油便迅速经管道进入制动油缸，将一部分压力能释放，实现车轮制动。

蓄能器的主要作用有两个：①当发动机熄火、伺服齿轮泵不能正常供油时，为制动系统提供应急液压油，使挖掘机能够有效地实施制动；②稳定先导系统的压力，防止在操纵先导阀时，由于先导压力的较大波动，影响挖掘机的正常工作。

(3) 制动阀。

① 结构。

制动阀为双列的两位三通液动换向阀，位于蓄能器与制动油缸之间，受行走制动阀控制，用来分别控制前轮与后轮制动油缸。

制动阀主要由阀体 1、阀杆 2、弹簧 9 和端盖 3、4 等组成，如图 5-16 所示。阀体上有四个油管接口，A 口接行走制动阀，P 口接蓄能器，C 口接制动油缸，O 口接油箱。阀体内通孔中部制有一道环槽，经出油口 C 与制动油缸相连。阀杆装在阀体内并可上下移动，其极限位置分别由端盖和阀体凸肩限位。阀杆外表面制有三道环槽，下环槽经阀体 P 口与蓄能器相通，上环槽经阀体 O 口与油箱相通，中环槽与阀体环槽配合形成出油环槽。阀杆上部制有轴向中心孔，中环槽处制有径向孔，使中环槽经径向孔、轴向中心孔与上端弹簧腔相通。

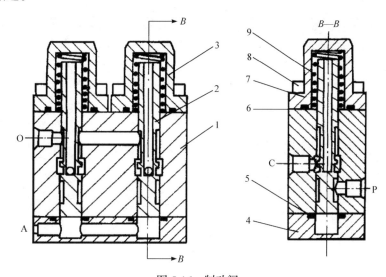

图 5-16　制动阀
1. 阀体；2. 阀杆；3、4. 端盖；5、6. 密封圈；7、8. 弹簧垫及螺栓；9. 弹簧

② 工作原理。

不制动时，阀体 A 口没有来油，阀杆在弹簧作用下位于阀体最下端，使得阀体 P 口与 C 口断开，而 C 口通过阀杆中环槽、上环槽与 O 口连通，此时，制动油缸的液压油经阀体 C 口→中环槽→上环槽→O 口，流向油箱，车轮不制动。

制动时，踩下制动踏板，行走制动阀出来的制动先导油液(控制油液，流量较小)经阀体 A 口同时进入两阀杆下端的控制油腔，推动阀杆压缩弹簧上移，使阀杆上环槽、中环槽凸肩将阀体 C 口与 O 口断开，而阀杆中环槽、下环槽将阀体 C 口与 P 口连通，此时，蓄能器中的大流量液压油经阀体 P 口→下环槽→中环槽→C 口，流入制动油缸，使车轮制动；与此同时，C 口处液压油还经阀杆中环槽→径向孔→轴向中心孔，达到阀杆顶部弹簧腔，作用在阀杆上端。

当踩住行走制动踏板并停留在一定位置时，作用在阀杆下端的行走制动阀来油保持一定压力，而此时作用在阀杆上端的蓄能器来油油压逐渐升高；当阀杆上端油压大于阀杆下端油压时，将推动阀杆下移，使 P 口与 C 口断开，此时，制动油缸不进油也不排油，制动器所获得的制动油缸推力保持一定，即制动力保持不变。当踩下制动踏板的力度再次增大时，阀杆下端的行走制动阀来油油压随之升高，又会推动阀杆再次上移，使 P 口与 C 口再次连通，使得进入制动油缸的油压增大，车轮制动力也增大。因此，通过制动阀的作用，实现了制动力的大小随着操作手踩下制动踏板力度的大小而变化。

解除制动时，松开制动踏板，制动阀阀杆下腔的行走制动阀来油切断，油压消失，阀杆在弹簧的作用下下移，使阀体 P 口与 C 口断开连通，而 C 口通过阀杆中环槽、上环槽与 O 口连通，此时，制动油缸的液压油经阀体 C 口→中环槽→上环槽→O 口，流向油箱，车轮解除制动。

### 5.3.3 气压式制动传动机构

气压式制动传动机构是以压缩空气作为工作介质，依靠发动机带动空气压缩机产生的空气压力作为制动的全部力源，通过操作手操纵，使气体压力作用到制动器上，产生制动力矩使机械制动。下面以典型的气压式制动传动机构为例进行介绍。

#### 1. 组成

气压式制动传动机构主要由空气压缩机 1、气体控制阀 2、储气筒 3、脚制动阀 6、手操纵气阀 4、双向逆止阀 7、快速放气阀 11 和前轮制动气缸、后轮制动气缸 12、13 等组成，如图 5-17 所示。

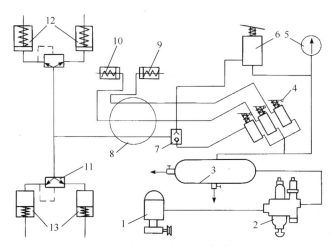

图 5-17　气压式制动传动机构简图

1. 空气压缩机；2. 气体控制阀；3. 储气筒；4. 手操纵气阀；5. 气压表；6. 脚制动阀；7. 双向逆止阀；8. 中央回转接头；9. 前桥接通气缸；10. 悬挂控制气缸；11. 快速放气阀；12. 前轮制动气缸；13. 后轮制动气缸

#### 2. 工作过程

由空气压缩机产生的压缩空气经气体控制阀进入储气筒，从储气筒出来后分为两路，一路到脚制动阀，另一路到手操纵气阀。在不同制动情况下，气体传递途径分别如下。

1) 不制动时

空气压缩机由发动机带动正常运转，使其不间断的压送气体，当各气动元件均不工作时，气路途径为：空气压缩机→气体控制阀→储气筒→脚制动阀→手操纵气阀→气压表。当储气筒内的气体压力超过 0.65MPa 时，气体控制阀工作，使空气压缩机卸荷，以保证系统安全地工作和储气筒内有足够的气压。

2) 制动时

当机械行驶时，踏下制动踏板，脚制动阀接通通往制动气缸的气路，此时气路途径为：空气压缩机→气体控制阀→储气筒→脚制动阀→双向逆止阀→中央回转接头→快速放气阀→前轮制动气缸和后轮制动气缸，使各制动气缸的活塞推杆同时伸出，车轮制动。

当机械作业时，手操纵气阀用于将车轮长时间制动，操纵手操纵气阀的手柄接通通往制动气缸的气路，此时气路途径为：空气压缩机→气体控制阀→储气筒→手操纵气阀→双向逆止阀→中央回转接头→快速放气阀→前轮制动气缸和后轮制动气缸，使各制动气缸的活塞推杆同时伸出，车轮制动。

3) 解除制动时

放松制动踏板或将手操纵气阀的手柄置于解除制动的位置，切断脚制动阀或手操纵气阀通往制动气缸的气路，此时制动气缸内的压缩空气经快速放气阀排入大气，而其他管路中的气体经脚制动阀或手操纵气阀排入大气，各制动气缸的活塞推杆在回位弹簧的作用下迅速收回，使车轮制动解除。

3. 主要总成部件

1) 空气压缩机

空气压缩机装于发动机正时齿轮箱上面，通过三角皮带由发动机带动进行工作，为风冷直立单缸活塞式空气压缩机，主要由皮带轮、曲轴、活塞、进气阀、排气阀等组成，如图 5-18 所示。

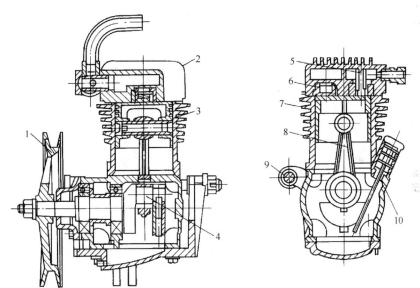

图 5-18　空气压缩机
1. 皮带轮；2. 缸盖；3. 气缸；4. 曲轴；5. 排气阀；6. 进气阀；7. 活塞；8. 连杆；9. 销轴螺钉；10. 油尺

工作时，发动机通过皮带轮 1 带动曲轴 4 旋转，曲轴通过连杆 8 带动活塞 7 上下往复运动；活塞下行时，气缸 3 容积增大压力下降，此时进气阀 6 阀门打开，排气阀 5 阀门关闭，气缸通过进气阀吸入空气；活塞上行时，气缸容积减小压力上升，此时进气阀阀门关闭，排气阀阀门打开，气缸通过排气阀向储气筒充气。如此，通过活塞的上下循环往复运动，不断对外输出压缩空气。

2) 气体控制阀

(1) 功用。

气体控制阀用于分离压缩空气中的油和水分；过滤压缩空气中的灰尘和杂质；防止

储气筒内的压缩空气向空气压缩机倒流；保证各气压元件的安全工作，使气体正常工作压力稳定在 0.5～0.65MPa，且最高压力不超过 0.8MPa。

(2) 结构。

气体控制阀安装在空气压缩机和储气筒之间，主要由壳体、油水分离器、过滤器、单向阀、调压阀和安全阀等组成，如图 5-19 所示。

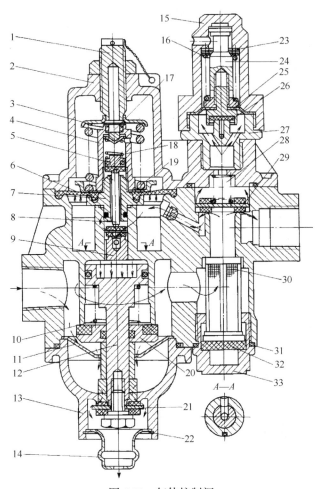

图 5-19　气体控制阀

1、17. 调整螺钉；2. 调压阀体；3. 弹簧座；4. 弹簧套筒；5. 密封垫；6. 调压阀膜片；7. 滑阀；8. 顶针；9. 堵头；10. 弹簧；11. 漏斗；12. 排气活塞；13. 下壳体；14. 防尘罩；15. 安全阀体；16. 安全阀弹簧；18. 小弹簧；19. 大弹簧；20. 弹簧座；21. 排气阀门；22. 卡环；23. 调整垫片；24. 阀杆；25. 安全阀膜片；26. 安全阀阀门；27. 阀座；28. 单向阀弹簧；29. 单向阀门；30. 滤网；31.O形密封圈；32. 吸尘垫；33. 固定螺塞

① 壳体：由上、中、下三部分组成，分别由螺钉连接。

② 油水分离器：由叶片、漏斗11、分离器壳体组成。五个弯曲的叶片铸在中壳体的进气口处，用于使压缩气体突然改变方向和急剧旋流，以达到分离油水的目的。叶片的下部装有杯形漏斗，气体中分离出来的油和水经过漏斗可以进入分离器壳体内。壳体下部装有防尘罩14，并用卡环固定。

③ 过滤器：装在中壳体的右下方，由滤网 30、吸尘垫 32、固定螺塞 33 组成。滤网由铜丝编织成圆筒形，装在壳体内，滤网下部装有吸尘垫和固定螺塞。过滤器通过壳体上的径向孔和油水分离器相通，滤网上部孔和单向阀相通。

④ 单向阀：装在过滤器上方，由单向阀门 29 和单向阀弹簧 28 组成。在弹簧的作用下，阀门处于关闭状态，只有当空气压缩机排出的气体压力高于储气筒内的气压和弹簧的压力之和时，才能顶开单向阀向储气筒充气。与此同时，压缩气体可以通过单向阀上部孔进入安全阀，也可以通过壳体上的斜气道进入调压阀膜片下气室。

⑤ 调压阀：由调压阀体 2、调整螺钉 1 和 17、大弹簧 19、小弹簧 18、弹簧套筒 4、滑阀 7、调压阀门、排气活塞 12 及排气阀门 21 等组成。调整螺钉 1 拧在调压阀体上，下端顶在大弹簧上座的中心孔内。弹簧套筒和滑阀通过螺纹连接在一起，其连接处夹装着大弹簧下座及调压阀膜片。大弹簧套装在弹簧套筒外，两端分别支承在上弹簧座和下弹簧座上。弹簧套筒的上端拧有调整螺钉 17，用于调整小弹簧的压力。小弹簧装在弹簧套筒内，其上端通过座片顶压在调整螺钉上，下端则支承在密封垫 5 上，密封垫还用于工作时封闭滑阀轴向孔。在滑阀的上端与密封垫之间有 1.2mm 的距离，此距离为调压行程；滑阀中间有 3.5mm 的轴向孔，孔内装有直径为 3mm 的顶针，顶针上端顶在密封垫上，下端顶在调压阀门上。调压阀门在小弹簧的作用下，通过顶针被压紧在堵头中间的轴向孔上。堵头黏接在中壳体内，其上有互相连通的轴向孔和径向孔，并通过壳体上的径向孔与调压阀膜片下部气室相通。堵头的一侧还开有垂直切槽，将滑阀下部空间与排气活塞上部气室连通。排气活塞装在中壳体的左下方缸筒内，活塞上装有 O 形密封圈，活塞杆上套装有弹簧 10，活塞杆下端通过螺钉固定有排气阀门 21。

⑥ 安全阀：由安全阀体 15、阀座 27、阀杆 24、安全阀阀门 26、安全阀弹簧 16、安全阀膜片 25 和调整垫片 23 组成。安全阀体和阀座通过螺纹连成一体，并通过阀座上的螺纹拧在上壳体上。阀座上有两个斜孔使上气室和下气室相通，中心位置还有一个垂直孔和一个水平的排气孔与大气相通。安全阀阀门和阀杆通过螺纹连接在一起，阀杆外部套装有弹簧，在此弹簧的作用下安全阀阀门将阀座的中心孔封闭。弹簧上端与安全阀体之间装有调整垫片，用于调整安全阀的压力。安全阀膜片装在安全阀阀门与阀杆之间，外缘夹装在安全阀体与阀座之间。

(3) 工作原理。

从空气压缩机排出的压缩空气经气管从中壳体上进气口进入油水分离器，五个叶片的作用使气体流动方向突变并形成急剧旋流。在离心力的作用下，气体中所含较重的杂质、凝聚的小水滴和小油滴被分离出来，落入下边漏斗底部和排气阀门上面，当排气阀门打开时，便随压缩气体一起排出。经过油水分离后的气体沿漏斗上部边缘，经阀体内的径向孔进入过滤器，在通过滤网时，将空气中的尘土和脏物进一步滤除。气体通过滤网后经上部孔进入单向阀下部，克服单向阀上部弹簧和气体的压力，将单向阀顶开，气体便充入储气筒。与此同时，气体通过单向阀上部孔进入安全阀，并通过壳体上的斜气道进入调压阀膜片下部气室及堵头轴向孔内。

当储气筒内的气体压力升高到 0.65MPa 时，调压阀膜片在下部气体压力作用下向上拱曲，压缩大弹簧，带动滑阀和弹簧套筒向上移动。当移动距离超过 1.2mm 时，滑阀轴向孔被密封垫封闭，弹簧套筒内的小弹簧伸长。当滑阀继续上行，使小弹簧通过密封垫作用在顶针及顶针下端调压阀门上的压力消失，此时，进入堵头轴向孔的气体压力推动调压阀门向上移动，使堵头的轴向孔与堵头的垂直切槽相通，压缩气体便进入排气活塞上部气室，推动排气活塞压缩弹簧向下移动，将排气阀打开，从空气压缩机过来的压缩空气由此排入大气，储气筒内压力不再升高。

当储气筒内的气压低于 0.5MPa 时，调压阀膜片在大弹簧的作用下向下移动而恢复原位，同时，弹簧套筒和滑阀也随之向下移动，滑阀轴向孔与密封垫脱离接触，小弹簧被压缩，顶针将调压阀门重新压紧在堵头的轴向孔上，切断了进入排气活塞上部气室的气体通路，此时，排气活塞上部气室内的气体经堵头的垂直切槽、滑阀轴向孔、弹簧套筒及调压阀体上的排气孔排入大气。排气活塞在其弹簧作用下向上移动，将排气阀关闭，空气压缩机又继续向储气筒充气。

调压阀的上述控制作用使储气筒内的气压保持在 0.5～0.65MPa 的额定范围。当调压阀一旦由于某种原因不能起上述控制作用时，储气筒内的气压会持续升高，当气压超过 0.8MPa 时，作用在安全阀膜片下部的气体压力便克服弹簧的压力，使安全阀门向上移动，将排气孔打开，压缩空气由此孔排出阀体外，气体压力随之降低；当储气筒内的气压低于 0.8MPa 时，在弹簧作用下，安全阀重新将排气孔关闭。

当发动机熄灭或空气压缩机卸荷时，单向阀门在其弹簧和储气筒内气体压力的作用下，处于关闭状态，防止储气筒内的压缩气体倒流。

3) 储气筒

储气筒是一个钢制圆筒，用于储存从空气压缩机送来的气体，其结构如图 5-20 所示。

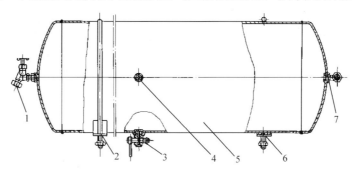

图 5-20　储气筒结构
1. 放气开关；2、6. 固定环；3. 放水开关；4. 出气管接头；5. 筒身；7. 进气管接头

储气筒的一端设有放气开关，可接上软管给轮胎充气；其下方设有放水开关，可定期排出筒内的污水。储气筒的进气管接头与气体控制阀相连，出气管接头与脚制动阀和手操纵气阀相连，因此储气筒除了向车轮制动器供气，还向前桥接通控制气缸和悬挂控制气缸供气。

4) 脚制动阀

脚制动阀用来控制压缩空气进出制动气缸，使制动器制动或解除制动。

① 结构。

脚制动阀主要由踏板 1、传动套 3、阀体 8、活塞 6 和阀门 11 等组成，如图 5-21 所示。阀体上制有 D、G、P 三个通口，D 为排气口，与大气相通；G 为出气口，经管路和双向逆止阀与前轮、后轮的四个制动气缸相通；P 为进气口，经管路与储气筒相通。

脚制动阀通过盖板用螺栓固定在驾驶室底板的脚制动阀支架上，踏板用销子与盖板铰接，滚轮用销子装在踏板的下方，并与传动套接触，传动套穿过盖板压在弹簧座上。阀体内装有活塞、弹簧及阀门。活塞与活塞杆制为一体，活塞下部装有回位弹簧，上部装有平衡弹簧，平衡弹簧的弹簧座由拧在活塞杆上端的定位螺钉和挡板限位。活塞杆制有轴向孔和径向孔，并与排气口相通，活塞杆的下端与阀门配合组成排气阀，阀体上的阀座与阀门配合组成进气阀，阀门下面装有阀门回位弹簧。在出气口上端的阀体内开有平衡孔，并与活塞的下室相通。不制动时，活塞杆的下端面与阀门有 2mm 的间隙。

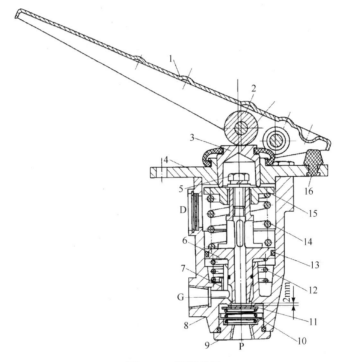

图 5-21  脚制动阀

1. 踏板；2. 滚轮；3. 传动套；4. 盖板；5. 定位螺钉；6. 活塞；7. 平衡孔；8. 阀体；9. 端盖；10. 阀门回位弹簧；11. 阀门；12. 活塞回位弹簧；13. 密封圈；14. 平衡弹簧；15. 弹簧座；16. 橡胶垫

② 工作原理。

当踏下制动踏板时，通过滚轮、传动套、弹簧座及平衡弹簧推动活塞向下移动，当活塞杆的下端顶住阀(向下移动 2mm)时，排气阀关闭；再继续使制动踏板下移，阀门回位弹簧及活塞回位弹簧被压缩，阀门脱离阀座，进气阀打开，来自储气筒的气体经 P 口→进气阀→活塞杆下端与阀门座孔形成的环形通道→G 口，从而进入前轮、后轮制动气缸，使车轮制动。

当放松制动踏板后，活塞在回位弹簧作用下上移，进气阀门关闭。活塞杆下端脱离阀门，因而打开了排气口，管路中的气体便经活塞杆的轴向孔到达径向孔，再到 D 口，从而排入大气(制动气缸内气体由快速放气阀排出)，使车轮解除制动。

　　当踏板踏下一定距离不动时，前轮和后轮制动气缸中气体压力随充气量的增大而逐渐升高，制动力矩也逐渐增大。与此同时，气体通过阀体上的平衡孔进入活塞下室内，使活塞下室内的气体压力升高，经活塞、平衡弹簧及弹簧座、传动套、滚轮反传到制动踏板上，因此操作手感到脚下所受的力逐渐增大。当活塞下室气体的压力和活塞回位弹簧以及阀门回位弹簧作用力之和大于平衡弹簧的压力时，平衡弹簧被压缩，此时活塞上移，阀门也在回位弹簧的作用下压紧在活塞杆下端面上，使阀门与活塞杆同步上移(排气阀保持关闭)，直到进气阀门完全关闭。此时，进气阀门、排气阀门均关闭，制动气缸处于封闭状态，既不与大气相通，也不与储气筒相通，活塞此时所处的位置称为平衡位置。

　　若操作手感到制动力矩不够，可继续踏下制动踏板一定距离，使活塞及活塞杆重新下移，进气阀再次打开，制动气缸进一步进气，而随着制动气压的升高，活塞又回到平衡位置。在新的平衡状态下，制动气缸内所建立的稳定气压比原来的稳定气压要高，使制动力矩增大。反之，若操作手感到制动作用过大，可将脚抬起而让制动踏板向上移动一定距离，活塞便在回位弹簧的作用下也上移，将排气阀打开，管路中的气体经阀体上的 D 口排入大气(制动气缸内气体由快速放气阀排出)，从而使制动气缸内气压降低，制动力矩减小，而随着制动气压的降低，平衡弹簧随之伸张，将排气阀关闭，使活塞又处于平衡位置。由此可知，制动时制动踏板踏到任意工作位置，脚制动阀均能自动达到平衡位置，使进气阀和排气阀均处于关闭状态。

　　5) 手操纵气阀

　　手操纵气阀共有三个，其结构完全相同，用螺钉连成一体，安装在驾驶椅左侧支架上，分别用于接通或切断通往制动气缸、前桥接通气缸和悬挂控制气缸的气体。

　　(1) 结构。

　　手操纵气阀主要由阀体 10、阀杆 3、弹簧 7 及手柄 1 等组成，如图 5-22 所示。

　　阀体上开有三个孔，左下孔为进气孔，与储气筒相通；左上孔为排气孔，与大气相通；右孔为出气孔，与气缸相通。手柄以轴销装在铰支架上，下端制为双向凸块。铰支板一端以轴销装在铰支架上，其倾斜面与手柄双向凸块接触(手柄在中间位置时)。阀杆穿过盖板装在阀体内，上、下两端均装有弹簧，中部直径较小，与阀体形成环形槽，可始终与三个气孔中的两个相通。在阀体的进气孔和排气孔处各装一个支架，每个支架的上、下两端各装着垫圈和密封圈。两个支承架分别装于阀体内的上端和下端，托板、盖板与底板用螺钉固定在阀体上。

　　(2) 工作原理。

　　当操纵手柄扳到左侧点划线位置时，手柄下端凸块通过铰支板下压阀杆，使阀杆向下移，将进气孔打开、排气孔关闭，且阀杆环形空间将进气孔与出气孔连通。此时，储气筒内的压缩空气经进气孔、阀杆环形空间、出气孔进入气缸。当手柄扳回原位时，手柄下端凸块不顶压阀杆，阀杆在弹簧的作用下恢复原位，关闭进气孔，打开排气孔，且阀杆环形空间将排气孔与出气孔连通，环形空间中的空气便经排气孔排入大气。

　　接车轮制动气缸的手操纵气阀用于使车轮长时间制动；接前桥接通气缸的手操纵气阀，用于将前桥接通，使机械四轮驱动；接悬挂控制气缸的手操纵气阀，用于将悬挂闭锁。

6) 双向逆止阀

双向逆止阀安装在脚制动阀和手操纵气阀通往制动气缸管路的汇合处，其功用是当使用一种制动装置时(脚制动阀或手操纵气阀)，防止压缩气体从另一种制动装置的排气孔排出。双向逆止阀主要由阀体 5，左端盖 1、右端盖 4、铜套 3 和阀芯 2 等组成，如图 5-23 所示。

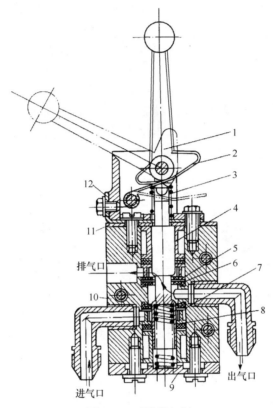

图 5-22　手操纵气阀

1. 手柄；2. 铰支板；3. 阀杆；4. 支承架；5. 垫圈；6. 密封圈；7. 弹簧；8. 支架；9. 底板；10. 阀体；11. 盖板；12. 托板

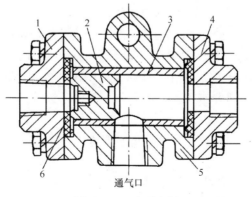

图 5-23　双向逆止阀

1. 左端盖；2. 阀芯；3. 铜套；4. 右端盖；5. 阀体；6. 橡胶密封垫

阀体两端以螺钉固定着左端盖和右端盖，端盖与阀体的接合处装有橡胶密封垫，两端盖上的孔经管路分别与手操纵气阀和脚制动阀相通，阀体中部的孔通过管路经快速放气阀与车轮制动气缸相通。阀体内压装有铜套，阀芯装在铜套内，在气压的作用下，可做轴向移动。

当使用脚制动阀时，压缩空气从右端盖上的孔进入阀体内，在气压作用下将阀芯推向左端，将左端盖上的孔，即手操纵气阀气路关闭，因此压缩空气经阀体中部孔去制动气缸，使车轮制动。当使用手操纵气阀时，压缩空气从左端盖上的孔进入阀体内，使阀芯右移将右端盖上的孔关闭，压缩空气同样经阀体中部孔去制动气缸，使车轮制动。

7) 快速放气阀

快速放气阀有两个，分别位于前轮两制动气缸和后轮两制动气缸与通向双向逆止阀管路的汇合处，其功用是解除制动时，使制动气缸内的气体由此就近迅速排入大气中，从而迅速解除对车轮的制动，防止制动蹄摩擦片的磨损和烧坏。快速放气阀主要由阀体 2、橡胶膜片 3 和阀盖 1 等组成，如图 5-24 所示。

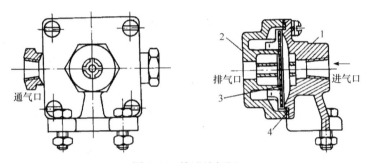

图 5-24　快速放气阀
1. 阀盖；2. 阀体；3. 橡胶膜片；4. 密封圈

阀体与阀盖用螺钉连在一起，橡胶膜片装于两者之间。阀体上有三个通口，左、右口为出气口，经管路分别与左制动气缸、右制动气缸相通；中间口为排气口，被橡胶膜片盖住，排气口既与左、右两个出气口相通，又与大气相通。阀盖上有一个进气口，经气管、双向逆止阀与脚制动阀或手操纵气阀相通。

制动时，从脚制动阀或手操纵气阀来的压缩空气经进气口进入橡胶膜片右方，推动橡胶膜片紧靠在排气口上，将排气通路封闭，气体沿橡胶膜片周围空间进入阀体，从两侧出气口进入制动气缸，使车轮制动。解除制动时，橡胶膜片右面及管路中的压缩空气经脚制动阀或手操纵气阀排出，作用在橡胶膜片右面的压力消失，制动气缸内的压缩空气在压力作用下推动橡胶膜片右移，将排气口打开，进气口封闭，于是制动气缸内的压缩空气便从排气口迅速排到大气中，使车轮解除制动。快速放气阀的安装位置到制动气缸的管路较短，且排气孔较大，对气流的阻力较小，因此排气迅速，制动解除较快。

8) 气缸

气缸包括制动气缸、前桥接通气缸和悬挂控制气缸。

制动气缸共有四个，均为单作用式，分别安装在前桥壳和后桥壳的两端，用于将气体压力变为推力使车轮制动，主要由缸体 1、活塞 9、活塞回位弹簧 2、推杆回位弹簧 5、推杆 4 等组成，如图 5-25 所示。

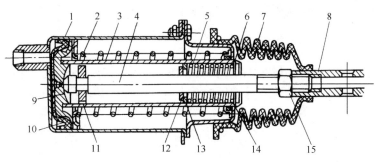

图 5-25　制动气缸

1. 缸体；2. 活塞回位弹簧；3. 弹簧套筒；4. 推杆；5. 推杆回位弹簧；6. 卡簧；7. 防尘套；8. 接头；9. 活塞；10. 橡胶皮碗；11. 橡胶支承圈；12. 挡板；13. 内挡圈；14. 外挡圈；15. 锁紧螺母

　　缸体与端盖用螺钉连接为一体，左端气孔通过管路与快速放气阀连接。活塞与活塞杆焊为一体，橡胶皮碗装在活塞上，活塞回位弹簧套装在弹簧套筒上，其两端装有弹簧座和密封毡。推杆上装有推杆回位弹簧，推杆的左端顶在活塞上，用一个橡胶支承圈保持其中间位置，右端通过接头与车轮制动器制动臂连接。为防止尘土进入气室中，壳体右端装有折叠式橡胶防尘套。

　　制动时，压缩空气进入缸体内，推动活塞及推杆右移，推杆经接头推动制动臂带动凸轮轴及凸轮转动一个角度，使车轮制动。解除制动时，活塞顶部气压迅速消失，在活塞回位弹簧和推杆回位弹簧的作用下，活塞和推杆恢复原位，作用在制动臂、凸轮轴及凸轮上的推力消失，车轮制动即被解除。

　　前桥接通气缸安装在下传动箱的前端车架上，悬挂控制气缸安装在车架中部横梁上，分别用于控制前桥接通和悬挂闭锁。两气缸结构相同，均为单作用式，主要由缸体 6、活塞 5、回位弹簧 2、弹簧套筒 3、推杆 7 及缸盖 8 等组成，如图 5-26 所示。

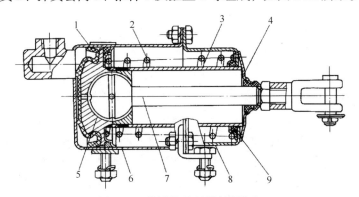

图 5-26　前桥接通/悬挂控制气缸

1. 活塞皮碗；2. 回位弹簧；3. 弹簧套筒；4. 防尘罩；5. 活塞；6. 缸体；7. 推杆；8. 缸盖；9. 羊毛毡

　　当需要前桥接通或悬挂闭锁时，将手操纵气阀的手柄扳到左侧固定位置，压缩空气进入前桥接通或悬挂闭锁气缸，推动活塞移动，在推杆的推动下，前桥即可接通或悬挂即可闭锁。当需要前桥断开或解除悬挂闭锁时，将手操纵气阀的手柄放回原位，气缸内的压缩空气经手操纵气阀排出，活塞及推杆在回位弹簧的作用下恢复原位，即可切断通往前桥的动力或解除悬挂闭锁。

### 5.3.4 双管路气液式制动传动机构

双管路气液式制动传动机构采用两套独立的制动管路系统分别控制前车轮、后车轮制动器，提高了制动系统的可靠性，同时兼有气压式制动传动机构和液压式制动传动机构的综合优点，在工程机械上得到了广泛应用。目前，TLK220/TLK220A 型推土机和 ZLK50/ZLK50A 型装载机、ZL50/ZL50G 型装载机均采用双管路气液式制动传动机构，下面分别进行介绍。

#### 1. TLK220/TLK220A 型推土机双管路气液式制动传动机构

TLK220/TLK220A 型推土机和 ZLK50/ZLK50A 型装载机的双管路气液式制动传动机构的组成与工作原理完全相同，下面以 TLK220 型推土机双管路气液式制动传动机构为例进行介绍。

1) 组成

TLK220 型推土机双管路气液式制动传动机构主要由空气压缩机 5、油水分离器 6、双回路保险阀 7、脚制动阀 3、后加力器 12 和前加力器 13 等组成，如图 5-27 所示。

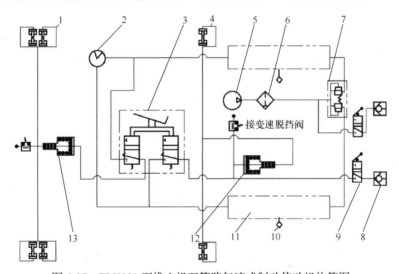

图 5-27　TLK220 型推土机双管路气液式制动传动机构简图

1. 前车轮制动器；2. 电子监测仪；3. 脚制动阀；4. 后车轮制动器；5. 空气压缩机；6. 油水分离器；7. 双回路保险阀；8. 气制动接头；9. 分离开关；10. 手动放水阀；11. 储气筒；12. 后加力器；13. 前加力器

2) 工作过程

发动机带动空气压缩机工作，排出的压缩空气经油水分离器和双回路保险阀向左、右两个储气筒充气，左储气筒和右储气筒电子监测仪显示气压；从左储气筒和右储气筒出来的气体分别通过脚制动阀的两个进气口进入脚制动阀。制动时，踩下制动踏板，由脚制动阀出来的两路气体分别进入前加力器和后加力器，加力器排出的高压制动液通过管路分别进入前车轮和后车轮制动器的分泵油缸，推动活塞将摩擦片与制动盘压紧而起到制动作用。同时，后加力器的前腔与变速脱挡阀和气制动接头相连，在通往后加力器的压缩空气中分出两路：一路通变速脱挡阀使变速器脱挡，从而切断动力；另一路通往后拖车，控制拖车的制动。挂拖车时，出车前必须打开分离开关，不挂拖车时，必须关闭分离开关，以保证操作手和机械的安全。解除制动时，放松制动踏板，加力器中的压缩空气从脚制动阀排入大气，分泵油缸中的制动液压力消失，活塞靠矩形密封圈的弹力自动回位，使摩擦片与制动盘脱离接触，实现制动解除。

　　3) 主要总成部件

　　(1) 油水分离器。

　　油水分离器的功用是通过滤网和气体流动时的离心作用，分离气体中的油、水及其他杂质，并使压缩空气冷却，控制气压不超过 0.9MPa，也可用于向轮胎充气。

　　① 结构。

　　油水分离器主要由罩壳 2、滤芯 3、进气阀和安全阀等组成，如图 5-28 所示。壳体上开有进气孔 A 孔和出气孔 C 孔，A 孔与空气压缩机相通，C 孔与双回路保险阀相通。壳体和罩壳通过中央导管用固定螺母连在一起，为防止连接处漏气，其间夹装有密封圈。罩壳内装有滤芯，在其下部与锁紧螺母之间的弹簧作用下，紧抵在罩壳上，罩壳侧下方装有放污螺塞。进气阀阀门与阀杆铆成一体，上面装有弹簧和压紧螺母，阀杆下端穿过导管顶在翼形螺母上，平时拧紧翼形螺母，通过阀杆将上部弹簧压缩，使进气阀处于开启位置。为了保证向轮胎充气时的安全，壳体上还装有安全阀，安全阀的钢球由调整螺钉、锁紧螺母和弹簧紧压在阀座上。

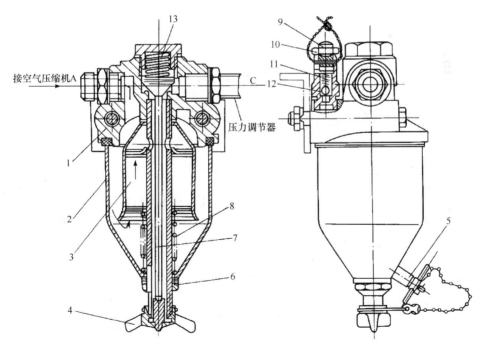

图 5-28　油水分离器

1. 壳体；2. 罩壳；3. 滤芯；4. 翼形螺母；5. 放污螺塞；6、10. 锁紧螺母；7. 阀杆；8、11、13. 弹簧；9. 调整螺钉；12. 钢球

② 工作原理。

来自空气压缩机的压缩空气从 A 孔进入，首先在壳体内进行折转，使混在空气中的水滴和油滴在自重和离心力的作用下分离出来，然后流入壳体底部，折转后的压缩空气向上通过滤芯，将空气中的油、水及脏物进一步滤除，最后从中央导管上部的径向孔进入导管内。进气阀平时总是处于开启位置，因此滤去油、水的压缩空气通过进气阀、C孔而进入双回路保险阀。

当滤芯堵塞或压力调节器失灵时，油水分离器内的气压升高，当气压超过 0.9MPa 时，压缩空气顶开安全阀钢球，从阀体上的排气孔排入大气，从而使空气压缩机卸荷。当向轮胎充气时，先拧下翼形螺母，再拧上充气软管，此时，阀杆失去推力，进气阀在弹簧的作用下关闭，使储气筒内的压缩空气不能倒流，而空气压缩机出来的压缩空气从中心导管下部通孔经充气软管向轮胎充气。向轮胎充气前或机械作业 30h 后，应拧下放污螺塞，排除内部积存的油、水等污物。

(2) 双回路保险阀。

双回路保险阀用于双回路制动系统中，其功用是当一条回路发生破损泄漏而失效后，另一条回路仍可保持一定的制动气压，从而提高制动系统的可靠性。

① 结构。

双回路保险阀主要由阀体 5、活塞 2 和 7、出气螺塞 1 和 8、弹簧 6 和密封圈 3 等组成，如图 5-29 所示。

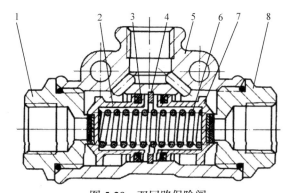

图 5-29　双回路保险阀
1、8. 出气螺塞；2、7. 活塞；3. 密封圈；4. 卡环；5. 阀体；6. 弹簧

阀体上有三个气口，中间位置是进气口，与油水分离器的来气管路相连，进气口的底部开有两个斜向通孔，分别与阀体内部两侧气缸相通；两侧各有一个出气口，分别与前轮、后轮的制动回路相连，两个出气螺塞对称拧紧在出气口内，其内端有一出气孔。在阀体中间位置还制有一小孔，将阀体内部与大气相通，可防止两侧活塞之间发生气阻。两个活塞对称安装在阀体内部的气缸中，两活塞之间安装有弹簧。活塞头部制有一橡胶垫，在弹簧推力的作用下，橡胶垫压紧在出气螺塞的端部，将出气口关闭。

② 工作原理。

不供气时，阀体内的两个活塞在弹簧作用下分别将两侧出气螺塞的出气孔堵住。正常供气(气压在标准范围内)时，从油水分离器出来的压缩空气经阀体进气口再经两个斜向通孔进入两侧气缸，气压作用在两个活塞外侧，克服弹簧压力将两活塞向中间推动，使活塞头部的橡胶垫离开出气孔，高压空气便从出气孔分别向前制动回路和后制动回路供气。

当一条制动回路破损漏气时，该回路气压降低，在弹簧作用下，这一侧的活塞向外侧移动，将出气螺塞的出气孔堵住，即关闭发生漏气的回路，此时，另一回路仍保持开启状态，可正常向制动回路供气。

(3) 脚制动阀。

脚制动阀用来控制制动时充入加力器气室的压缩空气量，即控制加力器的压力，以取得不同的制动强度。

① 结构。

TLK220 型推土机采用并联式双腔脚制动阀，由两个独立的操纵阀组成，分别与前桥和后桥各制动部件组成两条独立的制动回路，主要由踏板、推杆、顶杆、阀体、弹簧、活塞和阀门等组成，如图 5-30 所示。

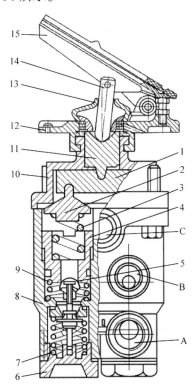

图 5-30　TLK220 型推土机脚制动阀

1. 平衡块；2. 弹簧座；3. 上弹簧；4. 活塞；5. 阀门；6. 螺母；7. 下弹簧；8. 阀体；9. 中弹簧；10. 导向套；11. 顶杆；12. 上盖；13. 防尘罩；14. 推杆；15. 踏板；A. 进气口；B. 出气口；C. 排气口

脚制动阀通过盖板用螺栓固定在驾驶室底板的脚制动阀支架上，踏板用销子与盖板铰接，滚轮用销子装在踏板的下方，并与传动套接触，传动套穿过盖板压在弹簧座上。阀体内装有活塞、弹簧及阀门。

脚制动阀通过上盖 12 用螺栓固定在驾驶室底板上，由操作手的脚控制。踏板 15 用销子与上盖铰接，上盖内装有推杆 14，推杆上端通过销子与踏板铰接，下端抵在顶杆 11

内部，顶杆下端装有平衡块 1，顶杆和平衡块均安装于导向套 10 内。阀体左、右两腔结构相同，每个腔内由上至下分别安装有弹簧座 2、上弹簧 3、活塞 4、中弹簧 9、阀门 5、下弹簧 7 以及螺母 6 等零件。活塞的下沿与阀门上端之间构成排气阀，阀门中间位置的圆锥端面与阀体内腔孔沿之间构成进气阀。阀体上有五个气口，下方的两个进气口 A 通过管路分别与两个独立的储气筒相通，两侧的出气口 B 分别与前桥、后桥制动回路的加力器相通，上方的排气口 C 与大气相通。

② 工作原理。

不制动时，制动踏板、推杆、导向座、顶杆、平衡块等位于初始位置，阀体内的弹簧座、活塞、阀门均在各自的弹簧作用下同样位于最上端的初始位置，此时阀门与活塞之间保持一定的间隙，即排气阀处于开启状态，使得加力器通过 B 口、阀体上腔、排气阀、活塞轴向通孔、阀体上端的 C 口与大气相通，加力器内的气压为低压，无法进行制动。同时，阀门中间位置的圆锥端面与阀体内腔孔沿之间在弹簧及压缩空气的压力作用下紧密接触，即进气阀处于关闭状态，使得来自储气筒的压缩空气只能聚集在阀体下腔无法进入加力器，制动系统处于不制动状态。

制动时，操作手踩下制动踏板，踏板推动推杆、顶杆、平衡块以及两侧的弹簧座下移，弹簧座压缩上弹簧后推动活塞下移，活塞下方孔沿抵住阀门上端，此时排气阀关闭，断开了加力器与 C 口的通路。活塞推动阀门继续下移，下弹簧被压缩，阀门下端离开阀体内腔孔沿，此时进气阀打开，来自储气筒的压缩空气经阀体 A 口、阀体下腔、进气阀、阀体上腔、阀体 B 口进入加力器，加力器内的气压为高压，产生制动作用。

解除制动时，操作手松开制动踏板，弹簧座、活塞、阀门在各自的弹簧作用下回位，阀门下端重新压紧在阀体内腔孔沿上，将进气阀关闭，阀门停止上移。活塞继续上移回位，其下方孔沿离开阀门上端，将排气阀开启，此时，制动时进入加力器的压缩空气通过阀体 B 口回流至阀体上腔，并通过排气阀经活塞通孔进入活塞上腔，最终经阀体 C 口排入到大气中。

当操作手踩下一半制动踏板并保持不动时，压缩空气经进气阀、B 口进入加力器，同时压缩空气对活塞下腔产生向上的压力，且压力随着进气量的增大而逐渐升高，当气压大于活塞上弹簧压力时，活塞在气压作用下将上弹簧进一步压缩并上移；同时，阀门与活塞一同上移，直到进气阀被关闭，使得气压不再上升并与上弹簧压力保持平衡。此时，进气阀与排气阀均处于关闭状态，加力器中的气压保持不变，制动力保持一定，脚制动阀处于平衡状态。当操作手感觉制动力不足时，可继续加大踩下踏板的力度，使活塞继续下移，推动阀门将进气阀再次开启，使得进入加力器的气压继续升高，从而将制动力增大，直到脚制动阀重新处于平衡状态。

(4) 加力器。

加力器又称为气液总泵，是一种加压装置，其功用是将低气压转变为高油压，即当输入的气压为 0.7MPa 时，输出的油压可达到 10MPa，以满足制动要求。

① 结构。

TLK220 型推土机采用气推油式加力器，主要由气缸、液压缸以及中间体三部分组成，如图 5-31 所示。

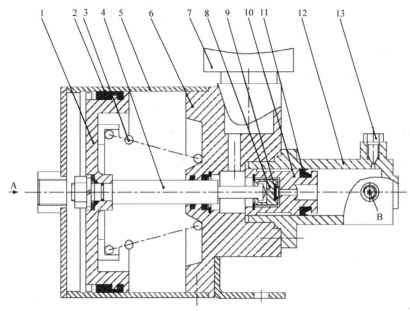

图 5-31 气推油式加力器

1. 气缸活塞；2. 唇形密封圈；3. 回位弹簧；4. 顶杆；5. 气缸体；6. 中间体；7. 储液罐；8. 调心座；9. 橡胶垫；10. 液压缸活塞；11. 唇形密封圈；12. 液压缸体；13. 放气螺钉；A. 进气口；B. 出油口

气缸部分主要由气缸体 5、气缸活塞 1、唇形密封圈 2、回位弹簧 3 等组成，气缸的进气口与脚制动阀的出气口相通。气缸体通过螺钉与中间体连接，其内部安装有活塞，活塞通过螺纹与顶杆相连，其环槽上安装有唇形密封圈。顶杆穿过中间体的通孔伸入到液压缸内部，在其上套装着弹簧。弹簧采用螺旋锥形弹簧，在解除制动时起到使活塞回位的作用，其一端抵在气缸活塞端面上，另一端抵在中间体通孔的凸台上。

液压缸部分主要由液压缸体 12、液压缸活塞 10、唇形密封圈 11、调心座 8 等组成，液压缸的出油口与制动器的进油口相通。液压缸体通过螺钉与中间体连接，上方安装有放气螺钉可以将油路中的空气排出，其内部安装有液压缸活塞。液压缸活塞制有一轴向通孔可将活塞的左、右两腔连通，在其环槽上安装着唇形密封圈，其内部的中心孔内安装有调心座。调心座上制有一卡槽，与顶杆的头部卡装在一起，并通过卡环与活塞定位，使活塞、调心座可以随顶杆一起移动；调心座与活塞中心孔之间具有间隙，在调心座的头部制有一橡胶垫，在不制动时，调心座橡胶垫与活塞轴向通孔之间保持一定间隙，使得活塞左、右两腔经轴向通孔连通，并通过中间体的油道和储液罐与外界大气相通。

中间体通过螺钉连接着气缸与液压缸，其上方装有储液罐，中间位置装有通气嘴，可以防止气缸内出现气阻现象，下方装有安装支架。在中间体内部制有一油道，可以将储液罐与液压缸连通，在其内部通孔中安装有两道密封圈，可以防止制动液经顶杆与中间体通孔的缝隙泄漏到气缸中。

② 工作原理。

制动时，操作手踩下制动踏板，来自脚制动阀的压缩空气由进气口进入气缸，推动气缸活塞克服弹簧的阻力前移，并通过顶杆首先推动调心座移动，使得调心座头部橡胶垫将液压缸活塞轴向通孔封闭，活塞右腔形成密闭空间，随后液压缸活塞在调心座带动下前移，使得液压缸右腔容积减小，右腔制动液形成高压，并经出油口进入车轮制动器，产生制动作用。气缸活塞面积远大于液压缸活塞面积，而压强与面积成反比，因此当进入气缸的气压为 0.7MPa 时，液压缸出油口的油压可放大至 10MPa，从而起到加压作用。

解除制动时，操作手松开制动踏板，在制动时进入到气缸的压缩空气经脚制动阀被排入大气中，气缸内压力降低，气缸活塞以及顶杆在回位弹簧的作用下回到初始位置，此时，顶杆通过调心座带动液压缸活塞一同回位，使得液压缸右腔容积增大，油压随之降低，进入到制动器的高压制动液回流到液压缸右腔，制动作用解除。

当出现紧急情况时，操作手通常会实施两脚制动，即连续快速地踩下制动踏板，以达到提高制动效果的作用。当快速抬起踏板时，气缸活塞在弹簧的作用下迅速回位，并通过顶杆首先带动调心座回位，使得调心座橡胶垫与活塞轴向通孔产生间隙，从而将活塞左、右两腔经轴向通孔连通，随后液压缸活塞在调心座带动下迅速回位；制动液在管路中流动具有一定的滞后性，使得液压缸活塞迅速回位后制动液不能及时回流至液压缸右腔，此时，左腔制动液在外界大气压作用下经活塞轴向通孔及时补充到活塞右腔；当操作手再次踩下制动踏板时，液压缸活塞将右腔新补充的制动液推入到制动器，起到增大制动力的作用；当完全解除制动后，制动液回流到液压缸活塞右腔，而多余的制动液经活塞轴向通孔、中间体内部油道回流到储液罐内。

2. ZL50/ZL50G 型装载机双管路气液式制动传动机构

柳工 ZL50 型装载机和 ZL50G 型装载机双管路气液式制动传动机构的组成与工作原理基本相同，下面以柳工 ZL50 型装载机双管路气液式制动传动机构为例进行介绍。

1) 组成

ZL50 型装载机双管路气液式制动传动机构主要由空气压缩机 1、油水分离器 2、压力调节器 3、储气筒 8、脚制动阀 4、加力器 11 和手操纵二通阀 14 等组成，如图 5-32 所示。

2) 工作过程

发动机带动空气压缩机工作，排出的压缩空气经油水分离器、压力调节器、单向阀进入储气筒，两个单向阀分别安装在两个储气筒的入口处，以保证两制动回路的独立性。制动时，踩下制动踏板，储气筒内的压缩空气经脚制动阀的上腔和下腔分别进入前加力器和后加力器，产生高压制动液，通过管路分别进入前钳盘式车轮制动器和后钳盘式车轮制动器的分泵油缸，推动活塞将摩擦片与制动盘压紧而起到制动作用。解除制动时，放松制动踏板，加力器中的压缩空气从脚制动阀排入大气，分泵油缸中的制动液压力消失，活塞靠矩形密封圈的弹力自动回位，使摩擦片与制动盘脱离接触，实现制动解除。

3) 主要总成部件

(1) 压力调节器。

压力调节器用于使储气筒内的气压保持在 0.7～0.8MPa，以保证制动系统安全可靠地工作。

① 结构。

压力调节器主要由阀体、罩盖、出气阀、放气阀、调压阀、活塞和调节螺钉等组成，如图 5-33 所示。

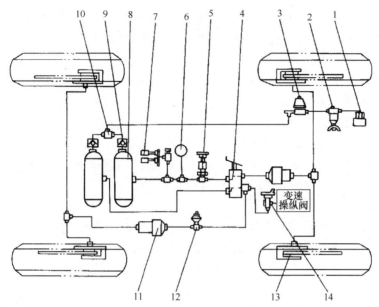

图 5-32　ZL50 型装载机双管路气液式制动传动机构简图

1. 空气压缩机；2. 油水分离器；3. 压力调节器；4. 脚制动阀；5. 气刮水阀总成；6. 气压表；7. 气喇叭；8. 储气筒；9. 单向阀；10. 三通接头；11. 加力器；12. 制动灯开关；13. 制动器；14. 手操纵二通阀

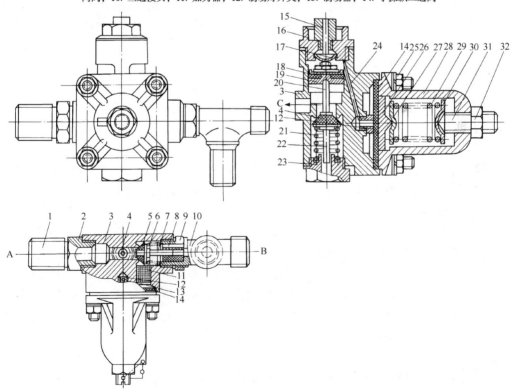

图 5-33　压力调节器

1、2. 进气管接头；3. 阀体；4. 放气阀门；5. 出气阀门；6. 回位弹簧；7、20、22. 阀杆；8. 导管；9、10. 出气管接头；11. 滤网；12. 通气螺塞；13. 排气小孔；14. 调压阀膜片；15. 排气螺塞；16. 接头；17. 弹簧垫；18. 唇形密封圈；19. 活塞；21. 压紧弹簧；23. 阀座；24. 螺栓；25. 斜气道；26. 压板；27、30. 弹簧座；28. 罩盖；29. 调压弹簧；31. 调节螺钉；32. 固定螺母阀体上3有进气孔A、出气孔B和放气孔C，孔A与油水分离器相通，孔B经单向阀与储气筒相通，孔C与大气相通。阀体与罩盖28用螺栓24固定在一起，其间夹装有调压阀膜片14，调压阀膜片在调压弹簧29的作用下，紧压在通气螺塞12的座上。调压弹簧一端通过弹簧座27、压板26顶在调压阀膜片上，另一端通过弹簧座30支承在调节螺钉31上。出气阀门5通过阀杆7装在导管8内，其上装有回位弹簧6，在阀的背面上经滤网有斜气道与膜片调压阀的气室相通。放气阀为双向阀杆式，装在进气道、出气道和放气孔之间，放气阀门4用螺母固定在阀杆22上，阀杆的一端支承在阀座23的导孔内，其上套装有压紧弹簧21，另一端顶压在活塞19上，活塞背面固定有唇形密封圈18，并有斜气道25经通气螺塞与膜片调压阀的气室相通。带排气小孔13的通气螺塞拧在壳体上。

② 工作原理。

空气压缩机输出的压缩空气经油水分离器自进气孔A进入压力调节器，迫使出气阀门开启而经出气孔B充入储气筒，此时，放气阀在弹簧和气压作用下保持紧闭。通过出气阀的压缩空气同时还经带滤网的通道进入调压阀膜片左室，当储气筒内气压超过0.7～0.8MPa时，膜片左边的气体压力克服膜片右边弹簧的张力使膜片向右拱曲，膜片拱曲而离开通气螺塞，使进入膜片左室的压缩空气经通气螺塞中心孔，由斜气道进入放气阀驱动活塞的上腔，气压对活塞的作用面积大于对放气阀门的作用面积，因此气压便推动活塞及阀杆压缩弹簧向下运动将放气阀打开，于是自进气孔A进入的压缩空气便直接从放气孔C排入大气，出气阀则在气压和弹簧的作用下关闭，以防止储气筒内的气体倒流。出气阀实际上是一个单向阀，其弹簧很软，并且放气孔C孔径较大，气流阻力小，因而此时空气压缩机处于卸荷状态。

当储气筒内的气压降到低于0.7MPa时，膜片在弹簧的作用下恢复原位，并紧压在通气螺塞的端面上堵住通气孔，此时，活塞上方的压缩空气从排气螺塞上的小孔排出，在下方弹簧和气压的作用下，放气阀门和活塞同时上移，使放气阀回到关闭位置，于是压缩空气又顶开出气阀而充入储气筒。

排气螺塞上小孔必须保持畅通，否则放气阀将不能关闭。压力调节器所控制的气压由调节螺钉来调整，拧出调节螺钉，所控制的气压降低；反之，气压增高。

(2) 脚制动阀。

① 结构。

ZL50型装载机采用串联式双腔脚制动阀，主要由壳体、踏板、顶杆、阀门、弹簧、膜片和排气芯管等组成，如图5-34所示。壳体分为上壳体5、中壳体9和下壳体17三部分。上壳体上端有被通大气口滤网4罩着的通大气口K。中壳体上的A、B口分别通至后轮制动储气筒和后加力器气室，下壳体C、D口分别通至前轮制动储气筒和前加力器气室。中壳体内有三条垂直孔道，孔道内各装一根顶杆14，支撑在下膜片夹板上。通道H用以连通上平衡气室G和下平衡气室F。上排气芯管21和下排气芯管20中间为排气通道，均紧固在橡胶尼龙膜片中央，膜片外缘夹紧在壳体之间。

② 工作原理。

不制动时，制动踏板、推杆、平衡弹簧等位于初始位置，上排气芯管、下排气芯管下端面与后轮制动进气阀、前轮制动进气阀之间均保持一定的间隙，此时后加力器通过

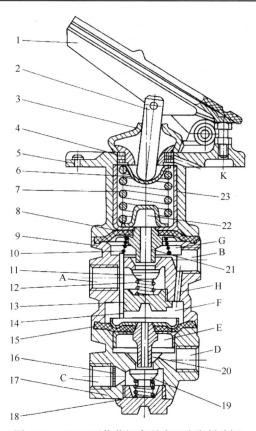

图 5-34　ZL50 型装载机串联式双腔脚制动阀

1. 踏板；2. 推杆；3. 罩；4. 通大气口滤网；5. 上壳体；6. 弹簧座；7. 平衡弹簧；8. 上膜片；9. 中壳体；10. 回位弹簧；11. 后轮制动进气阀；12. 进气阀门弹簧；13. 螺塞；14. 顶杆；15. 下膜片；16. 滤网；17. 下壳体；18. 下端盖；19. 前轮制动进气阀；20. 下排气芯管；21. 上排气芯管；22. 排气室；23. 导向套

B 口、气室 G、上排气通道、排气室、K 口与大气相通，前加力器通过 D 口、气室 E、下排气通道、气室 F、通道 H、气室 G、上排气通道、排气室、K 口与大气相通，加力器内的气压为低压，无法进行制动。后轮制动进气阀和前轮制动进气阀在进气阀门弹簧作用下均处于关闭状态，使得经 A 口和 C 口来的储气筒压缩空气只能聚集在后轮制动进气阀和前轮制动进气阀下腔而无法进入加力器，制动系统处于不制动状态。

制动时，踩下制动踏板，踏板推动推杆下移，推杆压缩平衡弹簧后推动上膜片和上排气芯管下移，首先将上排气芯管下端面与后轮制动进气阀接触，上排气通道被关闭，然后将后轮进气阀推离阀座，后轮制动进气阀开启，此时，后制动储气筒的压缩空气便从 A 口进入上平衡气室 G，经 B 口充入后加力器气室，后加力器内的气压为高压，产生制动作用；同时，平衡气室 G 中的压缩空气还经通道 H 充入气室 F，并推动下膜片和下排气芯管下移，使下排气通道关闭，并压下前轮制动进气阀门，使前轮制动进气阀门开启，此时，前制动储气筒的压缩空气自 C 口经下平衡气室 E，再经 D 口而充入前加力器气室，前加力器内的气压为高压，产生制动作用。

解除制动时，松开制动踏板，推杆和平衡弹簧恢复原位，上膜片在回位弹簧的作用下回位，带动上排气芯管上移，将上排气通道打开，后加力器气室、上平衡气室 G 和气室 F 中的压缩气体经上排气芯管的排气通道，由 K 口排入大气，气室 F 中的气压立即降低，同时下膜片在下平衡气室 E 中气压作用下也恢复原位，带动下排气芯管上移，将下排气通道打开，前加力器气室中的压缩空气经下平衡气室 E、下排气芯管的排气通道、气室 F、通道 H、上平衡气室 G、上排气芯管的排气通道，由 K 口排入大气，最后所有气室中的压缩气体都降为大气压，制动解除。

当踩下制动踏板一定行程并保持不动时，压缩空气经 D 口、B 口持续不断进入前加力器和后加力器，随着充气量的增加，平衡气室 E、G 和前加力器、后加力器气室的气压逐渐升高。在平衡气室 G 中空气压力的作用下，上膜片向上拱曲，平衡弹簧被压缩，上膜片带动上排气芯管上移，与此同时，后轮制动进气阀在其弹簧作用下也随之上升，直到与阀座接触，此时后轮制动进气阀和上排气通道都关闭，后加力器中的气压保持不变，制动力保持一定，这时上膜片和上排气芯管所处的位置即平衡位置。当上膜片和上排气芯管回升到平衡位置时，气室 G 和 F 中的气压即保持稳定，下膜片和下排气芯管也就随之达到平衡位置。因此，只要踏板位置不再改变，加力器气室气压以及经平衡弹簧传给制动踏板的反作用力就会保持稳定，使所获得的制动力与踩下踏板的作用力保持一定的比例关系。当操作手感到制动力不足时，可继续加大踩下踏板的力度，压缩平衡弹簧，使前轮制动进气阀和后轮制动进气阀重新开启，向前加力器和后加力器气室进一步充气，直到膜片和排气芯管又重新回到平衡位置。在新的平衡状态下，加力器气室所保持的稳定气压比之前高，从而加大了制动力，因此操作手对不同的制动程度具有"路感"。

脚制动阀下腔气压是受上腔气压控制而工作的，下腔气压的变化总是落后于上腔，因此前轮制动比后轮制动稍晚，这有利于提高制动时机械的稳定性。

当制动踏板接近于踩到底时，上膜片可以通过夹板和三根顶杆直接压下膜片和下排气芯管，迫使下腔直接开始工作，并直接借平衡弹簧的压缩变形来使下腔达到平衡状态，即下腔由气操纵变为机械操纵，这样就能保证在上腔气路系统失灵时，下腔仍能工作。

(3) 手操纵二通阀。

手操纵二通阀的功用是切断或接通由脚制动阀通往变速器制动脱挡阀之间的气路。

① 结构。

手操纵二通阀主要由阀体 1、顶杆 2、阀门总成 4、拨杆 10 及弹簧 5 等组成，如图 5-35 所示。阀体上开有两个气口，进气口 C 与脚制动阀来气相通，出气口 D 与变速器变速操纵阀相通。

② 工作原理。

当机械在平地上行驶或作业时，将拨杆扳到图示 A 位置，拨杆的凸轮作用使顶

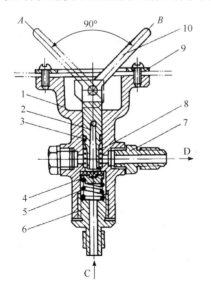

图 5-35　手操纵二通阀

1. 阀体；2. 顶杆；3. O 形密封圈；4. 阀门总成；5. 弹簧；
6. 接头；7. 接头；8. 回位弹簧；9. 固定板；10. 拨杆

杆克服回位弹簧的弹力向下移动，顶开阀门总成，将气路接通。当踩下制动踏板时，从脚制动阀来的压缩空气经 C 口进入，通过阀门后从 D 口到变速操纵阀，切断通往换挡离合器的油路，使换挡离合器分离，变速器变换为空挡。这样，机械在制动的同时被切断了动力，使得制动效果更好。

当机械在坡道上行驶或作业时，将拨杆扳到图示 B 位置，拨杆凸轮部分离开了顶杆，顶杆在回位弹簧的作用下复位，使阀门关闭，将气路切断。此时，踩下制动踏板，从脚制动阀来的压缩空气无法进入变速操纵阀，换挡离合器不分离，变速器仍然保持挡位。这样，机械在坡道上制动后能迅速加速起步，避免制动时动力被切断而发生溜坡。

### 5.3.5　制动传动机构常见故障判断与排除

1. 液压式制动传动机构

1) 制动失灵

(1) 故障现象。

机械在行驶或作业过程中，当踏下制动踏板时，机械不能迅速减速或无制动效果；当各车轮制动力矩不一致时，机械产生侧向滑移。

(2) 故障原因。

① 系统油压过低或无油压；

② 脚制动阀、制动阀或制动油缸漏油；

③ 油路中有空气；

④ 制动油缸活塞卡滞。

(3) 排除方法。

① 检查油路有无漏油点，紧固各油路接头，排除油路内部空气；

② 检查油泵，发现压力较低进行调整；

③ 取出制动油缸活塞，发现异物卡滞及时进行清除。

2) 制动不能解除

(1) 故障现象。

机械起步时阻力较大，行驶时动力不足，并伴有制动毂发热、机械自行跑偏等现象。

(2) 故障原因。

① 制动踏板调整螺钉调整不当；

② 脚制动阀回位弹簧折断、阀芯发卡；

③ 制动阀回位弹簧折断或阀芯发卡；

④ 制动油缸推杆或弹簧套筒卡滞；

⑤ 制动器制动间隙过小或无间隙；

⑥ 制动油缸或制动器无法回位。

(3) 排除方法。

① 检查制动踏板自由行程，若踏板无自由行程，则应调整制动踏板上的制动螺钉；

② 检查制动器制动间隙，若间隙过小，则应进行调整；

③ 在制动阀与制动油缸之间接上压力表，进行观察，抬起脚制动踏板后，若压力不下降或下降很少，则应检修脚制动阀或制动阀；若压力迅速下降到几乎为零，则应检修制动油缸；若制动油缸工作正常，则应检修制动器。

3) 制动时车轮跳动

(1) 故障现象。

制动时机械跳跃前进，严重时引起机身剧烈抖动。

(2) 故障原因。

① 轮毂轴承松旷使车轮摆动；

② 制动器不平衡。

(3) 排除方法。

① 检查轮毂轴承，发现松旷进行紧固；

② 检修车轮制动器。

2. 气压式或气液式制动传动机构

1) 制动气压不足

(1) 故障现象。

气压表指针不动或指示压力达不到规定值。

(2) 故障原因。

① 压缩机过度磨损或故障，如皮带过松或折断、进排气阀关闭不严、活塞与活塞环磨损过甚等；

② 气体控制阀调整不当或工作不良；

③ 气管有破裂和漏气；

④ 储气筒放气开关未关闭或关闭不严漏气；

⑤ 气压表损坏。

(3) 排除方法。

① 调整皮带松紧度，重新研磨气门，活塞环磨损过甚时应更换；

② 对气体控制阀进行检查，重新调整到正常工作状态；

③ 检查修复各可能漏气处，如各处气管、储气筒开关；

④ 更换气压表。

2) 制动不灵或失效

(1) 故障现象。

制动时刹车距离过长或不起制动效果。

(2) 故障原因。

① 气压不足；

② 管路漏气或接头松动，制动油液中混入大量空气；

③ 脚制动阀活塞密封圈损坏或排气阀密封不严；

④ 制动器室膜片破裂或损坏；

⑤ 车轮制动器间隙过大或蹄片上沾有泥水油污。

(3) 排除方法。

① 检查气压是否不足；

② 紧固接头松动，更换密封圈或重新实施密封，排除制动油路中的空气；

③ 更换制动器室膜片；

④ 调整制动器间隙，去除蹄片上的泥水。

3) 制动跑偏

(1) 故障现象。

制动时机械向一边歪斜。

(2) 故障原因。

① 左车轮和右车轮制动器间隙不一致；

② 个别车轮蹄片上沾油、硬化、铆钉外露或制动鼓变形；

③ 个别车轮制动器凸轮轴被卡住或磨损松旷；

④ 个别车轮制动蹄与支撑销锈死或磨损松旷；

⑤ 左车轮和右车轮摩擦材料或磨损程度不一致；

⑥ 左车轮和右车轮胎气压不等。

(3) 排除方法。

① 调整左车轮和右车轮制动器的间隙、摩擦材料和轮胎气压，使左车轮和右车轮一致；

② 清洗车轮蹄片，更换制动鼓；

③ 清除锈渍，修复磨损。

4) 手制动无法解脱

(1) 故障现象。

机械手制动处于解除位置后，机械仍不能行走。

(2) 故障原因。

① 系统压力不足；

② 手操纵二通阀故障；

③ 管路压力不足或管路破裂。

(3) 排除方法。

① 开启压缩机，对储气筒充气，直至系统压力升至规定值；

② 拆下手制动控制阀，进行故障检测与排除；

③ 查找管路漏油、漏气点，进行紧固或更换接头。

# 主要参考文献

[1] 周建钊. 底盘结构与原理[M]. 北京: 国防工业出版社, 2006.

[2] 鲁冬林, 史长根, 王海涛. 机械装备原理与构造[M]. 北京: 国防工业出版社, 2016.

[3] 王建国. 轮式工程机械底盘构造与维修[M]. 北京: 国防工业出版社, 2015.

[4] 权威. 履带式工程机械底盘构造与维修[M]. 北京: 国防工业出版社, 2015.

[5] 刘朝红, 徐国新. 工程机械底盘构造与维修[M]. 北京: 机械工业出版社, 2011.

[6] 代绍军, 沈松云, 高杰. 工程机械底盘构造与维修[M]. 3 版. 北京: 人民交通出版社, 2016.

[7] 李文耀, 姜婷, 杨晋平. 工程机械底盘构造与维修[M]. 2 版. 北京: 电子工业出版社, 2013.

[8] 李文耀, 姜婷, 高彩霞, 等. 工程机械底盘构造与维修[M]. 北京: 人民交通出版社, 2016.